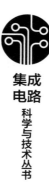

集成电路科学与技术丛书

抗量子密码芯片
跨数学难题的动态重构架构设计

刘雷波 朱文平 朱益宏 魏少军 著

清华大学出版社
北京

内 容 简 介

抗量子密码芯片是支撑公钥密码体系向抗量子密码过渡、保障量子计算时代网络与信息安全的硬件基础。本书主要介绍基于可重构计算技术的抗量子密码芯片设计方法。首先，在阐述抗量子密码算法概念与标准化进展的基础上，总结抗量子密码芯片的现状与设计挑战。随后，在对主流抗量子密码算法进行介绍的前提下，分别在计算架构、运算电路、编译技术与物理安全防护等方面讨论如何设计实现兼顾能量效率、功能灵活性与物理安全性的抗量子密码芯片。最后，本书对未来抗量子密码算法与芯片的发展趋势进行了展望与分析。

本书适合作为信息安全、密码芯片与硬件安全相关专业的教材，同样适合相关领域的技术从业人员参考。

版权所有，侵权必究。举报: 010-62782989, beiqinquan@tup.tsinghua.edu.cn。

图书在版编目（CIP）数据

抗量子密码芯片：跨数学难题的动态重构架构设计/刘雷波等著. -- 北京: 清华大学出版社, 2025.5. （集成电路科学与技术丛书）. -- ISBN 978-7-302-69055-9

I. TP309.7

中国国家版本馆 CIP 数据核字第 2025YT0619 号

策划编辑：盛东亮
责任编辑：王　芳
封面设计：李召霞
责任校对：刘惠林
责任印制：宋　林

出版发行：清华大学出版社
网　　址：https://www.tup.com.cn, https://www.wqxuetang.com
地　　址：北京清华大学学研大厦 A 座
邮　　编：100084
社 总 机：010-83470000
邮　　购：010-62786544
投稿与读者服务：010-62776969, c-service@tup.tsinghua.edu.cn
质量反馈：010-62772015, zhiliang@tup.tsinghua.edu.cn
课件下载：https://www.tup.com.cn, 010-83470236

印 装 者：小森印刷（北京）有限公司
经　　销：全国新华书店
开　　本：185mm×260mm
印　　张：12.75
字　　数：320 千字
版　　次：2025 年 5 月第 1 版
印　　次：2025 年 5 月第 1 次印刷
印　　数：1～1000
定　　价：99.00 元

产品编号：107725-01

序言 foreword

随着量子计算技术的发展与进步,抗量子密码受到世界各国的高度重视。例如,美国国家标准与技术研究所(NIST)于2016年12月率先面向全球公开征集抗量子公钥密码算法,目前已发布了4个抗量子公钥密码算法标准,并给出了具体的抗量子密码迁移路线图;中国密码学会于2018年发起全国密码算法设计竞赛,并于2020年公布了评选结果。与此同时,我国商用密码标准研究院于2025年发起新一代商用密码算法征集活动,积极推动我国抗量子密码算法的标准化和迁移工作。

抗量子密码芯片是各类抗量子密码算法的硬件载体,也是支撑抗量子迁移的硬件基础。众所周知,密码芯片最为重要但又相互制约的三大核心技术指标是:能量效率(即性能功耗比,简称能效)、功能灵活性、物理安全性。对于抗量子密码芯片而言,这三大核心指标的实现难度更大,这是由于:一是抗量子密码算法涉及大量的数学困难问题,如格上最近向量/最短向量问题、随机纠错码解码问题、多变量二次方程求解问题、超奇异椭圆曲线同源映射路径求解问题等,并且抗量子密码算法仍在持续演进中,甚至还可能有全新的数学困难问题被引入;二是针对抗量子密码硬件的物理安全漏洞及其所面临的潜在攻击手段趋于多样化,且防护代价也更高,这些特性决定了专用抗量子密码芯片(如ASIC)和基于CPU、FPGA、GPU等可编程器件实现的抗量子密码芯片均无法兼具能效、功能灵活性和物理安全性。如何在单颗芯片上通过复用电路资源来支持多种数学困难问题,并保持较高的能效和物理安全性,是对超大规模集成电路设计方法学的一个严峻挑战。

《抗量子密码芯片——跨数学难题的动态重构架构设计》系统、全面地展示了刘雷波教授团队近10年在该领域的研究工作和创新性贡献。该书首先从抗量子密码的产生背景、标准化进程出发,引出了抗量子密码迁移的紧迫性,并总结了当前抗量子密码硬件的设计现状与挑战。随后,分析了基于不同数学困难问题的抗量子密码算法的特性,并进一步介绍了抗量子密码的核心功能模块算法。在此基础上,系统地介绍了基于动态重构架构的抗量子密码芯片硬件架构、核心运算电路、编译映射系统和物理安全等设计方法,阐述了如何设计实现兼具能效、功能灵活性与物理安全性的抗量子密码芯片。最后,对抗量子密码算法演进趋势以及抗量子密码芯片的发展趋势进行了富有洞察力的展望。

本书写作严谨、内容丰富、条理清晰、观点新颖。我相信本书的出版能够为密码芯片领域的科研人员和从业者提供重要的参考,并为我国密码芯片领域的人才培养、产业发展贡献力量。

冯登国
2025年3月15日于北京

前言

密码事关政治、经济、国防和信息安全,是保护党和国家根本利益的国之重器。近年来,量子计算机技术飞速发展,对传统的公钥密码算法及协议体系的安全性造成了颠覆性的影响,与经典计算机兼容、具备抵抗量子计算攻击能力的抗量子密码应运而生。2016 年,美国国家标准与技术研究院(NIST)率先启动了抗量子密码算法竞赛,经过三轮评选,NIST 选定了 4 种抗量子公钥密码算法进行标准化,并在持续征集新的密码算法。2018 年,中国密码学会启动了全国密码算法设计竞赛,并于 2020 年 1 月公布了获胜的抗量子密码算法;2025 年,我国商用密码标准研究院发起了新一代商用密码算法征集活动,来推动我国抗量子密码算法的标准化建设。欧盟、英国、澳大利亚、日本等国家和地区也在积极推动抗量子密码算法的标准化工作。随着抗量子密码算法标准的陆续发布,世界各主要国家也已经启动了抗量子密码算法的迁移工作,为应对量子计算机带来的巨大安全威胁做准备。

2006 年起,著者团队开始研究动态可重构计算芯片。2009 年,我们尝试基于动态可重构技术开展密码处理器设计,经过 6~7 年的努力,研制出能够兼顾能量效率、功能灵活性和物理安全性的密码处理器芯片,这是其他传统技术方案难以实现的。2017 年,我们对这项研究工作进行了总结,撰写了《可重构计算密码处理器》一书,并得以出版,随后,该书的英文版 *Reconfigurable Cryptographic Processor* 在施普林格出版社出版。2019 年,我们对这项知识产权进行了转化,创立了无锡沐创集成电路设计有限公司,依托该公司,我们实现了技术的产业化应用,目前,无锡沐创集成电路设计有限公司已经发展成为我国密码芯片领域重要的民营企业之一。2016 年,我们注意到抗量子密码算法的发展,由于抗量子密码算法正在持续演进,且算法的复杂度要远高于传统的公钥密码算法,抗量子密码芯片想要兼顾能量效率、功能灵活性(特别是对持续推出的新算法的有效支持)和物理安全性将更加困难,但考虑到量子计算机对信息安全带来的潜在威胁,我们果断将研究重点转向了动态可重构抗量子密码芯片的研究,在国家重点研发计划项目、国家自然科学基金面上项目等国家计划的持续支持下,经过近十年的努力,我们先后攻克了功能灵活的高能效抗量子密码芯片架构设计、敏捷公钥密码计算通路设计、自适应物理安全防护机制等多项关键技术,并联合无锡沐创集成电路设计有限公司研发了两款商用的抗量子密码芯片,在此过程中,我们陆续将研究工作发表在 ISSCC、CHES、HOST 等会议上,其中,发表在 ISSCC 2022 的论文介绍了团队研发的全球首款支持多个数学难题的抗量子密码芯片,发表在 ISSCC 2024 的论文介绍了团队研发的全球首款能够支持国内外主流抗量子密码方案的芯片,我们的研究工作也获得了国内外同行的认可,张能博士于 2023 年获评中国密码学会优秀博士论文奖(该学会首篇芯片方向优博),朱益宏博士于 2024 年获评 IEEE 固态电路学会博士生成就奖(全球每年评 20 余人),并有多位团队成员受邀担任 CHES 和 ISSCC 的 TPC 委员。

本书共分为7章。第1章首先介绍抗量子密码算法的概念、标准化进展及抗量子密码迁移的紧迫性,接下来进一步总结标准化过程中抗量子密码芯片现状并讨论抗量子密码芯片所面临的设计挑战。第2章对主流的抗量子密码算法的数学原理进行分析,并重点讨论核心计算模块的高效计算方法。第3章对当前领域定制抗量子密码芯片研究进行介绍,并在此基础上阐述粗粒度可重构抗量子密码芯片架构的设计方法。第4章从抗量子密码核心计算功能出发,介绍具体的电路级可重构设计方法。第5章从软件映射的角度解释如何在单一硬件架构上实现对多种抗量子密码算法的高效映射与优化。第6章从物理安全设计的角度分析目前抗量子密码芯片所面临的一系列侧信道攻击威胁,以及相应的防护方法。第7章对具有抗量子攻击属性的密码算法发展趋势和芯片技术发展趋势进行展望。

本书凝聚了清华大学硬件安全与密码芯片实验室近十年的科研成果,并总结了国内外最新的研究进展,力争向读者完整地介绍抗量子密码芯片的技术体系和发展趋势。感谢朱文平、朱益宏、杨博翰、赵灿坤、陈相任、卢思佳、王汉宁、赵琪、刘江雪、孙骏文、赵航、龚新胜、张燃、彭硕航、欧阳屹、杨明远、张佳男、张能、李重阳、戴彤蔚等同事和同学的持续努力。感谢魏少军教授对本书撰写工作的指导。最后,还要感谢我的爱人和孩子们对我工作的理解和宽容,你们的爱是我前进的重要动力!

本书得到国家重点研发计划项目(No. 2023YFB4403500)和国家自然科学基金项目(No. 62274102)的支持!

刘雷波

2025 年 3 月于清华园

目 录
contents

第1章 绪论 ··· 1

  1.1 抗量子攻击密码概述 ·· 1

    1.1.1 抗量子密码的产生背景 ·· 1

    1.1.2 抗量子密码算法的标准化现状 ·· 4

    1.1.3 抗量子密码迁移的紧迫性 ·· 8

  1.2 标准化过程中的抗量子密码硬件加速技术 ································· 10

    1.2.1 指令驱动的通用处理器实现 ·· 10

    1.2.2 可编程逻辑器件 FPGA ·· 11

  1.3 抗量子密码芯片的需求与挑战 ··· 12

  参考文献 ·· 15

第2章 抗量子密码算法 ··· 17

  2.1 基于格的抗量子密码算法 ·· 17

    2.1.1 密码算法介绍 ·· 18

    2.1.2 算法计算特性分析 ·· 24

  2.2 基于编码的抗量子密码算法 ·· 27

    2.2.1 密码算法介绍 ·· 28

    2.2.2 算法计算特性分析 ·· 31

  2.3 基于哈希的抗量子密码算法 ·· 33

    2.3.1 "SPHINCS+"算法 ·· 33

    2.3.2 算法计算特性分析 ·· 35

  2.4 其他抗量子密码算法 ··· 36

    2.4.1 基于超奇异同源的抗量子密码算法及特性分析 ················· 36

    2.4.2 基于多变量的抗量子密码算法及特性分析 ························ 37

  2.5 密码核心功能的高效实现算法 ··· 39

    2.5.1 高效乘 Karatsuba 算法 ·· 39

    2.5.2 高效乘 TOOM-COOK 算法 ··· 40

    2.5.3 高效乘 NTT 算法 ··· 41

    2.5.4 扩展欧几里得求逆算法 ··· 42

  参考文献 ·· 44

第 3 章 抗量子密码芯片架构 ·············· 46
3.1 抗量子密码芯片设计空间 ·············· 46
3.2 基于指令集扩展的抗量子密码芯片架构 ·············· 49
3.2.1 MIT Sapphire ·············· 49
3.2.2 TUM RISQ-V ·············· 52
3.3 面向特定算法的全定制硬件加速架构 ·············· 53
3.3.1 面向基于格的密码算法的全定制硬件设计 ·············· 54
3.3.2 面向基于编码的密码算法的全定制硬件设计 ·············· 54
3.3.3 面向基于哈希算法的全定制硬件设计 ·············· 56
3.4 粗粒度可重构抗量子密码芯片架构 ·············· 57
3.4.1 可重构抗量子密码芯片 RePQC ·············· 59
3.4.2 可重构抗量子密码芯片 PQPU ·············· 64
参考文献 ·············· 70

第 4 章 芯片数据通路 ·············· 72
4.1 公钥密码芯片的数据通路 ·············· 72
4.1.1 经典公钥密码数据通路 ·············· 73
4.1.2 抗量子公钥密码数据通路 ·············· 76
4.2 算术/逻辑计算单元 ·············· 81
4.2.1 基于 NTT 的多项式计算 ·············· 81
4.2.2 基于 Karatsuba 的多项式计算 ·············· 93
4.2.3 其他任务级模块 ·············· 100
4.2.4 存储映射方式 ·············· 105
4.3 数据采样与对齐模块 ·············· 108
4.3.1 均匀分布和拒绝采样模块 ·············· 109
4.3.2 离散高斯分布和离散高斯采样模块 ·············· 110
4.3.3 二项分布和二项采样模块 ·············· 112
4.3.4 随机前缀和恒定时间排序模块 ·············· 112
4.3.5 Fisher-Yates 类算法及其模块 ·············· 114
4.3.6 对齐模块 ·············· 116
参考文献 ·············· 117

第 5 章 芯片编译映射系统 ·············· 120
5.1 通用编译技术 ·············· 120
5.2 开源编译器框架 LLVM ·············· 122
5.2.1 基于 LLVM 编译器的高级设计架构 ·············· 122
5.2.2 LLVM IR 概述 ·············· 125
5.2.3 LLVM 后端 ·············· 127
5.2.4 LLVM 工作流程总结 ·············· 128
5.3 面向密码应用的编译技术 ·············· 128

        5.3.1 构建领域定制加速的自动化编译器 129
        5.3.2 伽罗瓦域加速处理器的混合编译 132
        5.3.3 面向粗粒度 CGRA 的动态编译器 132
    5.4 抗量子密码芯片的编译框架 134
        5.4.1 任务算子层面 134
        5.4.2 密码算法层面 135
        5.4.3 领域定制的硬件模块层面 136
    5.5 抗量子密码芯片的编译框架实现 137
        5.5.1 用户语言设置 137
        5.5.2 编译、任务调度 138
        5.5.3 地址映射 138
        5.5.4 LLVM 实现 139
        5.5.5 工作展望 140
    5.6 本章总结 142
    参考文献 143

第 6 章 芯片物理安全设计 145
    6.1 抗量子密码芯片的物理安全威胁 145
        6.1.1 侧信道攻击与故障注入攻击 146
        6.1.2 对密钥封装机制的侧信道攻击 148
        6.1.3 对密钥封装机制的故障注入攻击 152
        6.1.4 对数字签名的侧信道攻击 154
        6.1.5 对数字签名的故障注入攻击 156
    6.2 抗量子密码芯片的物理安全防护设计 158
        6.2.1 侧信道攻击经典防护方法 158
        6.2.2 故障注入攻击经典防护方法 171
        6.2.3 抗量子密码的物理安全防护挑战 172
        6.2.4 基于动态重构的物理安全防护机制 172
    参考文献 174

第 7 章 未来趋势展望 180
    7.1 抗量子密码算法的演进和趋势 180
        7.1.1 抗量子密码算法演进 180
        7.1.2 抗量子密码算法发展趋势 182
        7.1.3 抗量子密码的应用 183
    7.2 抗量子密码芯片的发展趋势 184
        7.2.1 可迁移抗量子密码芯片 185
        7.2.2 高能效抗量子密码芯片设计 187
        7.2.3 面向物理安全的密码芯片设计 188
    参考文献 191

后记 193

第 1 章

绪 论

"凡事预则立,不预则废。言前定,则不跲;事前定,则不困;行前定,则不疚;道前定,则不穷。"
——《礼记·中庸》

密码技术是数字化时代实现数据与信息安全的重要手段。现代公钥密码算法的安全性建立在特定问题的计算复杂性理论之上。密码算法被确定为标准并被业界广泛应用的前提是:即使以可用的最强算力对其进行反向求解,仍无法在有限时间内进行破解。但是,相比于经典计算机,基于量子力学机制的量子计算机实现了指数级的算力提升,采用特定的量子算法会对目前广为使用的传统密码算法安全性造成威胁。虽然量子计算时代尚未真正到来,但考虑到密码升级的时间开销以及"先存后破"的安全隐患,应该立即开展抗量子计算机攻击的密码技术研究,并完成抗量子密码迁移。本章首先对抗量子密码概念及产生背景进行介绍,并阐述推进抗量子密码迁移的必要性和紧迫性。然后根据国内外抗量子攻击密码算法标准化进程介绍算法发展情况,并进一步明确抗量子攻击密码芯片的设计挑战。最后介绍当前抗量子攻击密码芯片的国内外研究现状。

1.1 抗量子攻击密码概述

抗量子攻击密码算法[1](Quantum-Resistant Cryptography,QRC),又称为后量子密码(Post-Quantum Cryptography,PQC)或量子安全密码(Quantum-Safe Cryptography,QSC),是为应对量子计算技术对传统密码算法造成的安全威胁而发展起来的可同时对抗经典计算机攻击与量子计算机攻击的密码算法体系。抗量子攻击密码算法是量子计算时代保障国家、机构与个人数据安全的核心技术。在本书后续章节中,将抗量子攻击密码算法简称为抗量子密码算法。本节将重点解释以下 3 个问题。

(1) 为什么当前正在使用的密码算法(传统密码算法)需要向抗量子攻击密码升级?
(2) 抗量子密码算法标准进展如何?
(3) 为什么迫切需要开展抗量子攻击密码迁移?

1.1.1 抗量子密码的产生背景

密码学家 Ron Rivest 将密码学解释为研究如何在敌人存在的环境中实现密码通信的学科。

密码算法本质上是一种数学函数或者编码机制,其根据特定的处理流程(数学函数或编码方法)将具有明确语义信息的明文(plain text)编码成无语义性特征(近似于随机数)的密文(cipher text),从而保证信息交互或数据流通过程中的机密性、完整性、可认证性和不可否认性等。

通用的密码系统包括 5 项核心元素,分别是明文、密文、加密(encryption)、解密(decryption)和密钥。其中,加密和解密是分别在信息发送端和信息接收端执行的两个功能。加密是指在信息发送端将明文转换为密文,而解密则是在信息接收端将密文还原为明文。在密码学领域通常用 Alice 和 Bob 指代保密通信的双方,用 Eve 指代试图窃取或破解机密信息的攻击者(也称为敌手)。为描述方便,在本书中也采用这一指代方式。在加解密过程中,除了算法流程外,还需要密钥的参与。根据柯克霍夫原则(Kerckhof's principle)[2]:"即使密码系统的任何细节都被人所知,但只要密钥没有泄露,那么它就是安全的。"因此,密钥是密码算法及实现过程中需要保护的核心数据。如图 1-1 所示,根据密码算法的密钥特征将其划分为对称密码、公钥密码(又称为非对称密码)和哈希函数(又称为杂凑函数、散列函数、消息摘要等)三类。这些密码算法满足以下信息安全保障需求。

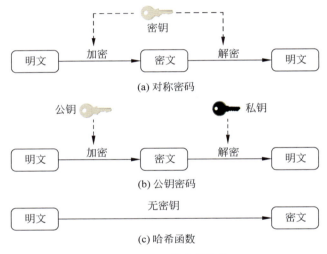

图 1-1　密码算法的分类

（1）机密性(confidentiality):是信息交互的基本安全要求,即只有授权的信息接收方可以通过解密获得原始明文信息,其他任何非授权方均无法获得。理想情况下,达到"天不知,地不知,只有 Alice(发送者)和 Bob(接收者)知"的效果。

（2）完整性(integrity):保证信息的完整性,反映信息在传输与存储等数据流通过程中是否受到破坏或篡改等。

（3）可认证性(authority):确保信息来源的准确性。

（4）不可否认性(non-repudiation):保证发送者和接收者不能否认其行为或者处理结果。

对称密码算法在加、解密执行过程中,采用完全相同的密钥。密钥可以由第三方产生并通过安全信道分发到通信双方,也可以由信息发送方产生,并通过安全信道传给信息接收方。根据每次执行加密时明文大小的不同,对称密码算法可以进一步划分为分组密码和流密码。分组密码指的是以确定大小的分组进行,而流密码是对数据进行逐位加密。对称密码的计算量比较小,计算效率相对较高,因此常用于对数据进行加密或者消息认证。对称密码的安全性主要由密钥的安全性决定,其得以使用的前提是通信双方具有加解密需要的独一密钥,密钥管理则成为对称密码应用的关键。常见的对称密码算法包括高级加密标准(Advanced Encryption Standard,AES)、ZUC、SM4等。

公钥密码算法需要一对密钥,分别为公钥(public key)和私钥(private key)。其中公钥是完全公开的,用于消息发送者对明文进行加密,而私钥是需要重点保护的,只有消息接收方知道,用来对收到的密文进行解密。公钥密码算法的核心是单向陷门函数,即很容易沿单一方向进行函数计算,而逆向求解则十分困难。也就是说,仅仅知道密文以及公钥很难反推出正确的明文内容。公钥密码算法的主要优势是通信双方不需要提前通过安全信道进行密钥共享,只有公钥会涉及数据通信过程,而私钥是不需要进行传输或共享的。常见的公钥密码算法包括 RSA、SM2、ECDH(Elliptic Curve Diffie Hellman)、ECDSA(Elliptic Curve Digital Signature Algorithm)等。

哈希函数是把任意长度输入信息(消息)转换成固定长度输出(散列值)的一种算法。该函数的输出长度与输入长度无关。哈希函数具有抗碰撞性和单向性。抗碰撞性指不同输入的哈希值不同,且找出对应同一哈希值的两个不同输入是十分困难的。单向性指无法通过哈希值反向恢复输入信息。哈希函数常用于文件校验、数字签名、消息认证和伪随机数生成等。常见的哈希函数包括 SHA-3、SHA256、Chacha 和 SM3 等。

密码技术对维护网络信息安全至关重要,从 21 世纪开始,国家一直在推动我国算法标准的制定与推广,因此,在当前的密码算法体系中,包括国产密码算法标准和国际密码算法标准。国产密码算法通常简称为国密算法,是由中国密码领域的专家学者自主研发的密码算法。根据保密要求的不同,分为商业密码(商密)、普通密码(普密)和核心密码(核密)。普密和核密主要应用于党政军等核心重要部门,算法与标准不对外公开。商密主要应用于民用领域,也是本书讨论的对象。国际密码算法标准主要由美国国家标准与技术研究所(National Institute of Standards and Technology,NIST)发布,并被全球采用。表 1-1 列出了目前国内外主流的密码算法标准。我国也一直在积极推动国密算法的国际标准化工作并取得显著进展,例如,我国的序列密码算法 ZUC、分组密码算法 SM4、公钥密码算法 SM2、密钥交换算法 SM9 等都已经成为 ISO/IEC 国际标准。

表 1-1 国际及国内主流密码算法

密码算法分类		标准体系	算法
对称密码	流密码	国际标准	RC4
		国内标准	ZUC
	分组密码	国际标准	AES、DES、3DES
		国内标准	SM1、SM4、SM7
公钥密码		国际标准	RSA、ECC、DH、ECDHE
		国内标准	SM2、SM9
哈希函数		国际标准	MD5、SHA1、SHA2、SHA3
		国内标准	SM3

密码算法的安全性构建在一定的计算复杂性理论基础之上。如果破解密码算法的计算需求巨大(包括破解时间或经济成本)而不具有可实现性,或者破解时间超过数据本身需要的保密时间,那么该密码算法就是实际安全的。例如,根据 2023 年的报道,即使是利用世界上最快的超级计算机,破解 RSA-2048 加密也需要 300 万亿年[3]。正是在此背景下,当前的密码算法得以在全球范围内被推广使用,但是在量子计算时代这一切将会产生根本性的改变。

量子计算是基于量子力学机制的一种新型计算范式。与经典计算机采用 0、1 的单位状态相比，量子计算机的基本操作单位——量子位（quantum bit，qubit）可同时表现 0 和 1 的叠加态。因此，与经典计算机相比，量子计算机在求解某些特定科学问题时可实现指数级的算力提升。当然，其也会对基于计算性复杂理论的加密技术造成威胁。1994 年，Peter Shor 提出了一种量子算法[4]，针对大整数分解和离散对数问题可以获得指数级加速。该算法会对目前正在使用的椭圆曲线密码（Elliptic Curve Cryptography，ECC）、RSA 等传统公钥算法的安全性造成致命影响。另外，1996 年提出的 Grover 算法可以将无结构搜索的复杂度从 $O(N)$ 降到 $O(N^{1/2})$[5]，从而使对称密码和哈希函数的安全性降低。也就是说，AES-256 算法的安全强度会降为原来的一半，即 128 位强度。为了保持原来的 256 位的安全强度，需要将 AES 算法的密钥长度增加一倍，即使用 AES-512 算法。如表 1-2 所示，对于对称密码与哈希函数，仍然可以通过增加密钥长度或输出长度来保持其原有的安全性。但是对于公钥密码算法，其安全性不再成立，需要设计新的具有抗量子计算机攻击能力的公钥密码算法体系。

表 1-2　量子计算机攻击对当前密码算法的影响

算法类型	算　　法	影　　响	解决方法
对称密码	AES	安全强度降低	增加密钥长度
哈希函数	SHA	安全强度降低	增加输出长度
公钥密码	RSA、DH、ECDSA	破解	开发新的密码算法

1.1.2　抗量子密码算法的标准化现状

考虑到量子计算技术对传统公钥密码算法造成的安全威胁，密码学界早在 20 世纪 90 年代初便提出了后量子密码学的概念，并在 2006 年举办了第一届抗量子密码会议。密码算法标准化是实现密码产品与服务互联互通及支撑大规模商用化的前提与基础。相关研究的集中突破也是在相关组织的标准化活动启动后才开始加速。当前，包括我国在内的全球主要国家均已开展各自的抗量子密码算法竞赛或标准化工作。中国密码学会在 2019 年组织了包括分组密码和公钥密码算法在内的全国密码算法设计竞赛[6]。最终，由中国科学院信息工程研究所提出的 LAC 算法和密码科学技术国家重点实验室等单位提出的 Aigis 算法（包括 Aigi-sig 和 Aigis-en）获得了竞赛一等奖。韩国目前也在开展其国内的抗量子密码算法竞赛活动，并在 2025 年推出其抗量子密码算法标准[7]。在全球范围内而言，由 NIST 组织的全球抗量子密码算法标准化竞赛[8]具有更广泛的影响力，吸引了来自全球的密码算法研究团队。

与之前的 AES 和 SHA-3 标准化形式类似，NIST 在 2016 年 12 月以竞赛的形式面向全球征集抗量子密码算法提案。鉴于传统公钥密码算法安全性受量子计算影响而被完全破解的经验教训，本着"鸡蛋不放在一个篮子里"的原则，NIST 希望最终能够选出基于多种不同数学难题的一系列算法标准，来提高对抗量子计算机攻击的安全性。图 1-2 展示了 NIST 抗量子密码标准化的重要进程。经过三轮评估，在 2022 年选出了可以标准化的第一批算法，包括公钥封装机制 Kyber，数字签名算法 Dilithium、Falcon 和 Sphincs+。同时，NIST 选出了 Classic McEliece、HQC、BIKE 和 SIKE 等算法进入第四轮进行继续评估。经过充分评估后，NIST 会选出至少一个算法作为新的标准。NIST 在 2024 年 8 月公布了基于 Kyber、Dilithium 和 SPHINCS+ 算法的抗量子密码算法标准 FIPS 203、FIPS 204 和 FIPS 205（FIPS：Federal Information Processing Standard，联邦信息处理标准）。除了这 3 个标准外，针对 Falcon 算法

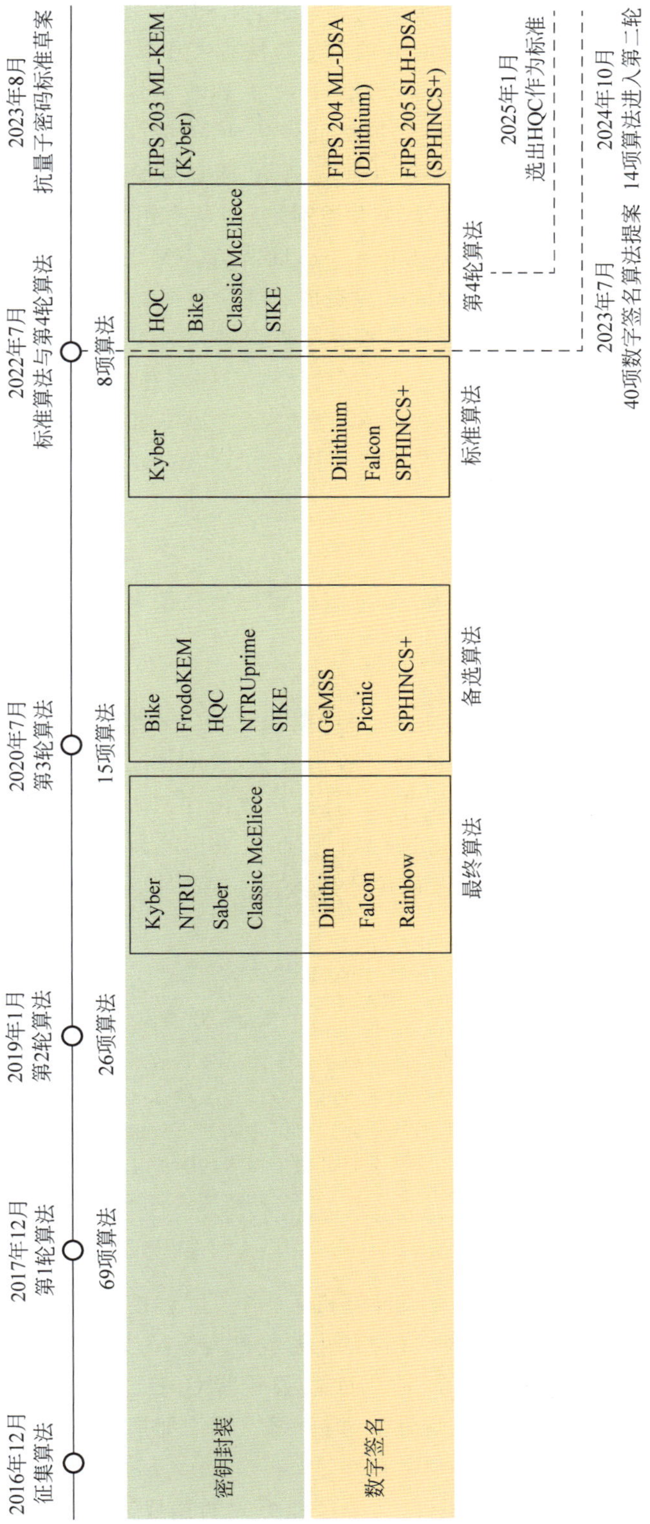

时间节点	算法类别		
2016年12月 征集算法			
2017年12月 第1轮算法 69项算法	密钥封装		
2019年1月 第2轮算法 26项算法		数字签名	
2020年7月 第3轮算法 15项算法	**最终算法** Kyber NTRU Saber Classic McEliece	**备选算法** Bike FrodoKEM HQC NTRUprime SIKE	**最终算法** Dilithium Falcon Rainbow
2022年7月 标准算法与第4轮算法 8项算法	**标准算法** Kyber	**第4轮算法** HQC Bike Classic McEliece SIKE	**标准算法** Dilithium Falcon SPHINCS+
2023年8月 抗量子密码标准草案	FIPS 203 ML-KEM (Kyber)		FIPS 204 ML-DSA (Dilithium) FIPS 205 SLH-DSA (SPHINCS+)

2023年7月 40项数字签名算法提案
2024年10月 14项算法进入第二轮
2025年1月 选出HQC作为标准

图 1-2 NIST 抗量子密码算法标准化进程

的标准也在制定过程中。2025年1月,NIST在第4轮算法中选择HQC算法来作为后续的标准。此外,为了进一步增加抗量子数字签名的多样性,NIST发起了新的抗量子数字签名算法征集活动。在2024年10月从征集到的40项有效算法提案中选出14项进入第二轮评估。

Falcon算法的标准草案也已在2024年发布。考虑到数字签名算法缺乏足够的多样化方案,NIST额外发起了新的抗量子数字签名算法征集活动,期望能够得到除了格数学难题以外更加多样的算法选择。截至2023年7月,共征集到40项有效的抗量子数字签名方案。

NIST征集的抗量子密码算法主要有两大类别,分别是密钥封装机制(Key Encapsulation Mechanism,KEM)和数字签名(Digital Signature,DS)。KEM主要用于实现密钥交换,即接收方通过解封装得到原始密钥,并通过此密钥实现后续的数据加密,常用于建立安全会话的初始阶段。DS则主要用于实现身份验证和数据完整性保护。

在标准化过程中,NIST鼓励密码领域的研究人员对候选算法进行第三方评估,结合其内部评估结果共同对候选算法进行比较。在每轮算法结果公布前,NIST会举行一次抗量子密码算法标准化会议,邀请算法设计团队与产学研用领域的第三方研究团队分别对算法更新、安全评估、实现性能和应用评估进行讨论分享。

1. NIST算法标准化的技术评估指标

基于NIST发布的算法征集技术要求,算法衡量标准主要有3个指标,分别是安全性、成本与性能、算法的实现特性。

1)安全性

作为抗量子密码算法最重要的属性,需要同时满足抗经典计算机与抗量子计算机攻击。公钥加密或密钥封装算法需要满足可选密文攻击安全(IND-CCA2),数字签名算法需要满足可选信息攻击安全(EUF-CMA)。考虑到量子计算机攻击在密码分析上的不确定性,NIST并没有采用精确的位数量对算法安全强度进行刻画,而是采用经典对称密码算法的安全强度对算法安全性进行量化,并依此定义了满足不同安全性应用需求的5个安全等级。表1-3给出了这些安全等级的具体定义。

表1-3 抗量子密码算法的安全强度定义

安全等级	安全强度
1	安全性不低于通过穷举密钥搜索破解AES-128的强度
2	安全性不低于通过碰撞搜索破解256位哈希函数的强度
3	安全性不低于通过穷举密钥搜索破解AES-192的强度
4	安全性不低于通过碰撞搜索破解384位哈希函数的强度
5	安全性不低于通过穷举密钥搜索破解AES-256的强度

2)成本与性能

抗量子密码算法的设计初衷是在经典计算机上执行、可直接对传统公钥密码算法进行替换的公钥算法,因此在嵌入式、桌面计算机与高性能服务器等经典计算平台上的算法性能对标准选择同样重要。NIST推荐分别在64位桌面或服务器CPU、32位消费级CPU、16位或8位微控制器以及FPGA上对算法的实现性能进行评估,即需要能够在尽可能多的经典计算平台上执行算法。

从目前来看,算法的效率整体上还可以,但可能更大的挑战来自密钥尺寸,因此如果能够进行并行实现来提升效率是一个很好的加分项。成本包括计算效率及存储需求。计算效率指的是算法的运行速度,包括公钥、密文及签名尺寸,密钥产生以及公私钥操作的计算效率,解密错误概率等。NIST希望候选算法可以实现接近甚至超过当前公钥算法的执行速度。存储需求指的是软件实现的代码大小、对RAM的需求、硬件实现的等效门数等。

(1) 公钥、密文及签名尺寸:这些指标对带宽受限的应用场景或者数据包尺寸受限的互联网协议影响较大。因场景不同公钥尺寸的重要性不一而足,如果应用可以对公钥进行缓存,或者避免频繁传输,那么对公钥尺寸要求就没有那么苛刻。如果在每次会话开始时都需要应用发送一个新的公钥来保证完全前向保密(perfect forward secrecy),那么就需要算法的公钥尺寸足够小。

(2) 公私钥操作的计算效率:需要同时考虑公钥相关(加密、封装和验签)和私钥相关(解密、解封装和签名)操作的计算效率,需要同时从软硬件实现对这些操作的计算开销进行评估。虽然大多数应用对这两类操作都有严格要求,但特定应用可能只会对其中部分操作提出较高的性能需求。举例来说,在智能卡上可能仅会执行签名或解密操作,而在服务器上则会需要执行高流量的验签操作。

(3) 密钥产生的计算效率:密钥产生时间对于提供完全前向保密的公钥加密算法或密钥封装算法更为重要。当然,对于一些应用场景中的算法也同样重要。

(4) 解密错误概率:对于特定的公钥加密或密钥封装算法,即使在实现过程中没有任何问题,但偶尔也会出现密文解密或解封装错误的问题。对于大部分场景而言,要求这种情况根本不要出现或者要具有极低的出现概率。对于具有解密错误问题的算法,设计人员需要提供算法出现解密错误的出现概率以及其对安全性的影响分析。虽然在具体应用中可以通过对相同的明文进行多次加密来尽可能降低解密错误的概率,或者在密钥建立失败时重启,但这些方案显然会带来明显的性能开销。

3) 算法的实现特性

算法的实现特性包括算法的灵活性与知识产权问题等。灵活性包括功能灵活性(可以通过少许修改支持多种密码原语功能)、安全灵活性(通过参数定制实现多种安全等级)、平台灵活性(可满足多种实现平台需求)、可扩展性(通过算法实现的简单并行化实现性能提升)、应用灵活性(在尽可能小修改的情况下实现与现有协议与应用的兼容)。另外,算法设计应尽量遵循简洁性原则,并避免出现可能存在争议的知识产权等问题。

2. 主流抗量子密码算法

根据抗量子密码算法的基础数学困难问题,可以将主流抗量子密码算法分为5类,分别是基于格(lattice-based)、基于编码(code-based)、基于哈希(Hash-based)、基于多变量(multivariate-based)和基于超奇异同源(isogeny-based)的抗量子密码算法。

1) 基于格的抗量子密码算法

这类算法基于格理论中的困难问题,如最短向量问题(Shortest Vector Problem,SVP)和最近向量问题(Closest Vector Problem,CVP)。格是数学中的一个概念,是由一组线性无关向量组成的无限集合。这些向量定义了一个多维空间的格结构。基于格的抗量子密码算法在安全性、公私钥尺寸及计算速度上达到了很好的平衡,在每轮算法候选时都是主流选择。除了可以构造密钥封装和数字签名方案外,基于格的抗量子密码算法还可用于构造基于属性的加密和全同态加密等先进密码学算法。

2) 基于编码的抗量子密码算法

基于编码的抗量子密码算法使用错误纠正码对加入的随机性错误进行纠正和计算。一个著名的基于编码的加密算法是 McEliece。McEliece 使用随机二进制的不可约(Goppa)码作为私钥,公钥是对私钥进行变换后的一般线性码。Courtois、Finiasz 和 Sendrier 使用 Niederreiter 公钥加密算法构造了基于编码的签名方案。基于编码的密码算法(如 McEliece)的主要问题是公钥尺寸过大。基于编码的密码算法包括加密、密钥交换等。

3) 基于哈希的抗量子密码算法

基于哈希的抗量子密码算法主要用于数字签名。基于哈希的算法由一次性签名方案演变而来,并使用 Merkle 的哈希树认证机制。哈希树的根是公钥,一次性的认证密钥是树中的叶子节点。基于哈希的算法的安全性依赖哈希函数的抗碰撞性。由于没有有效的量子算法能快速找到哈希函数的碰撞,因此(输出长度足够长的)基于哈希的密码算法可以抵抗量子计算机攻击。此外,基于哈希的算法的安全性不依赖某个特定的哈希函数。即使目前使用的某些哈希函数被攻破,还可以用更安全的哈希函数直接代替被攻破的哈希函数。

4) 基于多变量的抗量子密码算法

基于多变量的抗量子密码算法,使用有限域上具有多个变量的二次多项式组构造加密、签名、密钥交换等算法。基于多变量的抗量子密码算法的安全性依赖求解非线性方程组的困难程度,即多变量二次多项式问题。该问题被证明为非确定性多项式时间困难。目前没有已知的经典和量子算法可以快速求解有限域上的多变量方程组。与经典的基于数论问题的密码算法相比,基于多变量的密码算法计算速度快,但公钥尺寸较大,因此适用于无须频繁进行公钥传输的应用场景,如物联网设备等。

5) 基于超奇异同源的抗量子密码算法

基于超奇异同源的抗量子密码算法依赖超奇异椭圆曲线同源计算问题的困难性。具体而言,给定两条超奇异椭圆曲线 E1 和 E2,找到一个同源映射 $\phi:E1 \rightarrow E2$ 是非常困难的。这种映射是一种特殊的群同态,它将一条椭圆曲线映射到另一条椭圆曲线,同时保持曲线的代数结构。由于这种映射的复杂性,目前没有已知的量子算法能够在多项式时间内解决这一问题。

1.1.3 抗量子密码迁移的紧迫性

在传统公钥密码算法所依赖的基础数学困难问题面临量子计算威胁的统一共识下,我们更关心的是能够攻破传统密码的大规模量子计算机到底什么时候成为现实。类似 20 世纪末的千年虫危机,数字安全专家将量子计算机攻破传统公钥密码算法的年份定义为量子日(Quantum Day,Q-Day),而从当下时间节点到 Q-Day 所需的时间也记作 Y2Q(Year to Quantum)。目前云安全联盟(Cloud Security Alliance,CSA)估计的 Q-Day,即采用量子计算机在多项式时间内破解 RSA-2048 的时间为 2030 年 4 月 14 日[10]。2023 年 2 月,加拿大网络安全公司 QD5 曾向美国国防部发布一份预测,其在预测中声称[11]可能最快在 2025 年世界就会迎来 Q-Day。目前在学术界,比较获得认可的是由加拿大滑铁卢大学 Michele Mosca 教授发表的观点,即量子计算机在 2026 年破解传统密码的概率为 1/7,在 2031 年发生的概率为 1/2[12]。他同时还提出了一个 XYZ 模型,被业界称为莫斯卡定理(Mosca-theorem)。在该模型中,将数据需要保密的时间定义为 X,密码系统完成抗量子攻击升级的时间为 Y,而可破解传统密码的量子计算机需要的时间为 Z。显然,如果 $X+Y \geqslant Z$ 的话,那么数据安全防护将不再存在。只有在 $X+Y<Z$ 的情况下,才能实现传统密码向抗量子密码的顺利过渡,保证数据的长期安全。虽然未来无法预测,但能够明确的是在十年左右的时间内,必须要实现向抗量子密码的迁移过渡,这主要基于以下两方面的原因。

首先,不考虑算法标准化所需要的时间,仅仅是产业界中密码系统的算法升级就需要十年甚至更长的时间。例如,尽管 ECC 算法在 20 世纪 80 年代便已经被提出,而且相比于 RSA 算法在存储开销和计算速度上都更占优势,但是仍经过了二十多年的时间才得到广泛使用。此外,NIST 在 2007 年便开始了 SHA-3 算法的标准化竞赛,并在 2012 年选出了 Keccak 作为最终标准,但直到 2021 年才得到广泛应用。我国的商用密码算法体系也需要十多年的时间推广。因此密码过渡通常需要数年甚至是数十年的时间,而抗量子密码涉及更多相对较新类型的算法、更高的计算复杂度,其迁移周期势必需要更长的时间。与此同时,量子计算技术的发展正不断超出预期,取得突飞猛进的进步。如图 1-3 所示,在 IBM 公司发布的量子计算机发展路线图中,预期在 2030 年实现具有 2000 量子位的量子计算机。

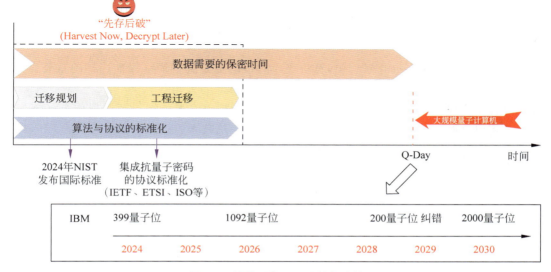

图 1-3　抗量子密码迁移的紧迫性

其次,即使能够在 Q-Day 前完成抗量子密码迁移,仍然面临着先存后破攻击(Harvest Now,Decrypt Later,HNDL)的风险。HNDL 攻击的核心思想是攻击者对当前无法解密的数据进行窃取保存,然后等密码破解相关的大规模量子计算机技术成熟时再完成对这些数据的破解。HNDL 攻击的可怕之处在于,尽管量子计算机目前还处于发展阶段,只要在数据保密期限内完成破解就是致命的。为了应对这种威胁,一些组织和企业已经开始采取措施,推动抗量子加密算法在其产品与服务中的测试与工程应用。这些算法被设计为即使在量子计算机的攻击下也能保持安全。2024 年 2 月,Linux 基金会联合 IBM、Nvidia 和 Amazon 等多家公司与科研院所成立了抗量子密码学联盟,旨在共同推动抗量子密码的发展与应用[13]。Google 公司在其 Chrome 浏览器中部署集成了 X25519 和 Kyber 算法的混合式密钥封装机制,为未来的量子攻击提供更强大的防御[14]。Apple 公司也在 2024 年 2 月宣布对其 iMessage 平台进行升级,通过部署抗量子密码技术抵抗未来可能出现的量子计算机攻击[15]。

在政府层面,美国国家安全局(National Security Agency,NSA)在 2022 年 9 月发布了商用国家安全算法套件(Commercial National Security Algorithm,CNSA)2.0[16]。相比于 2016 年发布的 CNSA 1.0,CNSA 2.0 的主要变化是针对抗量子攻击能力的升级,包括增加对称密码算法密钥长度和替换抗量子公钥密码算法。同时,根据密码设备与应用的安全重要程度确定了美国国内密码系统向抗量子密码过渡的初步规划。在表 1-4 所示的安排规划中可以看到，按照"两步走"的整体规划，首先将 CNSA 2.0 作为可选支持项并在相应设备或应用中进行应用测试，并最终在 2033 年前全部切换到 CNSA 2.0。

表 1-4 美国 NSA 发布的抗量子密码迁移规划

设备类型（应用场景）	以可选项进行应用测试	优先推荐并完全使用
软件/固件签名	2025 年	2030 年
浏览器/服务器与云服务	2025 年	2033 年
传统网络设备（路由器、VPN 等）	2026 年	2030 年
操作系统	2027 年	2033 年
Niche 设备（资源受限设备）	2030 年	2033 年
应用程序与其他设备	2033 年	

1.2 标准化过程中的抗量子密码硬件加速技术

在抗量子密码算法标准化过程中，算法实现的性能也是决定最终标准选择的重要参考因素。由于专用抗量子密码芯片高昂的设计开销（研发时间与人员投入等）与工程制造成本，在标准化过程中主要通过开发更加便捷的指令驱动处理器和传统可编程逻辑器件 FPGA 来实现。本节将对这两类的代表性工作进行介绍，并对相应的技术特点进行评价。

1.2.1 指令驱动的通用处理器实现

根据应用场景的不同，将已有的基于指令驱动的抗量子密码芯片实现划分为 3 类，分别是嵌入式微控制器 MCU、通用高性能处理器 CPU 和图像处理器 GPU。

1. 嵌入式微控制器 MCU

公钥密码在智能卡、物联网设备等硬件资源受限的嵌入式应用领域有着广泛应用。因此，NIST 在标准化过程中将 ARM Cortex M4 作为这一应用领域的主要优化目标，对候选算法进行评估。在这个评估过程中，pqm4 开源框架逐渐成为这一领域标准的评估平台。嵌入式通用处理器主要面向嵌入式应用领域，对面积、资源和存储开销的约束比较严格，同时对侧信道安全具有比较强的要求。德国慕尼黑工业大学的研究团队发表了一篇面向后量子密码的 RISC-V 处理器[17]，在对后量子密码算法中的新型计算操作进行定制设计的同时，对 RISC-V 指令集进行了扩展。在该项工作中，研究团队将目前的后量子密码芯片分为紧耦合和松耦合加速器两种形态。松耦合加速器也就是基于 ASIC 实现的硬件加速器，执行完整的密码算法功能，缺点是会有比较大的数据通信开销。如图 1-4 所示，该工作首先针对后量子密码算法中的计算模式，设计实现了一系列硬件加速器，包括并行的蝶形操作、随机多项式生成、向量化的模运算实现以及旋转因子生成。其次在 RISC-V 指令集的基础上扩展出 28 条新的指令，用于支持后量子密码算法中的计算。最终，该设计在 FPGA 平台以及 ASIC 实现上进行了性能评估。

此外，复旦大学的研究团队针对基于格的密码算法发表了基于 RISC-V 架构的领域定制后量子密码处理器架构[18]。这项工作的主要创新点在于：挖掘 RLWE 和 MLWE 候选算法中的数据级并行，实现快速数论变换（Number Theoretic Transform，NTT）和采样过程的向量化处理。

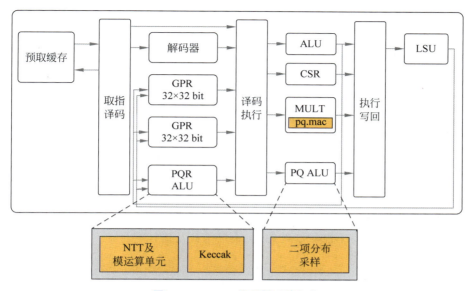

图 1-4　RISC-V 处理器系统架构

2. 通用高性能处理器 CPU

考虑到服务器端的高性能计算需求,很多团队已经基于 x86、ARM 等指令集的向量化扩展指令实现对抗量子密码算法的加速。例如,IBM 公司在其 z 系列处理器上实现高速抗量子密码处理[19],主要得益于其系统中集成了可工作在 5.2GHz 频率下的计算核,包括向量乘加、128 位向量寄存器以及实现 SHA3 和 SHAKE 计算的 MSAE6 指令集。采用 Apple 公司推出的矩阵乘法协处理器 AMX 也可以实现基于格的密码算法的加速,并在 Apple 公司的 M1 和 M3 处理器上进行了验证[20]。

3. 图像处理器 GPU

考虑到图像处理器(Graphic Processing Unit,GPU)的高并行算力,复旦大学[21]、中国科学院信息工程研究所[22,23]和 Nvidia 公司等均已展开了基于 GPU 的抗量子密码计算加速研究工作。Nvidia 公司目前已经发布了基于 CUDA 的抗量子密码算法开发套件 CuPQC[24],并与 PQShield、QuSecure 等公司开展合作进一步推广基于 GPU 的抗量子密码应用。这类工作目前大多集中在基于格的抗量子密码算法加速,因为这类算法的多项式乘法可以利用 GPU 的并行算核进行加速。但是,对用户而言具有相对较高的使用门槛。一方面,需要用户充分了解抗量子密码算法的计算属性,又需要足够了解 GPU 架构的技术特点,才能够充分利用 GPU 的架构优势,提高算法的计算性能;另一方面,需要用户采用 CUDA 编程甚至汇编语言实现最细粒度的计算优化。此外,GPU 实现虽然取得相对较高的吞吐率,但由于其存储资源受限,会导致延迟较大的问题。

总体来说,无论是 CPU 还是 GPU,对于系统设计者而言,往往希望能够从处理器上卸载密码相关处理,以便于利用 CPU 执行更多业务相关的计算任务与调度工作,GPU 执行更擅长的图形处理、AI 加速等任务。同时,基于指令驱动的实现方式面临着更为严峻的侧信道攻击风险。例如,PQShield 公司发现使用 Clang 编译器会导致 Kyber 算法出现时序攻击问题[25]。

1.2.2　可编程逻辑器件 FPGA

现场可编程门阵列(Field-Programmable Gate Array,FPGA)是一种细粒度可编程逻辑器件。FPGA通过自定义其内部逻辑功能与连接关系可以满足不同应用的需求,从而具有较高的功能灵活性和可编程性。在细粒度可编程商业器件FPGA平台上,利用成熟的高层次综合工具,可以实现对算法硬件性能的快速评估和对比。乔治梅森大学Kris Gaj教授的研究团队一直致力于国际密码算法标准化过程中的算法硬件性能评估工作,并在AES算法、SHA系列算法的标准化工作中起到了至关重要的作用。如图1-5所示,目前该团队利用高层次综合工具对目前的后量子密码算法在Xilinx公司的FPGA平台上进行软硬件协同设计[26]。高层次综合主要用到的优化技术包括循环展开(loop unrolling)和循环流水(loop pipelining)。循环展开指的是对循环体中没有数据依赖关系的功能单元进行并行执行,可用于对计算延迟比较敏感的应用场景,相当于用资源换时间。循环流水则是对循环体内串行执行的功能单元进行流水化操作,从而降低整体循环体计算的执行时间。但同时从C/C++语言的算法实现到RTL级的硬件代码的转换并非完全自动实现的,仍然需要对原始算法代码进行必要的人工优化。当前的高层次综合工具不能对动态数组、系统函数及指针进行很好的支持,需要在综合前进行必要的修改。

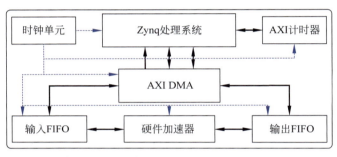

图1-5 GMU团队软硬件协同设计的系统架构

同时,研究人员利用高层次综合对基于格的密码中的核心计算模块NTT的设计空间进行了探索,并与人工设计优化得到的代码进行对比,发现高层次综合实现的性能要明显低于人工设计的结果,但相比于人工设计的ASIC实现,高层次综合可以加快设计周期,同时可对设计空间进行多样化探索。

对基于指令驱动与可编程逻辑器件的抗量子密码硬件加速技术进行简单的总结。首先得益于成熟的软硬件开发环境,相对友好的开发成本与周期使得CPU、GPU与FPGA实现成为抗量子密码标准化过程对算法计算性能与存储开销进行对比的参考因素。但无论是指令驱动处理器还是可编程逻辑器件,都不是密码硬件在现实部署场景中的最终形态。随着抗量子密码算法理论研究趋于成熟,针对相应的困难问题,尤其是对NIST选定的标准算法的领域专用抗量子密码芯片的研究已迫在眉睫。

1.3 抗量子密码芯片的需求与挑战

在介绍的抗量子密码算法标准的遴选标准时曾提到,算法的抗量子安全性是标准选择的首要要求。但是,作为执行密码算法的物理载体,抗量子密码芯片是实现密码体系向抗量子密码迁移的基础。抗量子密码芯片的整体性能将直接决定抗量子密码在不同应用领域的算法实用性与迁移进度。虽然通用处理器与FPGA能够灵活快速地实现不同的抗量子密码算法,但其在计算速度、能量效率、功耗等应用导向的技术指标上不占优势。因此开展面向抗量子密码算法的领域定制芯片设计成为支撑抗量子密码迁移的关键。

在介绍抗量子密码芯片的设计挑战之前,需要首先明确衡量密码芯片的技术指标,进而分析在技术指标的约束空间内抗量子密码芯片设计所面临的技术挑战。在里昂大学等研究人员发表的对称密码芯片综述文章中,将吞吐率、功能灵活性和物理安全性这三个指标作为衡量芯片综合性能的三个相互矛盾的指标[27]。吞吐率指的是单位时间内完成的密码操作数。功能灵活性则指的是芯片所能支持的密码算法数量,包括算法的参数、模式以及不同的密码标准体系等。安全性指的是密码芯片的物理安全性,反映了芯片抵御侧信道攻击、故障注入、反向工程等物理攻击的能力。但吞吐率只能反映芯片的速率,无法反映芯片的功耗水平。因此,此处提出用能量效率,即速率功耗比来反映芯片的整体计算性能[28]。对于服务器等高性能计算需求,芯片设计更注重吞吐率的提升,而对于嵌入式、物联网应用场景,则对芯片的低功耗设计要求更高。但整体而言,无论是哪种应用场景,追求更高的能量效率都是密码芯片的核心设计目标之一。

接下来将分别从能量效率、功能灵活性与物理安全性这三方面对抗量子密码芯片设计所面临的技术挑战进行分析。

1. 高能效抗量子密码芯片设计挑战

抗量子密码算法的设计理念与传统公钥密码算法一致,仍然基于特定的数学困难问题来构建可对抗量子计算机攻击的密码算法,算法能够在经典计算机运行并且与现有的密码协议与应用兼容。但这里存在着一个矛盾问题,既然是基于更加困难的数学问题,那么我们可以非常直观地想到抗量子密码算法的计算复杂度与存储需求比传统公钥密码算法更高。如表1-5所示,Cloudflare公司将NIST选出的抗量子签名算法的存储开销与执行时间与传统公钥密码算法进行了对比[29]。首先可以看到,即使是最低安全等级的抗量子签名算法,其公钥尺寸与签名尺寸都要比传统签名算法大很多,最高可到3个数量级以上,从而对网络带宽与终端的存储空间都会进一步增长。同时,虽然基于格的密码在验签方面的执行时间与传统签名算法相近,但签名时间要比传统签名算法明显增加,基于哈希的"SPHINCS+"算法在签名方面的劣势则更加明显。

表1-5 数字签名算法的存储开销与执行时间对比

算法	存储开销/B		执行时间(CPU上运行)/s	
	公钥	签名	签名	验签
Ed25519	32	64	1	1
RSA-2048	256	256	70	0.3
Dilithium-2	1312	2420	4.8	0.5
Falcon-512	897	666	8	0.5
SPHINCS128s	32	7856	8000	2.8
SPHINCS128f	32	17088	550	7

Google公司实现嵌套了Dilithium算法的FIDO2便携安全密钥,实验表明虽然采用混合协议的产品可以满足协议的相应需求,但为了提供更好的用户体验,仍然需要对Dilithium算法进行硬件加速。

2. 敏捷抗量子密码芯片设计挑战

相比于传统公钥密码算法,抗量子密码算法最大的区别在于其基础数学问题的多样性。

因此,对于抗量子密码芯片而言,能够支持不同数学困难问题、不同安全等级的抗量子密码算法,并兼容未来国内外多种算法标准体系,是能够确保抗量子密码迁移的核心需求之一。针对这一特性,在密码领域一直存在着密码敏捷性(crypto-agility)这样的概念。密码敏捷性指的是密码系统(包括密码芯片、系统、密码基础设施等)具有这样一种能力,即在无须进行物理升级的情况下实现对不同密码算法与协议的切换与升级。对于抗量子密码芯片而言,也就是功能灵活性的需求,即在同一硬件架构与电路设计中实现对计算操作与存储模式差异化的算法支持。当前抗量子密码算法主要有基于格、基于编码、基于哈希、基于多变量和基于超奇异同源 5 种类型,但算法之间差异性比较大。图 1-6 和图 1-7 所示的是 ARM 公司在 2021 年发布的抗量子密码技术白皮书,分别对不同类型算法在存储需求和计算时间的分布,以及与 ECC、RSA 等传统密码算法的对比情况[30]。从这两幅图中可以发现,首先,基于格的抗量子密码算法可以同时实现密钥封装和数字签名两类密码原语。其次,相比较而言所有的抗量子密码算法在存储需求上要比传统密码算法高很多。最后,在计算属性方面,不同类型算法的优劣势对比非常明显,呈现出明显的差异性。因此,如何在保证芯片能量效率的同时最大限度地提高抗量子密码芯片的功能灵活性是抗量子密码芯片面临的核心技术挑战之一。

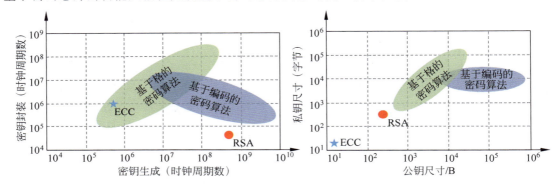

图 1-6 不同密钥封装算法的计算时间与存储尺寸需求对比

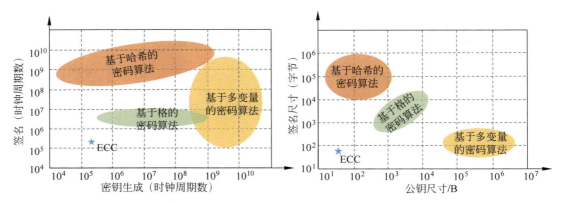

图 1-7 不同数字签名算法的计算时间与存储需求的对比

3. 高物理安全抗量子密码芯片设计挑战

在 NIST 抗量子密码算法标准化过程中,算法实现的物理安全性包括算法的物理安全风险以及防护开销,也是每轮算法遴选过程中的重要参考指标。这里的物理安全风险包括基于时序、功耗及电磁辐射信息等侧信道攻击方式,以及故障注入、反向工程分析等侵入式攻击方式[31]。在不同应用场景下,抗量子密码芯片对物理安全性的需求存在很大差别。例如,对于数据中心等服务器端应用,抗量子密码芯片需要提供高速的处理速度,但由于服务器等设施大部分场景下均放置于不可公开访问的物理空间(如数据中心等),所以对芯片的物理安全性要求并不高。但针对物联网、智能卡等应用,首先抗量子密码芯片的功耗必须足够低,避免对设备电池寿命造成显著影响,同时由于这类设备随时可能被攻击者在物理上获得,因而必须具备足够高的抗物理攻击能力。

因此,在保证芯片性能的同时,尽可能提高抗量子密码芯片的物理安全性是密码芯片设计领域的核心目标之一。对于抗量子密码芯片的物理安全设计而言面临着两项挑战。首先,抗量子密码算法的标准尚未最终确定,针对不同困难问题、不同算法的敏感数据模块与防护需求的研究还在不断涌来。其次,尽管在软硬件层面的防护方法还沿用着传统的掩码、隐藏等防护方式,但具体方法在实现过程中又遇到了新的功能需求或数据特征,使得针对抗量子密码芯片的防护开销更高。因此,如何在抗量子密码芯片计算性能、物理安全防护效率(包括防护效果与防护开销)之间进行折中设计,成为抗量子密码芯片设计面临的核心技术挑战。

参考文献

[1] BERNSTEIN D J,LANGE T. Post-quantum cryptography[J/OL]. Nature,2017,549(7671):188-194.
[2] KERCKHOFFS A. La cryptographie militaire[J]. Journal des Sciences Militaires,1883,IX:5-38.
[3] NIST names four post-quantum cryptography algorithms[EB/OL]. (2022-07-07)[2024-06-27]. https://cybernews.com/news/nist-names-four-post-quantum-cryptography-algorithms/.
[4] SHOR P W. Algorithms for quantum computation:discrete logarithms and factoring[C]//Proceedings 35th Annual Symposium on Foundations of Computer Science. 1994.
[5] GROVER L K. A fast quantum mechanical algorithm for database search[C]//Proceedings of the twenty-eighth Annual ACM Symposium on Theory of Computing- STOC'96,1996.
[6] 中国密码学会. 全国密码算法设计竞赛通知[EB/OL]. (2018-06-11)[2024-10-09]. https://sfjs.cacrnet.org.cn/site/content/309.html.
[7] Kpqc Competition Round 2[EB/OL]. [2024-06-27]. https://kpqc.or.kr.
[8] Post-Quantum Cryptography | CSRC[EB/OL]. [2024-07-01]. https://csrc.nist.gov/Projects/Post-Quantum-Cryptography.
[9] COMPUTER SECURITY DIVISION I T L. Post-Quantum Cryptography FIPS Approved[EB/OL]. (2024-08-06)[2024-10-09]. https://csrc.nist.gov/News/2024/postquantum-cryptography-fips-approved.
[10] Quantum-safe Security Working Group | CSA[EB/OL]. [2024-07-01]. https://cloudsecurityalliance.org/research/working-groups/quantum-safe-security.
[11] An Emerging Quantum Threat:The QUANTUM DEFEN5E Approach | QUANTUM DEFEN5E [EB/OL]. [2024-10-10]. https://qd5.com/en-us/an-emerging-quantum-threat-the-quantum-defen5e-approach/.
[12] MOSCA M. Cybersecurity in an era with quantum computers:will we be ready?[A/OL]. Cryptology ePrint Archive,2015[2024-10-10]. https://eprint.iacr.org/2015/1075.
[13] Post-Quantum Cryptography Alliance Launches to Advance Post-Quantum Cryptography[EB/OL]// Post-Quantum Cryptography Alliance Launches to Advance Post-Quantum Cryptography. [2024-07-01]. https://www.linuxfoundation.org/press/announcing-the-post-quantum-cryptography-alliance-pqca.
[14] Protecting Chrome Traffic with Hybrid Kyber KEM[EB/OL]. [2024-07-01]. https://blog.chromium.

org/2023/08/protecting-chrome-traffic-with-hybrid. html.

[15] Blog - iMessage with PQ3：The new state of the art in quantum-secure messaging at scale - Apple Security Research[EB/OL]. [2024-07-01]. https://security. apple. com/blog/imessage-pq3/.

[16] NSA Releases Future Quantum-Resistant (QR) Algorithm Requirements for National Security Systems > National Security Agency/Central Security Service > Article[EB/OL]. [2024-07-01]. https://www. nsa. gov/Press-Room/News-Highlights/Article/Article/3148990/nsa-releases-future-quantum-resistant-qr-algorithm-requirements-for-national-se/.

[17] FRITZMANN T, SIGL G, SEPúLVEDA J. RISQ-V：Tightly Coupled RISC-V Accelerators for Post-Quantum Cryptography[J]. IACR Transactions on Cryptographic Hardware and Embedded Systems, 2020：239-280.

[18] XIN G, HAN J, YIN T, et al. VPQC：A Domain-Specific Vector Processor for Post-Quantum Cryptography Based on RISC-V Architecture[J]. IEEE Transactions on Circuits and Systems I：Regular Papers, 2020, 67(8)：2672-2684.

[19] BRRADBURY J, HESS B. Fast Quantum-Safe Cryptography on IBM Z[C]//Third PQC Standardization Conference, 2021.

[20] FILHO D L G, BRANDÃO G, ADJ G, et al. PQC-AMX：Accelerating Saber and FrodoKEM on the Apple M1 and M3 SoCs[A/OL]. Cryptology ePrint Archive, 2024[2024-06-12]. https://eprint. iacr. org/2024/195.

[21] SHEN S, YANG H, DAI W, et al. High-Throughput GPU Implementation of Dilithium Post-Quantum Digital Signature[J/OL]. IEEE Transactions on Parallel and Distributed Systems, 2024, 35(11)：1964-1976. DOI：10. 1109/TPDS. 2024. 3453289.

[22] WAN L, ZHENG F, FAN G, et al. A Novel High-performance Implementation of CRYSTALS-Kyber with AI Accelerator[A/OL]. Cryptology ePrint Archive, 2022[2024-06-05]. https://eprint. iacr. org/2022/881.

[23] ZHOU T, ZHENG F, FAN G, et al. ConvKyber：Unleashing the Power of AI Accelerators for Faster Kyber with Novel Iteration-based Approaches[J]. IACR Transactions on Cryptographic Hardware and Embedded Systems, 2024, 2024(2)：25-63.

[24] cuPQC[EB/OL]. [2024-10-10]. https://developer. nvidia. com/cupqc.

[25] BERNSTEIN D J, BHARGAVAN K, BHASIN S, et al. KyberSlash：Exploiting secret-dependent division timings in Kyber implementations[A/OL]. Cryptology ePrint Archive, 2024[2024-10-23]. https://eprint. iacr. org/2024/1049.

[26] DANG V B, MOHAJERANI K, GAJ K. High-Speed Hardware Architectures and FPGA Benchmarking of CRYSTALS-Kyber, NTRU, and Saber[J]. IEEE Transactions on Computers, 2023, 72(2)：306-320.

[27] BOSSUET L, GRAND M, GASPAR L, et al. Architectures of flexible symmetric key crypto engines—a survey：From hardware coprocessor to multi-crypto-processor system on chip[J]. ACM Computing Surveys, 2013, 45(4)：1-41.

[28] 刘雷波, 王博, 魏少军. 可重构计算密码处理器[M]. 北京：科学出版社, 2018.

[29] NIST's pleasant post-quantum surprise[EB/OL]. (2022-07-08)[2024-06-12]. https://blog. cloudflare. com/nist-post-quantum-surprise.

[30] BERKER H. Whitepaper-Post Quantum Cryptography[EB/OL]. (2020-09-30)[2024-10-23]. https://community. arm. com/arm-research/m/resources/1002.

[31] CHOWDHURY S, COVIC A, ACHARYA R Y, et al. Physical security in the post-quantum era[J/OL]. Journal of Cryptographic Engineering, 2022, 12(3)：267-303.

第 2 章

抗量子密码算法

"在不得不之前做出改变。"
"Change before you have to."
——通用电气公司前董事长杰克·韦尔奇(Jack Welch)

抗量子密码算法的安全性依附于不同的数学困难问题,主要分为基于格、基于编码、基于哈希、基于多变量和基于超奇异同源的密码算法。本章针对当前国内外主流的抗量子密码算法,从硬件设计人员的视角依序对各类算法的原理与计算特性进行分析。无论是基于哪种数学困难问题的抗量子密码算法,在由算法向硬件映射的过程中都需要考虑面向硬件友好的高效实现算法。本章最后一节对高效乘/除算法进行分析。同时,也为本书后续章节对电路实现的设计描述提供理论基础。

基于不同数学困难问题的抗量子密码算法的差异性非常显著,计算特性各不相同。基于格的抗量子密码算法是当前主流的抗量子密码类型之一,面向的是通用的公钥应用场景,在软硬件实现的核心瓶颈是 NTT 算法的优化实现和加速,硬件实现需在无冲突的存储访问策略以及并行度上做出权衡和优化。基于编码的抗量子密码算法也是主流的抗量子密码类型之一,可用作密钥加封的标准,根据编码类型的不同(Goppa 码、Q-MDPC 码等),计算特性的差异化程度也很高,但是共同点在于核心计算类型都是系数二项域的加法、乘法和求逆。基于哈希的抗量子密码算法可用作数字签名的标准,优点是并不依赖除哈希运算之外的安全假设,缺点是计算和存储开销大,核心的加速瓶颈是哈希运算自身。基于超奇异同源的抗量子密码算法由于基于椭圆曲线,计算特性本身和 ECC 算法类似,计算瓶颈在于素数椭圆曲线上的点加、点乘和点逆运算。基于多变量的密码算法也都是聚焦在系数二项域的加法、乘法和求逆运算。

2.1 基于格的抗量子密码算法

基于格的抗量子密码算法是主流的抗量子密钥封装和数字签名标准类型之一。格数学困难问题,最早开始研究的是 NTRU(Number Theory Research Unit)困难问题,研究从最短整数解(Shortest Integer Solution,SIS)问题发展到从错误中学习(Learning With Errors,LWE)问题,之后又出现了计算效率更高的 Ring-LWE 问题和 Module-LWE 问题。除此之外,还有利用舍入特性引入随机性噪声的 Module-LWR 问题。常见抗量子密码算法基于的基础数学困难问题如下。

（1）Kyber 算法、Dilithium 算法和 Aigis 算法都基于 Module-LWE 问题。
（2）Falcon 算法基于 NTRU 格。
（3）LAC 算法和 Newhope 算法基于 Ring-LWE 问题。
（4）Saber 算法基于 Module-LWR 问题。

NTRU 类型方案的核心计算是环上多项式的乘法；对于 LWE 问题，核心计算瓶颈在于素数域下的矩阵向量乘法；对于 Ring-LWE 和 Module-LWE 问题，核心计算瓶颈是环上多项式的乘法，一般采用 NTT 的方法进行加速。除了核心的多项式或者矩阵乘法之外，随机数生成、采样、数据格式变换、哈希等运算也是计算的重要组成部分。对于采样过程，基于格的密码算法主要采用二项采样、高斯采样和均匀采样（拒绝采样）。在这些采样模块设计过程中，需重点考虑如何实现高并行度、可配置性以及低面积开销。此外，如何设计高吞吐低开销的核心功能模块，并实现高并行调度执行同样是基于格的抗量子密码算法硬件实现需要重点考虑的问题。

本节重点讨论 Kyber、Dilithium、Falcon 和 LAC 算法的基本计算流程，并对这些密码算法的计算特性进行详细分析。

2.1.1 密码算法介绍

1. CRYSTALS-Kyber 算法

Kyber[1] 算法是基于 Module-LWE 问题的抗量子密钥封装算法，也是 NIST 当前确定为国际标准的唯一密码方案，在未来抗量子密码算法应用中将发挥极其重要的作用。与非结构化的 LWE 方案相比，Kyber 算法具有显著的效率优势。Kyber 算法也是通过 Fujisaki-Okomoto（FO）类型变换将选择明文攻击（Chosen Plaintext Attack，CPA）安全的方案转换为选择密文攻击（Chosen Ciphertext Attack，CCA）安全类型的方案。

在 Kyber 算法的运算流程中，密钥生成、密钥加密和密钥解密分别如图 2-1～图 2-3 所示。

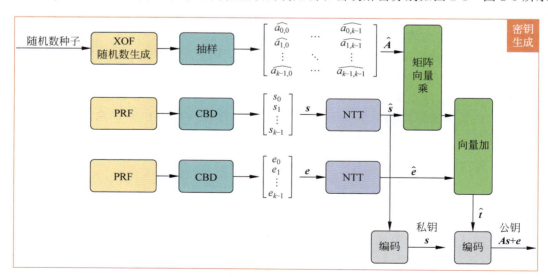

图 2-1　CRYSTALS-Kyber 的 PKE 密钥生成阶段

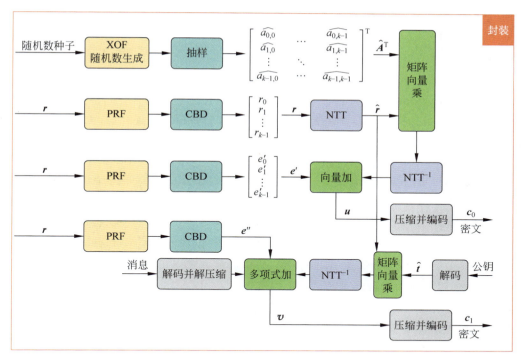

图 2-2 CRYSTALS-Kyber 的 PKE 密钥加密阶段

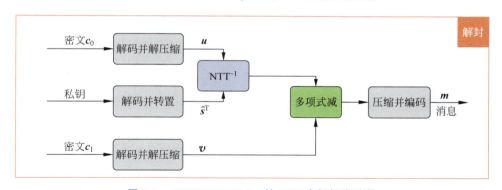

图 2-3 CRYSTALS-Kyber 的 PKE 密钥解密阶段

在密钥生成过程中,随机多项式矩阵 $\hat{\boldsymbol{A}} \in \mathbb{R}_q^{k \times k}$ 的生成经过了伪随机数生成器(Random Number Generator,RNG)以及均匀采样器,可以在素数 q 范围内生成均匀分布的随机数,采样的方式是通过拒绝超过特定范围的随机数得到符合要求的分布。秘密多项式向量或者残差多项式向量的生成也是通过随机数生成以及之后的中心二项分布采样(Central Binomial Distribution,CBD)来完成的,生成的是小位宽度的系数多项式。这些生成的多项式都属于环 $\mathbb{R}$,环定义为

$$\mathbb{R} = \frac{\mathbb{Z}_q[X]}{X^{256}+1}$$

模块矩阵的秩可能为 2、3 或 4,对应的安全类别是 1、3 或 5。而模数 q 选择的是 3329。

在密钥生成和公钥加密步骤中,随机的公共矩阵 $\hat{\boldsymbol{A}}$ 以及 $\hat{\boldsymbol{A}}^{\mathrm{T}}$ 都是由 256 位随机数种子生成,多项式向量 $s,e \in \mathbb{R}_q^k$ 的两个秘密向量按照二项分布来进行采样。向量 e 是密钥,也称为

误差项，此时公钥为

$$pk := (A, b) := (A, As + e)$$

私钥为

$$sk := s$$

公钥加密的过程和密钥生成计算过程很类似，随机矩阵会按照转置的格式来生成，额外需要对稀疏多项式 $r, e_1 \in \mathbb{R}_q^k$ 以及多项式 $e_2 \in \mathbb{R}_q$ 进行中心分布二项采样，加密过程需要对消息 m（256位字符串）进行加密，之后结果计算得到密文 c，密文

$$c := (c_0, c_1) := (rA + e_1, rb + e_2 + \lceil q/2 \rfloor \cdot m) \in \mathbb{R}_q^k \times \mathbb{R}_q$$

公钥解密的过程对加密生成的密文通过已有的私钥进行解密，最后恢复出来的明文为

$$m' = v - \mathrm{NTT}^{-1}(s^\mathrm{T} * \mathrm{NTT}(u))$$

还需要进一步的压缩和编码。在方案中，为了进一步压缩密文的尺寸，研究者发现丢弃密文的低位不会影响正确的解密，即可以采用一种精确的方式"压缩"密文。

图 2-1～图 2-3 分别阐述了 Kyber 算法的公钥加密方案（Public-Key Encapsulation，PKE）的密钥生成、密钥加封和解封阶段的详细数据流图。

Kyber 的密钥封装机制是在公钥加解密 PKE 机制的基础上添加 FO 类型变换。KEM 机制的计算过程完整包含了 PKE 机制，额外增添了哈希运算，包含了对公钥、密文的哈希计算，并且在 KEM 的解封阶段为了保证选择密文的安全性，不能够泄露解密过程的结果，所以解封阶段还需要一个重新加密的过程。

2. CRYSTALS-Dilithium 算法

CRYSTALS-Dilithium[2] 算法和 Kyber 算法是一个研究团队提出的。作为目前 NIST 优先推荐的数字签名算法标准，Dilithium 也是一种基于 Module-LWE 数学困难问题的抗量子攻击数字签名方案。该方案基于"Fiat-Shamir with Aborts"方法，与之前类似方案相比，Dilithium 的显著特征是公钥大小减少了约一半，而签名大小只增加不到 100 字节。

如图 2-4～图 2-6 所示，分别表示的是 Dilithium 算法密钥生成、签名、验签的计算数据流图。由于同属于 Module-LWE 数学困难问题，Dilithium 算法的计算流程和 Kyber 算法非常像。在密钥生成的过程中，随机多项式矩阵 $\hat{A} \in \mathbb{R}_q^{k \times k}$ 的生成同样经过了伪随机数生成器以及均匀采样器，需要生成有限域 $\mathbb{Z}_q$ 范围内生成均匀分布的随机数。秘密多项式向量或者残差多

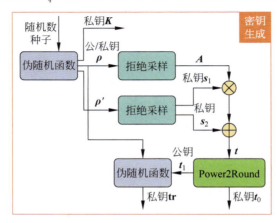

图 2-4　CRYSTALS-Dilithium 中密钥生成过程的数据流图

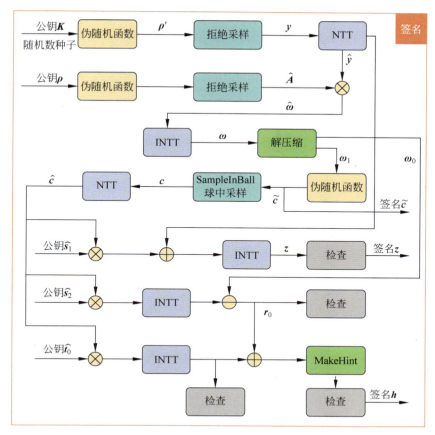

图 2-5 CRYSTALS-Dilithium 中签名过程的数据流图

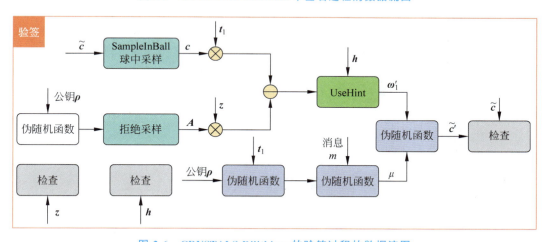

图 2-6 CRYSTALS-Dilithium 的验签过程的数据流图

项式向量的生成也是通过 CBD 完成的。而模数 q 选择的是 8380417,位宽度比 Kyber 算法略大一些。在 3 个阶段中,随机的公共矩阵 $\hat{A}$ 都需要由统一的 256 位随机数种子生成。在密钥生成阶段,和 Kyber 算法类似,可以计算公钥为

$$\mathbf{pk} := (\mathbf{A}, \mathbf{t}) := (\mathbf{A}, \mathbf{As} + \mathbf{e})$$

为了节省公钥的尺寸,可以利用 Power2Round 函数对公钥 t 进行压缩生成 t_1 和 t_0,t_1 是

公钥的一部分，t_0 是私钥的一部分。在产生签名的计算过程中，仍然需要重新生成同一个矩阵 A，为了防止产生的签名泄露和私钥相关的信息，签名过程采用的是检查并重启的机制，如果检查发现存在泄露，就重启计算流程。生成的签名包含两部分，一个是多项式向量

$$z = \text{highbits}(Ay) + cs_1$$

另一个是

$$h = \text{lowbits}(Ay) - s_2 + t_0$$

在验签过程中，主要的检验思路就是看 c 产生的种子是否相同，如果匹配成功，说明签名者确实拥有正确的私钥。

3. Falcon 算法

Falcon[3] 算法也是基于格的密码学，是一种较新的基于 NTRU 格的基于 SIS 的密码学系统。Falcon 是快速傅里叶格基签名和 NTRU 格的名字缩写，是快速傅里叶采样和 NTRU 的结合体。相对于 Dilithium 算法，Falcon 算法有着签名大小更小，验签速度更快的优势。不过，Falcon 签名的计算涉及了很多浮点方面的运算，包括浮点 FFT 的运算以及向量级别的浮点运算等，签名运算还涉及任意均值、任意方差的采样方式。

如图 2-7 所示，Falcon 算法的密钥生成阶段首先需要的是基于 NTRU 格的一组 NTRU 多项式的生成，生成的是 f, g, F, G 等多项式数据结构，在这个过程中生成每个系数需要进行高斯采样，如果生成的多项式数据结构不满足要求，那么整个生成过程会被重启。之后整个密钥生成阶段的核心是构建起一个 Falcon 树，构建 Falcon 树的目的是在签名过程中进行傅里叶采样，通过这种方式的采样可以有效避免生成的签名泄露敏感信息。在生成 Falcon 二叉树的过程中，每个叶子节点需要进行归一化。密钥生成的公钥是 NTRU 格计算

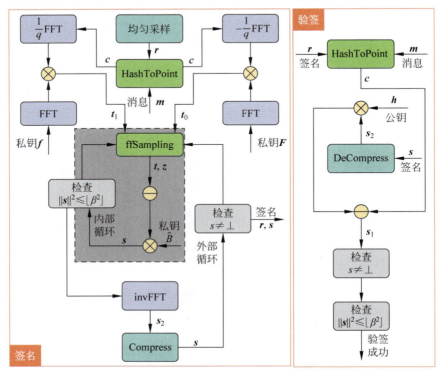

图 2-7　Falcon 的数字签名和数字验签方案流程图

的公钥 $h \leftarrow gf^{-1}$，生成的私钥是生成的 Falcon 的树基于 NTRU 矩阵。对于 Falcon 的采样阶段，首先通过 HashToPoint 函数将需要签名的消息 m 转换为多项式 c，整个采样过程的核心是对 Falcon 树按照 ffSampling 的形式进行遍历，遍历过程是从根节点开始，从右下开始遍历，每个向下的遍历过程需要调用 splitfft 函数，每个向上的遍历过程需要调用 mergefft 过程，每执行一次递归，都是需要把长度为 n 的 ffSampling 的函数运算转换成两个长度为 $n/2$ 的 ffSampling 函数。遍历到叶子节点，就需要参考 Falcon 树的叶子节点值 T.value 和动态生成的 t_0, t_1 作为输入的均值和方差进行高斯采样。除此之外，Compress 函数通过 Huffman 编码进一步压缩签名大小。验签阶段的计算流程比较简单，同样的先需要 HashToPoint 函数来生成多项式，然后需要计算出 $s_1 \leftarrow c - s_2 h \bmod q$，然后来判断 s_1、s_2 两个向量是否足够小，如果足够小的话，那么就接受；否则拒绝。

4. LAC 算法

LAC[4] 算法也是基于格上 Ring-LWE 问题构造的密码系统。Ring-LWE 问题的困难性主要由错误率 α 和维度 n 决定，其中错误率 $\alpha = \dfrac{\sigma}{q}\sqrt{2\pi}$，因此 σ 和 q 的选择至关重要。LAC 算法的特点是使用小模数 $q=251$，同时选择较窄的噪声分布。采样方面，LAC 算法使用取值在 $\{-1,0,1\}$ 的中心二项分布，搭配大分组大码距的纠错码（如 BCH 码）降低解密错误率。同时，为了避免高汉明重量攻击，LAC 算法使用固定汉明重量的 n 维中心二项分布，n 与安全等级有关。LAC 算法具有密钥和密文规模小、高速计算、灵活性高的特点，多项式的每个元素只需要用单字节表示，有 128、192、256 三个安全等级。如图 2-8 所示，在 LAC 密码系统里，首先基于 LWE 问题构造了 IND-CPA 安全的公钥加密方案，可以直接转换成密钥交换协议，然后利用 FO 变化获得 IND-CCA 安全的密钥封装机制，最后得到认证密钥交换协议。

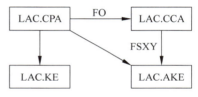

图 2-8　基于格的密码系统 LAC

如图 2-9 所示是 LAC 的密钥生成、加密和解密的数据流图，在密钥生成阶段基于固定汉明重量的中心二项分布采样和均匀采样，构造 LWE 问题

$$b = as + e$$

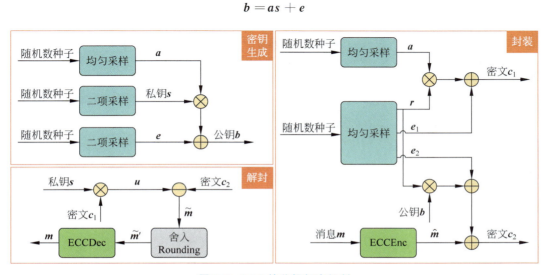

图 2-9　LAC 的公钥加密机制

得到公钥 pk 和私钥 sk

$$pk := (seed_a, b), sk := s$$

在加密阶段使用 BCH 码编码消息 m，并将结果用于和公钥一起构造 LWE 问题，得到密文 $c := (c_1, c_2)$。在解密阶段输入私钥和密文 c，使用 BCH 解码，恢复消息 m。

5. Aigis 算法

Aigis[5]算法是国内密码科学技术国家重点实验室团队提出的一套加密方案，包括埃奎斯签名方案 Aigis-sig 与埃奎斯密钥封装机制 Aigis-enc。和 Dilithium 方案一样，Module-LWE/Module-SIS 问题能够在计算效率和通信代价方面实现较好的平衡，Aigis 算法正是基于非对称 Module-LWE 问题和非对称 Module-SIS 问题设计的具体的密码方案，充分利用非对称特性。

和 Dilithium 算法一样，Aigis-sig 算法使用 Fiat-Shamir 启发式算法构造，其安全性基于非对称 Module-LWE 问题和非对称 Module-SIS 问题的困难程度。与 Crystals-Dilithium 算法相比，Aigis-sig 算法在不改变安全性的情况下可以获得更好的综合效率，并且公钥、私钥和签名的长度都更小。对 Aigis-enc 感兴趣的读者可查阅官方文档[5]。

2.1.2 算法计算特性分析

根据对基于格的抗量子密码算法特性的分析，基于格的抗量子密码算法的常见模式可以总结为随机数生成、采样运算、数据格式转换运算、多项式算术运算、逻辑运算、输入输出等流程。其中计算开销非常大的运算包括随机数生成、采样运算和多项式算术运算。数据格式转换运算、逻辑等运算虽然计算开销更小，但是更加灵活多样，如果要实现动态灵活的加速器设计，还需要进一步提炼并设计灵活完备的算子。

1. Kyber 算法

根据对 Kyber 算法计算特性的分析，高吞吐、高能量效率 Kyber 算法硬件设计的关键在高效实现 NTT、随机数生成模块、高并行度和低开销的拒绝采样和二项采样。

对于 NTT 部分，由于 Kyber 算法的素数选择，导致了其 256 阶 NTT 变换最终转换成了两个单独的 128 项 NTT，即偶数索引子多项式和奇数索引子多项式。NTT 可以采用一套硬件计算核来实现，也可以采用两套独立的计算核分别支持两个独立子多项式的 NTT 运算。经过对硬件结构和性能的分析，采用两套独立的计算核的方法优点是可扩展性强，缺点是可能两套计算结构的协调和同步会变得更加复杂，以及最终合并两个子多项式 NTT 结果的时候可能会出现计算资源的闲置，降低了硬件资源的利用率。经过比较分析，独立的一套硬件计算核可能更加适合高吞吐的 Kyber 算法，这是因为可以通过提高蝶形单元的并行度来提高 NTT 计算任务的吞吐性能，而在 Kyber 算法中的 NTT 阶数有限，在增加计算资源方面的可扩展性上还未触及上限。而单个 NTT 计算核的优势在于设计控制模块更加容易，常数存储的复用更加容易实现。

NTT 的硬件实现[6-10]还需要重点考虑的部分是如何解决高并行度的 NTT 执行对存储器访问的冲突问题，在设计 NTT 的硬件拓扑结构上有几种思路，一种是 Out-of-place 的设计方式，输入的存储器和输出的存储器组合构成 Ping-pong Buffer；另一种是 In-place 的设计方式，每轮 NTT 的输入地址和输出地址是相同的；还有一种实现方式是 NTT 流式计算方法，该方法相当于将每级的计算单元彼此串联，上一级的计算结果会成为下一级的输入，相应的存储系数的需求也是上一级的两倍,通过为每级的计算单元配置相应的存储资源实现数据的复用。Kyber算法的多项式的阶数有限,单个计算核已经可以做到高吞吐和低延迟,并不需要例化多个计算核来提高计算的并行度。

上述提到的几种NTT实现方式各有特点,实现者需要根据需求选用相应的实现方式。Out-of-place设计思路适合设计简单的硬件系统,单端口存储器的平均位面积效率要更高。In-place的设计思路适合高效的存储效率,需要设计一些置换网络的拓扑来实现无冲突的存储器访问。串联数据流的设计思路适合更专用的设计电路,可以极大程度上降低对存储容量的需求。

对于采样器的设计,传统的拒绝采样和二项采样的硬件模块设计并不困难。但是,在有高灵活性、高吞吐需求的场景下,如果需要采样的系数宽度都不一致,拒绝条件和拒绝阈值都不一样,那么对采样器的可重构设计就会有很高的要求,而且对系数位宽度的动态调整有很高的要求。

综合来说,作为目前被NIST推出并面向最广泛的应用场景,Kyber算法在软件、硬件和许多混合场景方面具有出色的整体性能。在硬件设计的过程中,需要在可重构采样器、高效灵活NTT模块的设计中进行深入优化。

2. Dilithium算法

同样是Module-LWE的密码机制,Dilithium算法的计算特性大致上和Kyber算法接近,但还是有很多不同之处。和Kyber算法类似,Dilithium算法的主要计算开销在于NTT以及SHAKE/SHA-3运算,更准确地说,该方案中的乘法操作数是系数在R_q中为多项式的向量或矩阵,因此该方案中有许多连续的多项式乘法。因此,Dilithium算法工作[11]的重点之一是高效地进行连续的NTT操作。另一个耗时的操作是哈希计算,在Dilithium算法中使用了两个散列函数,即SHAKE-256和SHAKE-128。对于NTT运算而言,相对于Kyber算法,Dilithium算法的计算模式和计算特性十分相似,但NTT系数运算的位宽更大,算数单元和整体设计的面积及占比更大。在Dilithium算法中,随机多项式和随机多项式向量的生成依赖的都是SHAKE运算,其中包含的计算过程有H、Expand、ExpandMask和SampleinBall函数。除了NTT运算和SHAKE运算,还有大量的数据格式的变换运算,如Power2Round函数、Decompose_f函数、MakeHint函数和UseHint函数等,这些函数的硬件实现如果是映射在了ASIC上,在实现上会比较容易,更多应该考虑的是如何把这些硬件模块紧凑地设计在一起。如果这些算子需要映射到可重构的硬件上,那么需要考虑的是如何在这些算子内部和之间抽取共用的计算模式,并且对共有的计算硬件算子进行深层次的优化,以达到高吞吐、高灵活的特性结合。

高效的SHA-3和SHAKE模块设计对Dilithium算法的性能也有着重要的影响。对于有高吞吐需求的SHAKE/SHA-3硬件模块来说,多核设计相对于单核设计会对性能提升有着重要作用,可以提高硬件设计的高效性。相对而言,单核设计的SHAKE算子的计算时间相对于总的执行时间占比要比模块面积相对于总的芯片面积占比更大,如果是多核设计的话,可以更好地实现面积和性能的平衡。从另一方面来说,多核设计也能更好地利用Dilithium算法自身伪随机数生成的并行性,随机多项式矩阵和向量的生成会涉及多个多项式生成的过程,根据算法特点,这些多项式的生成彼此之间并不相关,如果芯片中具备多个随机数生成器的加速核,可以并行生成多个多项式,就可以达到低延迟、高吞吐的需求。在电路结构设计中,还应该考虑多个加速核之间的结构关系,以及如何实现并行 Keccak 设计的自动电路填充以及自动电路对齐问题。

对于采样而言,Dilithium 算法有一个特别的采样模式:球中采样 SampleInball 函数。该采样模式基于的是洗牌算法,基本的计算模式是通过随机地址生成以及和特定地址来交换实现的。该算法在硬件实现过程中,会存在迭代内部和迭代之间数据依赖的问题。因此在硬件设计中需要更好地协调计算的时钟周期的分配,尽可能压缩冗余的时间开销。

综合来说,Dilithium 算法在密钥尺寸、签名验签速度上都有着非常优良的性质,和 Falcon 算法都是第三轮 PQC 标准化中最有效的两种签名协议之一,相对而言,Dilithium 算法的实现更加容易,不需要额外的浮点运算。在 Dilithium 算法的硬件实现中,除了 NTT 实现、伪随机数生成、采样之外,还需要更多地考虑编解码、检查等操作的高效实现,以及协调与其他算术运算的并行。

3. Falcon 算法

Falcon 算法在计算特性上和 Kyber 算法、Dilithium 算法差别很大,尤其是在密钥生成和签名生成的过程中,在计算特性上大量涉及了浮点计算,在控制特性上大量涉及二叉树的控制运算。签名生成过程的另外一个计算瓶颈是高斯分布的采样,是 ffSampling 的计算过程。目前 Falcon 算法的参考软件实现中,采样占总签名执行时间的 72%。此外,Falcon 算法中的采样与其他基于格的加密算法不同:它需要从变量均值和方差中采样。因此,Falcon 算法的采样程序在实际实施过程中需要效率和灵活性。每次遍历 Falcon 树的过程中,叶子节点的计算都需要涉及一个任意均值或任意方差的高斯采样,之前的很多高斯采样的硬件实现工作都是固定分布的,一般采取 Knuth-Yao 算法或者累积分布表的形式进行额外的优化。如果要在不同的高斯分布上实现硬件采样器,需要对更高计算复杂度的采样算法进行低延迟的设计。

在如何高效实现 Falcon 算法采样的问题中,有两种设计思路。一种是为了实现高灵活性,采用软硬件结合的实现思想[12],更容易保证实现的灵活性;另一种是通过可配置的硬件电路实现参数的可配置,这种方式实现上更加复杂,在灵活性的保证上需要考虑的问题更多。前一种实现将采样操作划分为硬件和软件工作负载,在保持灵活性的同时可以提高吞吐率,增加采样操作的并行性。在硬件/软件部分中,关键因素是浮点除法的分离;浮点运算可以被映射到软件(因为它们已经可以在处理器中高度定制的数据通路中执行),其他计算单元在定制设计的硬件中被加速。软件部分由基于浮点数的除法和参数初始化组成,硬件部分具体实现其余步骤。尽管在软件和硬件之间存在基于输入和输出的数据依赖关系,但中间数据不存在依赖关系。因此,软件和硬件操作可以并行执行,在硬件和软件之间分担采样计算工作量可以加快采样操作。当硬件处理第一次调用 while 循环时,软件可以为下一次调用准备数据。如果采用第二种方法,那么可以将浮点部分和定点部分都集成在硬件上,这样硬件的设计成本和电路开销都更高,但是可以实现更高的吞吐,减少了不必要的通信开销。

FFT 的设计思路和 NTT 很类似,旋转因子的存储策略以及无冲突的存储访问策略都可以参考 Kyber 算法和 Dilithium 算法中关于 NTT 的讨论。不过,FFT 设计中蝶形处理单元也变成了浮点处理单元,浮点处理单元在硬件实现上开销非常大,需要进一步地考虑合适的 FFT 处理并行度,更好地实现最优的面积效率。

采样过程的控制逻辑也有多种实现方式,特别是 Falcon 树的遍历过程,控制逻辑复杂。软件实现更加灵活,但是需要额外的软硬件交互过程,会影响性能。硬件实现需要额外总结状态机的变化规律,以便完备并高效地实现二叉树的遍历过程。

综合而言,在第三轮 NIST-PQC 的数字签名方案中,Falcon 算法具有最小的带宽,即公钥大小加上签名大小最小,并且在验证签名时速度也很快。虽然 Falcon 算法签名比 Dilithium 算法慢一些,密钥生成的开销也更大。但是考虑到它具有低带宽和快速验证的独特性,Falcon 算法在一些受限协议场景中是优先选择的。

4. LAC 算法

LAC 算法计算速度快,并且公钥小、密文小,方便设置不同安全强度类别的参数,它的模数是字节量级。LAC[4] 算法的安全性问题一直是一个比较热门的研究话题,在第一轮标准化过程中,曾面临通过人为增加解密失败率恢复密钥的选择密文攻击,以及利用 LAC 算法中纠错过程非恒定时间实现的侧信道攻击等攻击方式。由于一些原因,LAC 算法最后没有被选入 NIST 的 PQC 第三轮标准化进程。根据对 LAC 算法计算特性的分析,高吞吐、高能量效率 LAC 算法硬件设计的关键在于高效实现多项式乘法、高并行度和低开销的拒绝采样、固定汉明重量中心二项采样和 BCH 编解码模块。其中值得注意的一个问题是,在 LAC 算法的参考实现中,固定权重采样 s、e、r 的过程并不是恒定时间实现的,这在时间侧信道是并不安全的,可能会泄露敏感信息,因此推荐在软硬件实现 LAC 算法的过程中借鉴 NTRU 或 McEliece 采样的实现方式。

LAC 算法选择的模数位宽较小,本身不适合直接使用 NTT 来提升多项式乘法的效率。但是由于 LAC 参数的选择(系数宽度 8、多项式阶数 256/512),直接采用 NTT 的话,系数宽度的选择不应低于 $26\times(8\times2+10)$,如素数 67127297,其位宽并不大,对于很多通用处理器或者硬件实现而言,这样的位宽是小于乘法器宽度的,可以直接使用 NTT 运算,利用 NTT 进行多项式乘法后,再进行多项式的模运算和系数的模 q 运算。

BCH 编解码部分,需要从多项式环

$$\mathbb{R}_q = \frac{\mathbb{Z}_q[x]}{x^n+1}$$

切换到 GF(2^n) 域。在实现过程中,需要提前准备生成多项式和 α^i。在 BCH 解码的 Chien Search 阶段,系数多项式乘可以使用简单移位异或实现,但是在一个可重构的密码加速器中,也可以使用 Montgomery 乘法实现。

5. Aigis 算法

Aigis[5] 算法的密钥加封版本和数字签名方案的计算特征可以参考 Kyber 算法和 Dilithium 算法。三者的差别在一些关键参数的选择上,包括多项式矩阵的维度及模数值的选择等,对于灵活抗量子密码芯片的设计来说,采用 Aigis 算法的核心考验是算子的灵活配置和配置通路的灵活性设计。

2.2 基于编码的抗量子密码算法

基于编码的公钥密码算法可以追溯到 1978 年 McEliece 算法机制[13] 的提出,其密码体系和计算特性与基于格的公钥密码差别很大。基于编码的抗量子密码算法也分成不同的编码问题,包括基于 Goppa 码的 McEliece 算法、基于准循环中密度奇偶校验码(Quasi-Cyclic Medium-Density Parity-Check,QC-MDPC)的 BIKE(Bit Flipping Key Encapsulation)算法、基于里德-所罗门(Reed-Solomon,RS)码和里德-马勒(Reed-Muller,RM)码的 HQC 算法,这些纠错码的类别不用,安全性分析也不同,但是在计算特性上都是基于二项域的计算,二项域的系数乘法和求逆、大规模多项式的乘法和求逆成为灵活抗量子芯片设计的核心算子。

2.2.1 密码算法介绍

1. Classic McEliece

Classic McEliece[14]是一种安全性相对保守的密钥封装机制。1978年,McEliece提出了第一个基于编码的公钥密码架构[13]。它的公钥是一个随机的二进制Goppa码,密文则是由增加了随机性错误的编码组成。在解密阶段利用私钥从密文中提取编码数据,识别并消除随机性错误,从而完成解密。McEliece系统是单向性CPA安全设计,即随机选择码字时,攻击者无法有效地从密文和公钥中确定准确编码。在过去40多年中,密码分析领域的研究人员针对McEliece密码系统展开了数十次攻击尝试,但McEliece密码架构的安全级别仍然非常稳定。也正是由于相对充分的安全性分析研究,McEliece能被众多密码方案设计人员通过扩展参数集和结构调整来提供包括经典计算机和量子计算机攻击手段的安全保障。基于McEliece算法的一个后续研究方向就是如何在保证安全性的同时提高计算效率,具体方法包括Niederreiter提出的"双重"PKE方法,以及各种软件实现加速和硬件实现加速的优化技巧。

Classic McEliece在上述技术的基础上,实现了具有IND-CCA2安全性的密钥封装机制,具有可靠的抗量子计算攻击能力。并且是使用二进制Goppa码的Niederreiter的McEliece PKE的"双重"版本。从NIST抗量子密码算法标准化进程来看,它是第二轮候选算法中Classic McEliece和NTS-KEM算法的合并版本。

如图2-10所示,展示的是Classic McEliece的公钥加密机制的数据流图。对于McEliece算法的密钥生成阶段而言,整个计算流程相对比较复杂,首先输入一个随机密钥种子进行随机数生成,一部分生成的随机数经过排序函数对固定序列进行随机排序,并作为密钥支持信息:$\alpha_1, \alpha_2, \cdots, \alpha_n$。不可约多项式生成函数利用最小多项式的原理经过矩阵生成、矩阵求逆等过程生成一个随机的不可约的Goppa多项式g。该随机排列$\alpha_1, \alpha_2, \cdots, \alpha_n$和$g$都是私钥的组成部分。公钥的生成部分需要经过矩阵生成函数生成$GF(2)$域上的二进制矩阵H,并将其高斯约简成一个系统形式$(I|T)$,最终的公钥是T。这个步骤是密钥生成阶段开销最大的过程,伪随机的二进制矩阵可能是不可逆的,这时候会约简失败,此时需要重启密钥生成的步骤。在密

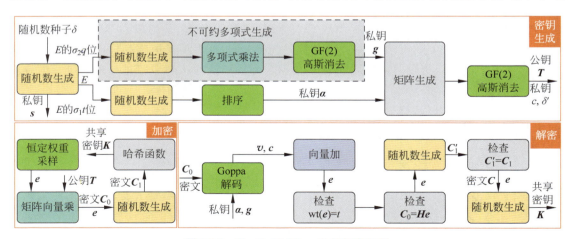

图2-10 Classic McEliece公钥加密机制

钥加密算法中,首先生成权重为 t 的误差向量 e,然后将使用编码算法将其编码成特征值 C_0,与公钥矩阵 T 的扩展进行矩阵向量乘,可以得到完整的奇偶校验矩阵。然后对错误向量 e 进行哈希处理,得到 $C_1=H(e)$ 和密文 $C=(C_0,C_1)$。通过对错误向量 e 和密文 C 进行哈希操作可以得到会话密钥。在密钥解密过程中,首先,将密文 C 拆分为 C_0 和 C_1。然后,使用 Goppa 的解码函数从 C_0 获得误差向量 e,并验证 $C_0=He$。将 e 的哈希值与 C_1 比较之后,计算并返回共享会话密钥 K。

在经典的 McEliece 算法中,来自 McEliece 和 Niederreiter 的 OW-CPA 安全的 PKE 方案被转换为 IND-CCA2 安全的 KEM 方案。

2. BIKE

尽管 McEliece 密码系统被认为对经典计算和量子计算攻击都是安全的,但比较大的公钥尺寸限制了其广泛应用。为了减小密钥大小以及相应的存储需求和传输带宽,人们使用新的线性码来设计公钥系统,新的线性码包括 QC-MDPC 码,这种编码方式近年来凭借其优良性能和安全特性而受到越来越多的关注。在 NIST 的抗量子密码算法标准化过程中,BIKE[15] 便是一个建立在 QC-MDPC 代码上的 KEM 机制。目前标准化进程推进到第四轮,NIST 将 BIKE 作为候选方案,这意味着该算法有望被标准化。

BIKE 算法由三部分构成:密钥生成、封装与解封装,其相应的数据流图如图 2-11 所示。BIKE 还定义了 3 个随机预言器:H 函数、K 函数、L 函数,它们对输入进行随机化处理,并映射成哈希值。

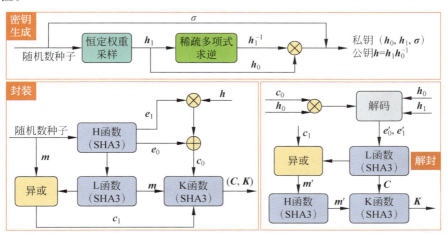

图 2-11 BIKE 算法的密钥封装机制

对于密钥生成阶段,BIKE 算法利用恒定权重采样生成 h_0, h_1 等随机稀疏多项式,然后通过稀疏多项式求逆计算出公钥 $h=h_1h_0^{-1}$,输出私钥 $h=h_1h_0^{-1}$。在密钥加封阶段,恒定权重多项式 e_1, e_0 生成,并计算出

$$c_0 = e_0 + e_1 h$$
$$c_1 = m \oplus L(e_0, e_1)$$

生成密文 $C=(c_0,c_1)$,然后通过 K 函数计算共享密钥 K。在密钥解封阶段,通过解码模块来生成恢复 $e'=(e_0,e_1)$,解码器是 BIKE 算法的独特模块,用于确定封装过程中采样的错误向量并恢复消息 m。目前比较成熟的方案是黑灰翻转(black-grey flipping)解码器,它基于一个迭代算法,每轮运行先求得一个阈值 T,执行一次 BFIter 函数(第一轮额外运行两次

BFMaskedIter 函数),以(C,h_0,h_1)为输入。BFIter 函数通过调用 ctr 子函数计算未满足等价检查等式的数量(unsatisfied-parity-check),然后翻转当前错误多项式中该数量超过阈值 T 的所有位,同时生成黑、灰两个列表,若解码成功返回一个错误多项式 $e=(e_0,e_1)$,最后重复加封相应计算来计算出共享密钥 K。

3. HQC

HQC[16]是一种基于准循环中密度奇偶校验码(QC-MDPC)纠错码的密钥封装算法,也是可以利用准循环结构的高效性获得性能增益的编码方案。与其他基于编码的抗量子密码实现相比,HQC 算法具有一些优良特性,拥有较快的密钥生成和解封装时间。

HQC 的编解码功能分别采用串联 RM 码和 RS 码对明文进行编码和解码。具体来说,RM 码和 RS 码的串联编码是先用 RS 码编码,再用 RM 码编码输出。解码过程以相反的顺序执行,即先用 RM 码解码,然后用 RS 码解码输出。HQC 算法继续进行优化,使用缩短的 RS 码和重复的 RM 码代替传统的两个编码。如图 2-12 所示,在密钥生成阶段,首先对向量 h 均匀随机采样,将其作为向量生成循环矩阵。具体来讲,设 $h=(h_0,h_1,h_2,\cdots,h_{n-1})$,那么生成的循环矩阵为

$$\text{rot}(\boldsymbol{h})=\begin{pmatrix} h_0 & h_{n-1} & \cdots & h_1 \\ \vdots & \vdots & \ddots & \vdots \\ h_{n-1} & h_{n-2} & \cdots & h_0 \end{pmatrix}$$

就可以得到系统拟循环码的奇偶校验矩阵 $\boldsymbol{H}=[\boldsymbol{I}|\text{rot}(\boldsymbol{h})]$。密钥由两个向量 x,y 组成,它们以指定的权重 w 进行固定权重采样。$[x|y]$ 可以看作带有随机误差的随机码字。它的伴随式(syndrome)为

$$s=[\boldsymbol{x}\mid \boldsymbol{y}]\boldsymbol{H}^{\text{T}}=\boldsymbol{x}+\boldsymbol{y}\times\text{rot}(\boldsymbol{h})^{\text{T}}=\boldsymbol{x}+\boldsymbol{h}\cdot \boldsymbol{y}$$

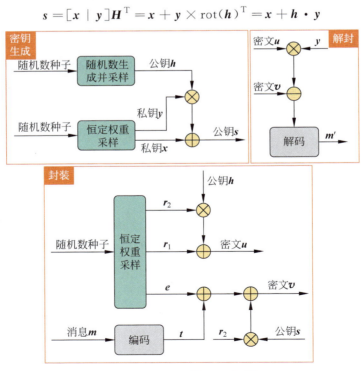

图 2-12　HQC 的 PKE 机制

其中，$y \times \text{rot}(h)^T$ 定义为一般的矩阵乘法。HQC算法的公钥由 s 和 h 组成。在加密阶段，与密钥生成类似，对三个向量 r_1、r_2、e 以指定的权重 w_r 进行采样，然后计算出 $[r_1,r_2]$ 的伴随式 u。该密文由前面介绍的RM码和RS码串联编码，并计算 $s \cdot r_2+e$ 得到 v。最终的密文由 u 和 v 组成，即 $c=[u|v]$。在解密阶段，串行执行RM码和RS码解码计算 $v-u \cdot y$。只要给定元素的汉明重量小于代码的最小距离，就可以正确解码消息。

对于KEM而言，在公钥加密的基础上，增添了一些哈希函数和比较的过程。KEM和PKE的密钥生成阶段的过程一致。在密钥加封阶段，需要用到随机数种子 $\theta=H(m)$，用于加密中控制随机性；然后调用加密过程对消息 m 进行加密生成 c。最后得到共享密钥 $K=K(m,c)$，密文为 $[c|H(m)]$。在解封装阶段，密文还用来检查消息 m'，解封过程可能不正确，从而返回错误的消息。为了防止泄露敏感信息，需要重新进行一次加密并进行检查。

2.2.2 算法计算特性分析

1. Classic McEliece

Classic McEliece的优点依赖有四十年历史的密码机制[13]，安全性在密码算法分析领域得到充分认可。同时，它的密文大小在所有提交的KEM算法中最小（226~240B），加解密可以在恒定时间内实现并且时间较短。它的缺点是公钥较大，达到1~1.3MB，造成密钥生成时间相对较长。

Classic McEliece密钥封装的核心运算是GF(2)域上的矩阵向量乘，计算流程比较简单。Classic McEliece密钥解封装的计算核心是Goppa码的解码过程。在这个过程中会涉及一些GF(2)域上的矩阵向量乘、排序算法，也包含Goppa解码所需要的Berlekamp-Massey算法等。这些运算会涉及二项域 $GF(2^n)$ 中的乘法和求逆运算，因此需要对二项域 $GF(2^n)$ 中的乘法和求逆运算进行高效实现。对于乘法运算而言，如果只是面向Classic McEliece的硬件实现，那么可以对求模的模多项式进行专门定制，将求模运算转换成一系列代价更小的移位和异或运算。但是如果是面向灵活敏捷的硬件芯片，就需要统一的求模算法，如Montgomery算法、Barret算法等、查找表法等。

密钥生成过程是Classic McEliece算法的计算瓶颈，在密钥生成的计算过程，会涉及随机数生成、恒定时间并行排序、多项式乘法，矩阵求逆以及GF(2)高斯消元过程。GF(2)高斯消元过程是主要的计算瓶颈，在软件实现中，系数在GF(2)高斯消元的时间占比接近70%，排序算法的时间占比接近20%，剩下的运算占比为10%。

对于大规模的GF(2)矩阵高斯消元，一般做法是将大规模的矩阵切分成若干列块，循环调度这些列块进行最终的矩阵高斯消元。循环调度这些列块的顺序有两种方式，第一种方式是首先完整存储整个矩阵[17]，第二种方式是生成一个列块消去一个列块[18]。前者需要更大规模的存储器容量，后者需要进一步地设计一些指令的存储器以及存取方式，以保证每个数据列块正常且正确地消去。采用哪种方法和需要消去的McEliece矩阵的形状和尺寸密切相关，如果矩阵的宽远大于长，那么需要提前存储的指令就越少，节省的数据存储容量就越多，取得的收益也就越大。

对于恒定时间并行排序的硬件实现，需要同时兼顾好恒定时间的特性和并行执行的吞吐需求。经典的并行排序硬件实现已经有大量的研究工作，绝大部分是基于Merge-sort的排序器，这些排序器有基于FIFO的、有基于Merge-tree的，但是这些研究工作并没有考虑密码算法中对恒定时间的需求。如果排序器是串行实现，那么可以很容易地实现恒定时间的特性，但是这样的实现性能会受限。如果需要兼容高并行度和恒定时间实现,那么需要重新考虑排序器的结构,还需要考虑 FIFO 的填入和弹出的逻辑和关系,以确保 FIFO 在任何数据输入的前提下都不会溢出或变空,使得整个排序过程可以实现恒定时间的特性,同时也能够保障高并行度。

在 McEliece 的硬件实现中,可以采用算法级并行方法将不同的算子互相并行,也可以采用不同批次的密钥生成并行操作来最大化硬件的利用率,减小总的计算延迟。这样的并行化方法也需要和芯片的应用场景相结合,有的场景(如嵌入式应用场景)并不需要一次性生成多次密钥,则不需要不同批次密钥生成的并行加速。有的场景(如服务器端应用)一次性需要生成多个密钥,这种情况下不同密钥生成并行加速,下一次密钥生成的失败循环尝试可以和上一次密钥生成的计算时间相互交叠,进一步增大整个密钥生成系统的吞吐性能。

2. BIKE

由于 BIKE 算法的公钥、私钥、密文大小适中,所以其硬件实现[19,20]在占用硬件资源与执行速度方面具有更大的折中设计空间。与 Classic McEliece 相比,BIKE 的通信带宽下降一半,是目前抗量子密码封装算法中综合性能最好的两个算法之一。BIKE 算法的缺点是需要在密钥生成部分设计额外的高效多项式求逆模块。

BIKE 的密钥生成阶段绝大部分周期都消耗在多项式求逆上,这是 BIKE 算法的性能瓶颈。研究者们一直在努力降低多项式求逆的时间复杂度,从最开始的扩展最大公因数(Greatest Common Divisor,GCD)求逆方法,到可以用于硬件的恒定时间求逆方法(但是时间复杂度为 $O(n^2)$),再到时间复杂度降低到 $O(n\log(n)^2)$ 的恒定时间求逆方法,软件求逆的方法在不断升级,但是硬件层面的时间复杂度仍然停留在 $O(n^2)$。求逆的核心是一个迭代过程,算法复杂度高的原因是每轮迭代都将多项式的全部位投入计算,但是将计算过程展开,实际上每轮迭代只用到若干高位,在计算资源和存储访问上都有一定的优化空间。多项式求逆硬件的设计者可以更多考虑将低复杂度的求逆算法和 BIKE 本身的算法特点结合在一起,研究探索面积效率更高的多项式求逆硬件模块。

解封装部分的解码器也是 BIKE 性能提升的关键。BGF 解码器有效解决以往解码器加密效率较低的问题。解码的目的是纠正错误向量并得到正确的消息,对于多项式 h 对每个特征多项式 s 的系数,需要用计数器统计其未满足检查等价等式的数量,而后根据是否超过阈值,翻转多项式 s 的该项系数。BGF 解码器涉及一个嵌套的双重循环,需要对特征多项式 s 的每一项与多项式 h 进行遍历。固定多项式 h,遍历特征多项式 s 会产生数据依赖,消耗大量硬件资源。因此硬件设计的重点是如何挖掘运算中的并行度,BIKE 的特征多项式 s 较大,可以在遍历多项式 h 时每个时钟周期读取特征多项式 s 的 b 个系数,来实现 b 倍的并行,代价是将硬件资源由 1 个计数器扩充到 b 个计数器。此外,嵌套循环的执行顺序对硬件实现也很关键,翻转多项式 s 的操作既可以在每 b 个系数阈值判断之后执行,也可以等对多项式 s 的遍历完成后再统一翻转。后者的好处在于累加、判断的迭代过程能连续进行,对硬件实现更友好。

BIKE 还涉及存储多项式的多种形式,如多项式 h,其计算过程涉及转置形式、压缩形式、压缩转置形式等,由于数据格式的转换开销较大,硬件实现时可结合存储特性灵活实现,如在压缩的形式下完成所有计算。

3. HQC

HQC 的硬件设计[21]需要重点考虑的是二项域上的多项式乘法和多项式求逆,这两者的执行效率直接影响了 HQC 最终的硬件实现效率。

二项域上的多项式乘法更多的是稀疏多项式乘法,而实现这些多项式乘法的差别是如何处理多项式的稀疏性质。一种实现思路是充分挖掘稀疏度,利用压缩后的编码格式表示稀疏多项式,每个时钟周期读取一个元素,然后对另外一个稠密多项式进行相应的移动并进行多项式的规约。这种方法的优点是实现复杂度低,适合资源受限的、低成本开销的芯片实现。它的缺点是遍历稀疏多项式的过程中需要逐个读取每个元素,并且迭代之间存在数据相关的依赖,难以通过并行达到多项式乘法的吞吐上限。另一种实现思路就是忽略稀疏多项式的稀疏性,直接采用常规的稠密多项式乘法加速方式,使用 Karatsuba 算法或者 TOOM-COOK 算法进行加速。这种方法的优点是可以共用稠密多项式乘法的硬件,在灵活抗量子芯片设计中更好地提高硬件的复用度。它的缺点就是没有更好地挖掘稀疏性。

多项式求逆运算是 HQC 机制密钥生成的核心计算模块。该多项式求逆的特点是所在多项式环的系数是在 GF(2) 域中的,所以硬件实现的累加过程没有进位,可使用扩展欧几里得算法实现,降低关键路径的长度。

综合来说,HQC 的公钥与密文尺寸并不算大,但还是明显超过基于格和其他基于编码的 KEM 算法。HQC 密文和公钥大小分别大约是 BIKE 密文和公钥的 2.9 倍和 1.5 倍,虽然 HQC 的带宽超过了 BIKE,但 HQC 的密钥生成和解封装都要比 BIKE 快很多。当带宽和性能是更高的设计导向时,HQC 是提高软件整体性能的公钥封装机制的候选选择。

2.3 基于哈希的抗量子密码算法

基于哈希的数字签名方案是构建数字签名最古老的方法之一。这种方案最初由 Lamport 提出,并由 Merkle 在 1979 年改进。基于哈希的数字签名方案安全性由哈希函数的安全性来保证,不需要其他数学困难问题假设。虽然该类方案构造简单、足够安全,但严重受限于以下 3 个缺点:签名尺寸大、签名时间长、大多数签名方案"有状态"(需要跟踪所有使用过的密钥对及对应生成的签名才能保障有状态的算法安全性,这在分布式服务器和备份应用中十分困难)。NIST 也将具有"无状态"特性作为对 PQC 的要求。2015 年,Bernstein 团队在 Goldreich 理论基础上实现了 SPHINCS[21],这是一种"无状态"的基于哈希的数字签名方案。经过一系列改进,2019 年,Bernstein 团队提出了"SPHINCS+"签名框架,能让使用者在灵活性与安全性之间拥有调节空间。"SPHINCS+"算法于 2022 年成为唯一入选 NIST 抗量子密码标准的基于哈希的算法。

2.3.1 "SPHINCS+"算法

鉴于"SPHINCS+"[22]数字签名方案的安全性只基于哈希函数,不同种类的哈希函数在安全性被验证后,可以替换支撑算法的原有函数。设 n 为算法安全参数,整个方案中哈希计算输入最多由 3 部分组成:n 字节表征公钥或私钥密码种子、32 字节表征每个节点的地址信息以及需要被哈希处理的信息(通常是上一次哈希计算的 n 字节输出或多个输出的拼合)。而哈希的输出是 n 字节的计算结果。哈希计算的过程完全符合现行标准,支持不同输入长度、相同输出长度,拥有抗碰撞性、单向性等优良特性。

"SPHINCS+"具备树状几何结构,树状结构与计算速度和签名大小有关,上层树的层高 d,层数 h/d,底层树的棵数 k。如图 2-13 所示,"SPHINCS+"的几何结构由 n 字节哈希值构成的节点构成,每个节点上储存 n 字节的哈希值,对应 32 字节的位置信息。整个结构分为上、下两部分,上方部分是 HT(HyperTree)结构,由 h/d 组高度为 d 的 Merkle 树和若干条 "WOTS+"(Winternitz type one-time signature scheme)链组成的链束构成。其计算过程为:对于树状结构,自底层计算到顶层根节点,树的同层各对子节点,通过哈希计算得到对应父节点,可按照需要在计算过程中掺入掩码。对于链状结构,自起始节点计算到终止节点,通过哈希计算逐节点向上。起始节点与终止节点对于算法各阶段并不相同:对于密钥生成阶段来说,需要完成整条链的计算;对于签名过程来说,需要由底部节点计算到由消息决定的中间节点;对于验签过程来说,需要由签名包含的中间节点计算到顶部节点。下方部分是随机子集合森林(Forest Of Random Subsets,FORS)结构。这种结构拥有 k 个高度为 a、与 Merkle 树类似的满二叉树。FORS 同样依赖哈希函数,从底层叶子节点不断向上两两拼合,得到各树的根节点。k 棵树的根节点作为共同输入,经过哈希计算得到 FORS 的公钥。

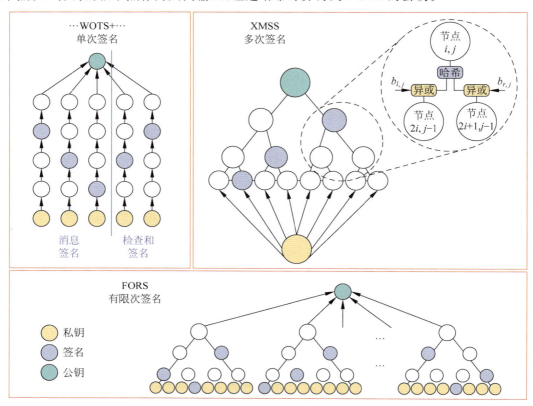

图 2-13 "SPHINCS+"主要计算核心模式的几何结构

为了防止拼合过程中出现节点位置混淆,"SPHINCS+"制定了 ADRS(Address 的简写)这个统一的节点编码规则,用于表征算法结构中的节点在几何结构中的位置信息。ADRS 是 32 字节的字符串,定义了节点隶属于几何结构的部分序号,包括层编号、树编号、节点在树中的高度、在链中的位置等。ADRS 能唯一锁定节点的方位,让哈希计算输入始终不同。ADRS 的统一定义,为硬件并行处理创造条件。"SPHINCS+"将身份验证路径(authentication path)包含在签名中。它是一个字符串集合,其中的元素包括从 FORS 结构的底层逐层往上,某层中被选中节点的相邻节点所对应的哈希值。

如图 2-14 所示,密钥生成阶段和验签阶段的计算流程相对简单,其主要计算模式都可以包含在签名生成阶段的计算中,因此这里主要阐述签名生成阶段的计算流程。由消息生成签名的过程如下:

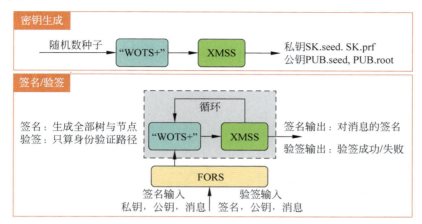

图 2-14 "SPHINCS+"算法流程图

(1) 消息会与密钥进行哈希计算,生成 n 字节的字符串,并作为签名的第一部分。

(2) 哈希结果被划分成 3 块:第一块将被划成 k 个长度不超过 a 的字符串,据此在 FORS 结构底层 k 棵树中唯一确定 k 个叶子节点,它们的身份验证路径就是签名的第二部分。哈希结果的第二块对应每层 HT 中选择的底层树,第三块对应每棵树中选择的底层节点。

(3) 对 FORS 根节点进行分割,由底往上进行哈希计算时被遍历节点的兄弟节点就将其记录,形成的集合是签名的第三部分。

(4) 在每层"WOTS+"链束计算完毕后,"SPHINCS+"根据先前选择的树与叶子,不断拼合 Merkle 树的节点,并记录途中的身份验证路径,得到签名的第四部分。

注意,最后两个步骤会重复多轮(轮数为 HT 的层数)。下层二叉树的根节点就是由上层 "WOTS+"链计算的终点得到的,或者说,下层根节点就是等待被上层结构签名的"新消息"。对于典型参数下的同组密钥,HT 结构可供 2^{64} 条不同消息签名(如 8 层由高度为 8 的 Merkle 树构成的 HT),而 FORS 对使用同组密钥签名有安全性保障,由这两部分结合而成的 "SPHINCS+"是"无状态"的。

2.3.2 算法计算特性分析

由于哈希计算是其核心计算瓶颈,"SPHINCS+"的设计重点之一是高并行度、支持多种输入长度的哈希模块,并需要折中考虑并行度与存储开销。哈希核个数越多,并行度越好,但是存储开销越大。为了满足并行哈希核模块的处理带宽,应该设计对应的输入和输出处理模块。这些模块将外界输入数据进行相应的变换、填充以符合哈希核要求,将哈希核的输出数据截位或移位以满足硬件存储需求。哈希模块的执行比较独立,时间较长。使哈希核在 "SPHINCS+"执行过程中能不间断运行是设计的目标,可以提前准备好哈希模块的输入数据,或者将准备数据过程与哈希计算并行。

"SPHINCS+"具有独特的算法结构,如图 2-15 所示。在其硬件加速设计过程中,需要充分挖掘 ADRS 与几何结构的特性,加快二叉树的遍历速度来提升执行效率。在节点进行的哈希计算输入组成中,公钥或私钥部分可以统一存储。地址信息可以根据 ADRS 规则提前批量生成,完全不同的信息只有各节点对应的 n 字节哈希值。如果需要遍历某棵树的节点,那求得根节点有两种方式。一是逐层计算各节点,算完同层所有节点后,再计算下一层。该做法的优势是逻辑简单,流程明晰,便于参数化与并行处理;劣势是对存储需求大,最多需要同时储存 2 的幂层数个节点。二是利用堆栈结构计算根节点,同样需要从最底层的叶子节点算起,每得到一个节点值检测堆栈中现存节点是否存在兄弟节点,如有则将其拼合,否则继续计算同层剩余节点。该做法的优势是算法精简,节省存储空间,最多只需要同时储存与等同于树的高度个节点。劣势是存在跨层节点的计算,对不同大小的树,遍历方式也不同,堆栈结构也不利于硬件处理。综合比较,第一种计算方法因其规则简单,对硬件实现更加友好,更容易在硬件中实现,其劣势对叶子节点存储的需求可通过拆分二叉树来解决。通过这样的方法,可以实现对存储资源的有效复用,以充分利用有限的硬件存储空间。

	32位	96位	32位	32位	32位	32位
"WOTS+"	layer adrs	tree adrs	type=0	keypair adrs	chain adrs	hash adrs
"WOTS+"pk	layer adrs	tree adrs	type=1	keypair adrs	0 padding	
Hash tree	layer adrs	tree adrs	type=2	0 paddnig	tree height	tree index
FORS tree	layer adrs	tree adrs	type=3	keypair adrs	tree height	tree index
FORS tree roots	layer adrs	tree adrs	type=4	keypair adrs	0 padding	

图 2-15 "SPHINCS+"的地址结构图

对于硬件而言,ADRS 规则有如下优势。

(1) 大部分节点的地址可以预先知晓,因此可以在每次哈希计算前准备好对应节点的地址,将其与私钥或公钥拼合后放置在存储的某个固定位置。

(2) 在得到上一次哈希计算结果后,再将 n 字节哈希值与上述字符串相串联,一并送给哈希模块处理。该做法的优势是可以充分利用 ADRS、树的编码与二进制存储的规律,每次都能尽可能多地将数据送入哈希模块。

(3) 可以根据不同的功能块准备节点地址。例如,同一棵树的 tree index 是按照从底往上,从左到右的顺序,从 0 开始编号,既可以准备一个计数器,在准备地址时不断累加取用,也可以预先准备好 0~255 的序列传到内部存储中。后者能较大幅度提升算法性能。

2.4 其他抗量子密码算法

在 NIST 的抗量子密码算法标准化进程中,除了上述基于格、基于编码和基于哈希三种数学困难问题的算法,还包括基于多变量和基于超奇异同源问题的算法。由于这两种类型的典型算法如 Rainbow 和 SIKE 先后被密码分析领域的研究人员确认安全性减低或被破解,所以这里不做过多介绍,只简略总结这两种类型算法的特性。

2.4.1 基于超奇异同源的抗量子密码算法及特性分析

SIKE[23] 是基于超奇异同源的代表性抗量子密码算法,是超奇异同源密钥封装协议(Supersingular Isogeny Key Encapsulation,SIKE)的简称。该协议基于密钥交换结构,通常称为超奇异 Diffie-Hellman(SIDH)。这种结构由 Jao 和 De Feo 于 2011 年提出[24],随后被许多学者以各种方式改进。2022 年,比利时鲁汶大学的研究人员引用另辟蹊径的数学方法、利用一台计算机攻破了 SIKE 算法[25]。

SIKE 的密文与密钥较小、参数集丰富且与经典椭圆加密算法 ECC 重复度高,复用性好。在没被攻破之前,其仍有不少可取之处。它的显著缺点是安全性不够以至于被攻破,且其计算速度比基于格或编码的密码算法慢至少一个数量级。

密钥生成、加密和解密的计算瓶颈是 Isogen 函数和 Isoex 函数。SIDH 类算法是基于定义的扩展域 $\mathbb{Z}_{p^2}$ 上的运算,而定义的域 $\mathbb{Z}_{p^2}$ 也是基于原来的素数域 $\mathbb{Z}_p$ 扩展定义而来的,其中的素数 $p=2^{e_2}\times 3^{e_3}-1$,$e_2$ 和 e_3 是 SIKE 算法的参数。Isogen 函数和 Isoex 函数的运算涉及的是在曲线上的一个点上评估 2-同源值、3-同源值和 4-同源值以及计算出 2-同源、3-同源和 4-同源的曲线,还包含通过曲线上 3 个点的横坐标 (x_P, x_Q, x_{P-Q}) 恢复生成对应的 Montgomery 曲线。在计算过程中,最终分解得到的基本运算是椭圆曲线上坐标的点加、倍点和三倍点运算。通过曲线计算可以得到共享密钥 j,共享密钥即是椭圆曲线 $E_{A,B}$ 的 j-不变式:

$$j(E_{A,B})=\frac{256(A^2-3)^2}{A^2-4}$$

其中,A 指的是椭圆曲线的表达式参数,如果密钥协商的双方可以共享该曲线,就可以自然同时计算出共享密钥。

SIKE 算法硬件加速[26,27]的关键是高效完成同源值评估和曲线计算。这些函数的计算过程继续分解之后得到的仍然是椭圆曲线上的基本运算:点加、点乘和点逆运算。而点乘的阶乘运算可以分解成若干次迭代,每次迭代的运算最后分解之后都是点加以及倍点运算。也因此,在 SIKE 算法的一系列硬件实现中,要解决的核心问题还是在 $\mathbb{Z}_p$ 素数域上的乘法运算。所以在进行硬件实现的过程中,需要充分利用 p 的特殊值对取模运算进行优化实现。从 p 的值来看,由于 $p=2^{e_2}\times 3^{e_3}-1$,这也就决定了 p 的最后很多位都是 1,如果将 p 写成 1、-1、0 的三进制形式,位不为 0 的权重可以大量降低,可以利用 Montgomery 的求模算法对求模运算进行复杂度的简化,大幅度降低电路实现的面积开销。

目前关于 SIKE 的一些硬件实现的工作集中在模大素数模乘模块,和经典公钥算法 ECC 硬件设计思想是一样的。其更高层的运算包含了扩展域上的基本运算、同源值和同源曲线的计算,评估都是通过软件调度或者控制单元控制的,需要有一个状态控制单元或者通用处理器来完成调度。虽然 SIKE 算法已经被破解,但是还是有基于超奇异同源的算法进入最新轮次的数字签名算法征集名单中,其高效的硬件实现仍然会影响其是否最后成为标准以及最后广泛的应用。

2.4.2 基于多变量的抗量子密码算法及特性分析

基于多变量的抗量子密码算法 Rainbow[28]算法在第二轮标准化进程中进入了决赛范畴,由于被研究者发掘出了安全性问题,导致安全强度大幅降低而没有进入最后的标准化流程。但是基于多变量的抗量子密码算法仍然吸引着众多研究者进行研究,其硬件的高效实现研究仍有重要意义。

Rainbow 算法基于油-醋(oil-vinegar)问题,核心思想是通过线性函数对非线性函数的混淆,使得二项域上的非线性函数不可逆来声明自身的安全性。如图 2-16 所示,**S** 和 **T** 都是二项域上的线性映射,映射可逆。而 **F** 本身是 Rainbow 的核心映射,是非线性变换,是安全性的重要保证。变换包含了两层的二次方程,分别是 F_1 和 F_2,即

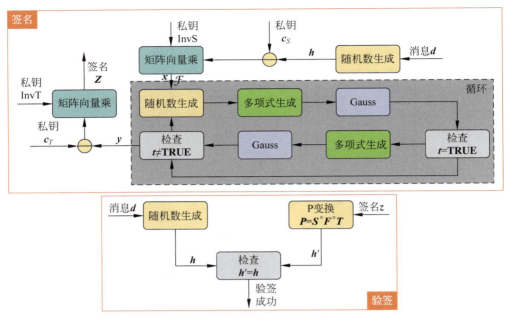

图 2-16 Rainbow 算法的签名和验签过程

$$F_1: \sum_{i,j \in V_1, i \leqslant j} \alpha_{ij}^k x_i x_j, \quad k \in O_1$$

以及

$$F_2: \sum_{i \in V_1} \sum_{j \in O_1} \beta_{ij}^k x_i x_j$$

在签名过程中,就是对 S^{-1}, F^{-1}, T^{-1} 逐次进行映射和变换。在验签过程中,需要进行额外的逆运算。Rainbow 签名方案的公钥就是

$$P = S \circ F \circ T$$

因此在验签时就可以直接和 P 矩阵进行正向运算,验签的效率和性能很高。

当将算法映射到硬件电路实现中时,二项域的矩阵向量乘运算、矩阵求逆运算成为硬件实现的核心模块。除了 F^{-1} 的计算过程会有对二项域矩阵的求逆步骤,其他运算涉及更多的是二项域上的矩阵-向量乘法。针对二项域上矩阵-向量乘法,硬件实现需要考虑相应的二项域求模问题。任意模数的求模硬件实现可以通过查表、也可以通过 Montgomery 乘法来实现。查表方法的存储开销(查找表相关的寄存器)更大,Montgomery 模乘也需要消耗额外的计算资源。从目前研究来看,Montgomery 模乘的硬件开销更小一些。

针对二项域矩阵求逆,有两种设计思路,一种是基于二维计算阵列;另一种是基于一维计算阵列。基于二维计算阵列进行矩阵求逆,好处是可以充分挖掘数据的复用性,让计算数据在计算阵列流动起来,减少对存储器访问的依赖,可扩展性强。缺点是这样的计算阵列用于其他计算功能的可复用性不强。基于一维计算阵列可以提高硬件资源的可复用性,问题是可扩展性弱,对存储器的访问次数更多。在矩阵求逆的硬件设计中,对列块的消去需要将计算分成消去和重放两个过程,在主列块消去的同时,需要精心设计好相应的系数存储单元存储消去过程中产生的放缩比例值,并且要在其他列块消去的过程中能够有效读取之前存储好的放缩系数。这可能会导致额外的存储开销,一般解决方法是和主要缓存复用存储。

2.5 密码核心功能的高效实现算法

抗量子攻击的安全性是抗量子密码算法设计的首要目标,但密码算法的计算复杂度和实现效率同样非常重要。因为密码算法的计算效率直接影响应用端的执行性能,同样是抗量子密码算法标准选择的重要参考因素。作为上述大部分算法中的计算瓶颈模块,不同数学结构与参数选择下的高效乘法与求逆运算面临多种实现方式选择。作为密码代数结构中的基本运算,高效的乘法算法以及高效的求逆算法直接影响了这些密码方案的执行效率,因此,掌握并能够深入优化高效乘法算法和高效求逆算法对优化密码方案至关重要。

对于大整数乘法而言,Karatsuba 算法首先采用分而治之的思想将其实现的计算复杂度从原始的 $O(n^2)$ 降低到 $O(n^{1.585})$。TOOM-COOK 算法在 Karatsuba 算法基础上进行了更加泛化的扩展,进一步将计算复杂度降低到了 $O(n^{\log_d(2d-1)})$。而 NTT 算法,作为快速傅里叶变换在素数域上的实现形式,将计算复杂度降低到了 $O(n\log n)$。但 NTT 算法并非是普适的高效乘法,仅适用于系数模数是素数的多项式乘。高效乘法算法的发展历程从 Karatsuba 算法第一个将乘法复杂度降低到平方以下开始,到后面的 TOOM-COOK 算法,在 Karatsuba 算法的基础上进行了更加一般化的扩展,再到后面的 NTT 算法,将快速傅里叶变换迁移到素数域中计算。

求逆运算是有限域中除法运算的基础。高效求逆算法基本有两种实现思路:费马小定理和扩展欧几里得算法。由于费马小定理计算开销太大,往往用于计算资源更加丰富的通用处理器软件实现。扩展欧几里得算法从最古老的算法开始发展,历经更加适合软硬件执行的 Almost Inverse 算法以及可以恒定时间执行的算法实现版本,最后是可以恒定时间执行并且低复杂度的算法实现版本。扩展欧几里得算法的硬件优化模块在高效密码硬件实现中成为重要组成部分。

2.5.1 高效乘 Karatsuba 算法

Karatsuba 算法是最早被提出的高效乘法算法,首次将 $O(n^2)$ 的乘法复杂度下降到 $O(n^{\log_3 4}) \approx O(n^{1.585})$。它运用的是递归实现的思想。在每次递归过程中,可以将每次拆分形成的 4 次乘法通过 3 次乘法实现。假设两个乘数 A 和 B(多项式或者大数)可以像式(2-1)和式(2-2)一样进行折半的分解,假设 A 和 B 都是 n 阶多项式或者 n 位大数,a_L、b_L 为低阶多项式,a_H、b_H 为高阶多项式(如果是大数的话,那么式(2-1)和式(2-2)中的变量 x 应该替换为权重 2):

$$A = a_L + a_H x^{\frac{n}{2}} \tag{2-1}$$

$$B = b_L + b_H x^{\frac{n}{2}} \tag{2-2}$$

A 和 B 的乘法 AB 如果是经典写法可以写为

$$(a_L + a_H x^{\frac{n}{2}})(b_L + b_H x^{\frac{n}{2}}) = a_H b_H x^n + (a_L b_H + a_H b_L)x^{\frac{n}{2}} + a_L b_L$$

对于 Karatsuba 算法来说,为了节省计算的复杂度,该乘法式可以写为

$$a_H b_H x^n + \{(a_L + a_H)(b_L + b_H) - (a_H b_H + a_L b_L)\}x + a_L b_L$$

乘法的数目也从一次迭代的 4 次下降到了一次迭代的 3 次,相应的加法次数也从两次相加增

加到 6 次。如果递归地使用 Karatsuba 算法,乘法的次数会相应降低。每递归一次,乘法复杂度会下降到原来的 3/4。在 Karatsuba 硬件实现[29]上,可以进行 Karatsuba 算法的多维度调用进一步减小乘法复杂度。

图 2-17 所示是递归调用了 5 次 Karatsuba 算法后的复杂度对比。

图 2-17　经典算法和 **Karatsuba** 算法性能优化

2.5.2　高效乘 TOOM-COOK 算法

TOOM-COOK 算法是 Karatsuba 算法的拓展,最早在 1963 年被 TOOM 提出,然后由 Cook 进行了扩展。Karatsuba 算法是将一个多项式(大数)拆解成两部分,而 TOOM-COOK 算法是将其扩展到了 N 部分($N=3,4,5,6,\cdots$),拆解成更多子部分可以获得进一步乘法复杂度的降低。d 路的 TOOM-COOK 算法的乘法复杂度是 $O(n^{\log_d(2d-1)})$。常用的 TOOM-COOK 算法有 4 路,用以加速多项式乘法或者大数乘法。TOOM-COOK 算法的计算步骤可以分解成 4 个步骤:拆解(splitting)、评估(evaluation)、点乘(point-mul)和内插(interpolation)。对于乘法 $z=x*y$,拆解步骤对多项式来说是没有开销的,对于大数来说,需要额外定义新的多项式

$$PX(\alpha,\beta) = \sum_{i=0}^{d-1} x_i \alpha^i \beta^{d-1-i}$$

$$PY(\alpha,\beta) = \sum_{i=0}^{d-1} y_i \alpha^i \beta^{d-1-i}$$

其中,α 和 β 是未知数;x_i、y_i 都是 x 和 y 的一部分,以至于

$$x = PX(\boldsymbol{B},1)$$
$$y = PY(\boldsymbol{B},1)$$

其中,$\boldsymbol{B}$ 是基础权重。

评估步骤需要对多项式 PX 和 PY 选择 $2d-1$ 个值

$$v_i = (\alpha_i,\beta_i) \in \mathbb{Z}^2$$

以至于相对应的 $2d-1$ 个值是线性无关的,这一步骤相当于通过评估步骤将多项式(大数)的乘法过程转换成了其对应点值的对应乘法。

点乘步骤需要对两组评估出的点值进行对应乘法

$$Z(v_i) = PX(v_i) \times PY(v_i)$$

该乘法的位宽度是和 $\boldsymbol{B}$ 对应的。

内插步骤需要将结果的点值转换为最后的乘法结果。对于 PZ 多项式而言,根据

$$PZ = PX \times PY$$

的定义,可以得到

$$Z(\alpha,\beta) = \sum_{i=0}^{2d-2} w_i \alpha^i \beta^{2d-2-i}$$

以及通过点乘步骤,可以得到 $2d-1$ 个点值,可以得到内插的矩阵

$$\boldsymbol{M}_d = \begin{bmatrix} \alpha_0^{2d-2} & \alpha_0^{2d-2}\beta_0 & \cdots & \beta_0^{2d-2} \\ \alpha_1^{2d-2} & \alpha_1^{2d-2}\beta_1 & \cdots & \beta_1^{2d-2} \\ \vdots & & \ddots & \vdots \\ \alpha_{2d-2}^{2d-2} & \alpha_{2d-2}^{2d-3}\beta^{2d-2} & \cdots & \beta_{2d-2}^{2d-2} \end{bmatrix}$$

因此可以得到

$$\begin{bmatrix} w_0 \\ w_1 \\ \vdots \\ w_{2d-2} \end{bmatrix} = \boldsymbol{M}_d^{-1} \begin{bmatrix} Z(v_0) \\ Z(v_1) \\ \vdots \\ Z(v_{2d-2}) \end{bmatrix}$$

如果是大数的话,在得到 w_i 之后还需要一个重组过程,最后的乘积可以写成

$$z = \text{PZ}(\boldsymbol{B},1) = \sum_{i=0}^{2d-1} w_i B^i$$

2.5.3 高效乘 NTT 算法

NTT 算法常被密码算法用来加速各种各样的多项式乘法或者大数乘法。NTT 是快速傅里叶变化在系数素数域上的版本,可以将乘法复杂度降低到 $O(n\log n)$。对于 n 阶多项式乘而言,如果模多项式是 x^n-1,那么可以直接调用 n 阶 NTT 变换就可以得到理想结果;如果模多项式是 x^n+1,可以调用 $2n$ 阶 NTT 变换来计算乘法结果,再进行最后的模多项式操作,也可以采用后面提到的负包卷积(Negative-wrapped Convolution,NWC)在 n 阶 NTT 变换基础上进行计算。

为计算在多项式环 $\dfrac{\mathbb{Z}_q[X]}{x^n-1}$ 上两个多项式 A,B 的乘法 $C = A * B$,并且要求 $n|(q-1)$,NTT 变换的计算公式是

$$A_i = \sum_{j=0}^{n-1} a_j w_N^{ij} \bmod q$$

逆 NTT 变换(Inverse NTT,INTT)的计算公式是

$$a_i = n^{-1} \sum_{j=0}^{n-1} A_j w_N^{-ij} \bmod q$$

由于要求系数域的模数 q 一定是素数,那么根据数论中的拉格朗日定理,素数域一定构成循环群,而 n 阶循环群存在生成元 g 且满足 $g^n \equiv 1 \bmod q$(费马小定理)以及 $g^{\frac{n}{2}} \neq 1 \bmod q$(循环群定义)。相应地,满足这样要求的 g 也被称为模 q 的 n 阶单元本原根,其性质和 FFT 中的 w_n^1 等价。n 阶单位本原根的存在即可满足公式

$$\sum_{j=0}^{n-1} g^{js} = \begin{cases} n, & s \equiv 0 \pmod{n} \\ 0, & s \neq 0 \pmod{n} \end{cases}$$

该特性可以证明

$$\mathrm{INTT}(\mathrm{NTT}(\boldsymbol{a})) = \boldsymbol{a}$$

以及卷积引理

$$\mathrm{INTT}(\mathrm{NTT}(\boldsymbol{a}) \cdot \mathrm{NTT}(\boldsymbol{b})) = \boldsymbol{c}$$

的成立,其中,c 向量是两个向量的卷积结果,也就是 $\boldsymbol{a} * \boldsymbol{b}$。证明方式可以通过代入计算公式得到。

由于 NTT 的计算模式和 FFT 类似,折半引理可用于降低 NTT 的复杂度,采用类似蝶形流图的方式进行中间结果的复用。这里的数据流图可以参考傅里叶变换的数据流图。图 2-18 展示了经典乘法和 NTT 算法优化之后的算法复杂度对比。

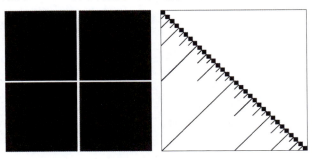

图 2-18　经典乘法和 NTT 算法性能优化

在抗量子密码算法中,多项式环的模多项式常为 x^n+1,为高效计算在多项式环 $\dfrac{Z_q[X]}{x^n+1}$ 上两个多项式的乘法 $\boldsymbol{C} = \boldsymbol{A} \times \boldsymbol{B}$,会用到 NWC 的技术,也是采用的 N 阶的 NTT 和 INTT,而不需要显式的规约。NWC 技术要求模数 q 需要满足

$$q \equiv 1 (\bmod 2N)$$

那么在素数系数域上就会存在 $2N$ 阶单位本原根 γ_{2N}。但是这种方法会在 NTT 计算之前引入预处理、在 INTT 的计算之后引入后处理,假设 $\overline{a_i} = a_i \gamma_{2N}^i$,$\overline{b_i} = a_i \gamma_{2N}^i$,$\overline{c_i} = a_i \gamma_{2N}^i$,为了计算 $\boldsymbol{A} \times \boldsymbol{B}$ 多项式在环 $\dfrac{Z_q[X]}{x^n+1}$ 上的卷积,NWC 可以按照

$$\boldsymbol{c} = \mathrm{INTT}_n(\mathrm{NTT}_n(\boldsymbol{a}) \cdot \mathrm{NTT}_n(\boldsymbol{b}))$$

来计算。通过这种方式,经典的 n 阶 NTT 可以操作在放缩之后的向量 $\boldsymbol{a}$ 和 $\boldsymbol{b}$ 之上,并可以通过在经典的 n 点 INTT 运算后放缩向量 c 计算得到,最后得到卷积结果。NWC 方法避免了使用双倍的 NTT/INTT 的多项式大小,避免了显式的规约。额外开销是需要进行额外的 NTT 预处理和 INTT 后处理,而这些开销在一些工作中被隐藏在了核心的 NTT/INTT 变换中,在软硬件实现中[7,8]并没有带来具体的时间开销,这部分内容在 4.2 节有具体介绍。

2.5.4　扩展欧几里得求逆算法

在密码算法的计算中,会经常包含在环或域的代数结构中的求逆运算。密码算法中的常用求逆方法有两种:一种方法是费马小定理;另一种方法就是扩展欧几里得算法。费马小定理的计算理论是在任意群中存在

$$\alpha^{q-1} \equiv 1 \bmod q$$

其中,q 是群的结束。因此,费马小定理的求逆过程需要额外引入大量的平方和乘法操作,计

算复杂度高,一定程度上更加适合软件实现,在通用处理器上的运算可以在很大程度上复用乘法资源。扩展欧几里得算法的计算过程大量涉及的是移位或者异或运算,计算开销更低,更适合对吞吐要求更高或者对延迟要求更加敏感的硬件实现。

欧几里得算法可以说是有史以来历史最悠久的算法,经典的欧几里得算法用来求两个自然数的最大公约数。扩展欧几里得算法在欧几里得算法基础上扩展进行自然数(多项式)在环或者域上的乘法逆计算。为了叙述的简洁,以下采用矩阵视角展现不同版本的扩展欧几里得算法求逆的原理。

经典的扩展欧几里得算法是一个辗转相除的过程,在每次迭代中需要进行如下的计算

$$(\boldsymbol{b}, \boldsymbol{a} \bmod \boldsymbol{b}) = (\boldsymbol{a}, \boldsymbol{b}) \begin{pmatrix} 0 & 1 \\ 1 & -q \end{pmatrix}$$

其中,$a = bq + r$,q 是除法得到的商。经过多轮迭代,可以得到

$$(b_{\text{final}}, a_{\text{final}}) = (a_{\text{in}}, b_{\text{in}}) \begin{pmatrix} u_0 & v_0 \\ u_1 & v_1 \end{pmatrix}$$

最后等式为

$$b_{\text{final}} = a_{\text{in}} u_0 + b_{\text{in}} u_1$$

如果大数或者多项式 $\boldsymbol{a}$、$\boldsymbol{b}$ 是互素的,那么最终得到的 b_{final} 即为 1(输入是大数)或者常数(输入是多项式),可得

$$u_0 = a_{\text{in}}^{-1} \bmod b_{\text{in}}$$

$$u_1 = b_{\text{in}}^{-1} \bmod a_{\text{in}}$$

但是经典的扩展欧几里得算法很少在实践中应用,因为计算中包含了大量的除法运算,无论是在通用处理器平台还是在专用加速器,除法的开销不利于直接映射,因此实现中使用的都是改进的版本。

Almost Inverse 算法[30]是在 1999 年提出的,其将除法转换成了移位和异或运算,硬件实现的开销更易于接受。将每次迭代由商系数 q 生成的矩阵 $\begin{pmatrix} 0 & 1 \\ 1 & -q \end{pmatrix}$ 转换成了 3 种矩阵,分别是交换矩阵 $\begin{pmatrix} 0 & 1 \\ 1 & 0 \end{pmatrix}$、移位矩阵 $\begin{pmatrix} X^{-1} \left(\text{or } \frac{1}{2}\right) & 0 \\ 0 & 1 \end{pmatrix}$、消去矩阵 $\begin{pmatrix} 1 & -1 \\ 0 & 1 \end{pmatrix}$,这 3 种矩阵在每次迭代时根据输入数据的特点进行选择,每次迭代需要根据数据的特点决定是否需要交换、移位和消去,分别根据需求选择是否乘上相应的矩阵。具体内容可以参考 1999 年发布的 Almost Inverse 文档[30]。通过这样的方法可以将除法的运算转换成交换、移位和异或的运算,在软硬件实现上更加友好。但是这种方法仍有问题,由于每次迭代的运算是和输入数据或者中间数据有关系的,因此执行时间不是恒定时间实现的。

2017 年,Hülsing 提出了恒定时间执行的扩展欧几里得求逆版本[31],该版本的算法给出了完整的恒定时间版本。该工作利用了通用处理器自带的带条件交换、异或等指令实现恒定时间的实现方式。另外,通过评估迭代数目的最高上限确定迭代次数,实现恒定时间实现。

2019 年,Bernstein 的工作[32]是将扩展欧几里得求逆算法的高效性和恒定时间实现结合在了一起。核心优化思想就是在每次迭代生成的小矩阵合并上,利用结合律改变运算的方式,矩阵的产生和合并的计算过程被独立,利用深度为 $O(\log(n))$ 的二叉树计算将小矩阵合并在一起,而每次合并的过程需要进行两个系数矩阵的合并,如果利用高效乘法算法实现(如

NTT），计算复杂度为 $O(n\log_n)$，那么最终的复杂度为 $O(n\log_n^{2+O(1)})$，相比于之前的 $O(n^2)$ 复杂度有了巨大提升，同时还实现了恒定时间特性。该工作在通用处理器上进行了实现，取得了不错的加速比。该工作的一个问题是虽然复杂度低，但是一次运算本身从移位异或切换为了乘法，一次运算的成本变高，更加适合通用处理器，可以充分复用闲置的计算资源。对于该算法的硬件实现来说，还缺乏充分利用低复杂度（$O(n\log_n^{2+O(1)})$）的硬件实现，其中对平衡计算复杂度和单次运算乘法开销的研究工作有待进一步展开。

参考文献

[1] Avanzi R, et al. CRYSTALS-Kyber Algorithm Specifications And Supporting Documentation（version 3.02）[R]. 2021, US Department of Commerce, NIST: Gaithersburg, MD, United States.

[2] Bai S, et al. CRYSTALS-Dilithium Algorithm Specifications and Supporting Documentation（Version 3.1）[R]. 2021, US Department of Commerce, NIST: Gaithersburg, MD, United States.

[3] Fouque P, et al. Falcon: Fast-Fourier Lattice-based Compact Signatures over NTRU Specification v1.2 [R]. 2020, US Department of Commerce, NIST: Gaithersburg, MD, United States.

[4] Lu X, Li Y, Jiang D, et al. Lattice-based Cryptosystems[R]. 2019, Data Assurance and Communications Security Center, Beijing.

[5] 张江，等. 埃奎斯：一类基于非对称（M）LWE 和（M）SIS 的数字签名和密钥封装机制[R]. 北京：密码科学技术国家重点实验室，2019.

[6] Xing Y, Li S. A Compact Hardware Implementation of CCA-Secure Key Exchange Mechanism CRYSTALS-KYBER on FPGA[J]. IACR Transactions on Cryptographic Hardware and Embedded Systems, 2021(2): 328-356.

[7] Zhang N, Yang B, Chen C, et al. Highly Efficient Architecture of NewHope-NIST on FPGA using Low-Complexity NTT/INTT[J]. IACR Transactions on Cryptographic Hardware and Embedded Systems, 2020(2): 49-72.

[8] Xin G, Han J, Yin T, et al. VPQC: A Domain-Specific Vector Processor for Post-Quantum Cryptography Based on RISC-V Architecture[J]. IEEE Transactions on Circuits and Systems I: Regular Papers, 2020, 67(8): 2672-2684.

[9] Zhu Y, Zhu W, Li P, et al. RePQC: A 3.4-μJ/Op 48-kOPS Post-Quantum Crypto-Processor for Multiple-Mathematical Problems[J]. IEEE Journal of Solid-State Circuits, 2023, 58(1): 124-140.

[10] Zhu Y, Zhu W, Li P, et al. A 28nm 48KOPS 3.4μJ/Op Agile Crypto-Processor for Post-Quantum Cryptography on Multi-Mathematical Problems[C]//IEEE International Solid-State Circuits Conference, 2022.

[11] Zhao C, Zhu N, Wei H, et al. A Compact and High-Performance Hardware Architecture for CRYSTALS-Dilithium[J]. IACR Transactions on Cryptographic Hardware and Embedded Systems, 2022(1): 270-295.

[12] Karabulut E, Aysu A. A Hardware-Software Co-Design for the Discrete Gaussian Sampling of FALCON Digital Signature[C]//2024 IEEE International Symposium on Hardware Oriented Security and Trust (HOST), 2024: 90-100.

[13] McEliece R J. A Public-Key Cryptosystem Based On Algebraic Coding Theory[J]. Coding Thv, 1978 (4244): 114-116.

[14] Daniel J B, U. O. I. A., et al. Classic McEliece: conservative code-based cryptography: cryptosystem specification[R]. US Department of Commerce, NIST: Gaithersburg, MD, United States, 2022.

[15] Aragon N, et al. BIKE: BIKE_Spec[R]. US Department of Commerce, NIST: Gaithersburg, MD, United States, 2022.

[16] Melchor C A, et al. Hamming Quasi-Cyclic (HQC) Fourth round version[R]. US Department of Commerce, NIST: Gaithersburg, MD, United States, 2022.

[17] Chen P, et al. Complete and Improved FPGA Implementation of Classic McEliece[J]. Cryptology eprint Archive, 2022.

[18] Y, Z, et al. Mckeycutter: A High-throughput Key Generator of Classic McEliece on Hardware[C]// 2023 60th ACM/IEEE Design Automation Conference (DAC). 2023.

[19] J, R, et al. Folding BIKE: Scalable Hardware Implementation for Reconfigurable Devices[J]. IEEE Transactions on Computers, 2022, 71(5): 1204-1215.

[20] Richter-Brockmann, J., et al. Racing BIKE: Improved Polynomial Multiplication and Inversion in Hardware[J]. Cryptology ePrint Archive, 2021.

[21] Deshpande S, et al. Fast and Efficient Hardware Implementation of HQC[C]//International Conference on Selected Areas in Cryptography. Cham: Springer Nature Switzerland, 2023: 297-321.

[22] Aumasson J, et al. SPHINCS+ Submission to the NIST post-quantum project, v. 3[R]. US Department of Commerce, NIST: Gaithersburg, MD, United States, 2020.

[23] David Jao, U O W A, et al. SIKE: Supersingular Isogeny Key Encapsulation Round 3[R]. US Department of Commerce, NIST: Gaithersburg, MD, United States, 2020.

[24] Jao D, L De Feo. Towards Quantum-Resistant Cryptosystems from Supersingular Elliptic Curve Isogenies[C]//Post-Quantum Cryptography: 4th International Workshop, PQCrypto 2011. Springer Berlin Heidelberg, 2011: 19-34.

[25] Castryck W, T Decru. An Efficient Key Recovery Attack on SIDH[C]//Annual International Conference on the Theory and Applications of Cryptographic Techniques. Cham: Springer Nature Switzerland, 2023: 423-447.

[26] J, T, W B, W Z. High-Speed FPGA Implementation of SIKE Based on an Ultra-Low-Latency Modular Multiplier[J]. IEEE Transactions on Circuits and Systems I: Regular Papers, 2021, 68(9): 3719-3731.

[27] R, E K, A R, M M. High-Performance FPGA Accelerator for SIKE[J]. IEEE Transactions on Computers, 2022, 71(6): 1237-1248.

[28] Chen M, et al. Rainbow-Round 2[R]. US Department of Commerce, NIST: Gaithersburg, MD, United States, 2019.

[29] Y, Z, et al. LWRpro: An Energy-Efficient Configurable Crypto-Processor for Module-LWR[J]. IEEE Transactions on Circuits and Systems I: Regular Papers, 2021, 68(3): 1146-1159.

[30] Silverman J H. Almost Inverses and Fast NTRU Key Creation[J]. NTRU Cryptosystems, 1999.

[31] Hülsing A, et al. High-Speed Key Encapsulation from NTRU[C]//International Conference on Cryptographic Hardware and Embedded Systems. Cham: Springer International Publishing, 2017: 232-252.

[32] Bernstein D J, Yang B. Fast constant-time gcd computation and modular inversion[J]. IACR Transactions on Cryptographic Hardware and Embedded Systems, 2019. 2019(3): 340-398.

第 3 章

抗量子密码芯片架构

"硬件,是密码学必不可缺的伙伴。"
"Hardware: an essential partner to cryptography."
——IEEE Fellow、IACR Fellow、比利时皇家科学院院士 Ingrid Verbauwhede

芯片架构,即芯片内部的电路功能实现与组织方式,直接决定了芯片在不同技术维度上所能达到的极限,如计算速度、延迟、功耗、功能灵活性等。与其他领域的数字电路芯片不同,密码芯片作为对密码算法进行硬件加速的物理载体,在其设计过程中不仅要考虑性能、功耗以及面积(成本)等通用技术指标,还需考虑其针对侧信道攻击、故障注入等物理攻击的防御能力,即物理安全性。对于抗量子密码芯片而言,抗量子密码算法的多样性与动态演进性进一步强化了功能灵活性方面的要求。因此,如何在能量效率(综合衡量计算速度与功耗的指标)、功能灵活性与物理安全性这 3 个核心技术指标构造的设计空间内探索理想的芯片设计方案是抗量子攻击密码芯片设计的核心技术难题。

本章首先对密码芯片的设计空间进行讨论,然后在此基础上对面向抗量子密码算法的领域定制芯片架构研究进行深入分析。

3.1 抗量子密码芯片设计空间

密码芯片的软硬件系统自顶向下可依次分解为应用/协议、密码算法、芯片架构、电路设计、器件结构与材料等层次,如图 3-1 所示。其中,密码协议与算法属于软件范围,其他则属于硬件设计的范畴。在 Communications of the ACM 2021 的一篇文章中提出了硬件彩票的概念[1],指出某些软件算法或者模型取得的成功并非来自其本身,而是恰好适配了特定的硬件架构。因此,在密码应用与算法确定的情况下,通过芯片架构与电路层次的定制优化可以获得最大的性能提升。因此,本书重点讨论从抗量子密码算法分析出发,如何通过芯片架构与电路设计,实现对多种不同数学困难问题的抗量子密码算法的高能效支持。在当前通过集成电路制造工艺尺寸缩小来保持性能持续增长难以为继的背景下,集合应用需求和算法特征属性,充分挖掘架构和电路的潜在空间来优化整体性能成为当前的主流趋势。首先,在架构层面的技术优化可以获得最大的功耗优化效果。MIT 的研究人员以矩阵乘法实现为例(矩阵规模为

4096×4096），评估了不同优化技术对计算速度的影响[2]。使用高级编程语言 Python 实现版本作为计算速度的对比基准，用 C 语言实现相同功能后，性能可提升 47 倍。继续采用循环展开、向量化并行计算等架构优化技术，可以将性能最高提升 6.3 万倍。正如图灵奖得主 John Hennessy 和 David Patterson 在 2018 年的计算机体系架构顶级学术会议 ISCA 的特邀报告中强调，应用驱动的体系结构与领域定制语言的开发，对于提升系统性能、能量效率和开发效率至关重要。领域定制的计算架构研究正迎来其黄金时代[3]。

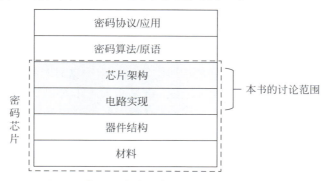

图 3-1　密码芯片的系统层次与本书的讨论范围

谈到芯片架构，可能会立即想到 x86、ARM、RISC-V 和 MIPS 等不同指令集的处理器架构。而本书的抗量子密码芯片架构主要指对算法进行硬件加速的具体实现方式。从系统设计人员角度出发，通常希望能够将密码相关的计算任务从 CPU 负载中卸载出来，将 CPU 更多地投入核心业务相关的计算与调度中。因此，根据 SoC 系统中 CPU 是否直接参与抗量子密码计算以及 CPU 与抗量子密码加速模块之间的数据通信开销，将领域定制抗量子密码芯片分为松耦合抗量子密码芯片与紧耦合抗量子密码芯片两种类型。在松耦合设计方案中，与 SoC 中其他的加速 IP 一样，抗量子密码芯片作为挂在总线上的加速引擎，独立完成抗量子密码算法的所有操作。紧耦合设计方案则是在深入分析抗量子密码算法计算特征的基础上，提取底层核心运算模块并嵌入已有的 CPU 计算通路中，通过相应的指令集扩展实现对目标算法的支持。由于松耦合设计采用全硬件加速，相对而言可以获得更高的性能与能量效率，而紧耦合设计则具有相对更高的灵活性。为了改善传统松耦合设计的功能灵活性限制，通过对目标算法的领域完备算子提取和配置机制优化，面向领域定制的粗粒度可重构计算架构可实现对功能灵活性与能量效率的动态折中。如图 3-2 所示，书中将这种粗粒度可重构抗量子密码芯片与面向特定算法的全定制加速芯片都归类为松耦合抗量子密码芯片。

图 3-2　领域定制抗量子密码芯片的主要类型

无论哪种类型的抗量子密码芯片设计，首先都需要明确一个由技术指标约束的统一设计空间。对于抗量子密码算法和芯片设计而言，二者的设计目标存在着一定差异。如图 3-3 所示,对于抗量子密码算法设计而言,算法的抗量子攻击属性是算法方案设计最重要的指标,然后才会继续考虑算法是否具有足够高效的计算效率或与传统公钥相比类似的存储需求等。密码芯片则是由能量效率、功能灵活性和物理安全性3个核心技术指标来评估[4,5]。其中,能量效率作为一个综合性技术指标,是芯片计算速度与功耗之间的比值。在任意应用场景下,芯片设计人员均期待实现比较高的能量效率。对于高性能应用场景,芯片计算速度(高吞吐、低延迟)成为芯片设计的最高优先级;而在边缘端或物联网应用中,则对芯片的整体功耗开销提出了更高的设计要求。第二个重要技术指标是功能灵活性,指的是密码芯片所能支持的密码算法数量。对于抗量子密码芯片而言,在功能上首先需同时支持密钥封装、公钥加密和数字签名等密码原语。其次,要能够同时支持基于不同基础数学困难问题的算法。最后,要兼容密码算法的不同安全等级以满足不同安全强度的应用需求。抗量子密码芯片的第三个技术指标是物理安全性,指的是密码芯片针对功耗/电磁攻击、错误注入攻击等侧信道攻击的防御能力。密码芯片的这3个技术指标是相互矛盾的,难以同时兼顾。提升能量效率一定是基于算法计算与存储模式的深度定制,那么必然会限制芯片的功能灵活性,并且与算法高度相关的硬件侧信道信息会造成抗物理攻击能力不足;物理安全性的提高由于额外的防护开销会降低芯片的能量效率,而且针对特定敏感路径的方法具有很强的算法差异性,会限制物理安全防护方式的灵活性。

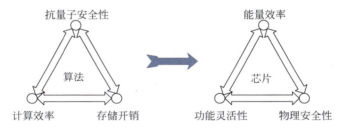

图 3-3　抗量子密码算法到芯片实现的设计空间转变

数字电路芯片主要由数据通路和控制通路两部分组成。其中,数据通路决定了芯片执行的具体功能,而控制通路通过对电路的功能配置和调度决定执行特定算法时的性能优劣。基于指令集扩展的设计方案是一种与处理器紧密耦合的软硬件协同设计方案。其设计方法是从所支持的算法出发,提取可以支撑所有算法的底层算子并嵌入通用处理器的算术逻辑单元(Arithmetic Logic Unit,ALU)中,进一步基于已有的指令集格式进行指令扩展,从而实现与通用处理器生态相兼容、能量效率进一步得到提高的抗量子密码芯片解决方案。

全定制硬件实现的设计方案是一种松耦合的算法加速IP设计方案。这种方案仅针对某个特定算法或者计算特征高度趋同的某一类数学困难问题算法,开展面向完整算法的全定制硬件设计。显然,这种解决方案可获得最高的能量效率,但难以保证功能灵活性。同时,由于硬件功能固定且可编程性不足,难以抵御后续可能出现的侧信道攻击威胁。

从计算单元粒度和功能灵活性角度来看,粗粒度可重构设计方案处于上述两种设计方案之间。它具有一定的硬件可编程性,可以通过芯片的编译系统实现对芯片配置信息的动态修改,从而提高芯片的物理安全防护能力。图 3-4对3种实现方案对能量效率、功能灵活性和物理安全性这3个技术指标进行了对比。

接下来将分别介绍基于指令集扩展、全定制硬件实现以及粗粒度可重构抗量子密码芯片设计的代表性工作。

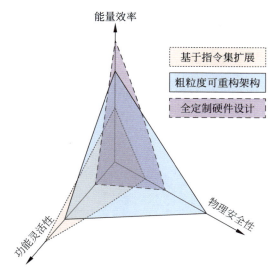

图 3-4　不同领域定制抗量子密码芯片的技术指标对比

3.2　基于指令集扩展的抗量子密码芯片架构

基于指令集扩展的抗量子密码芯片作为一种与 CPU 紧密耦合的软硬件协同设计方案，通过对计算通路进行细粒度定制优化与专用指令集扩展，实现对抗量子密码算法的支持。在对抗量子密码算法实现性能评估过程中，也出现了大量采用特定向量化指令集（如 AVX2、NEON 等）对不同算法进行软件加速的研究工作。随着国际抗量子密码算法标准的确定，产业界也开始针对抗量子密码标准算法展开专用指令集的研发工作。RISC-V 在 2023 年底成立了抗量子密码工作组，重点针对标准化的 Kyber、Dilithium 和 "SPHINCS+" 算法展开指令集扩展工作[6]。得益于 RISC-V 指令集的开源属性及其掀起的开源芯片浪潮，基于 RSIC-V 指令集扩展的抗量子攻击密码芯片研究已成为近期这一领域的主流方案。本节将重点介绍分别来自美国 MIT 高能效电路与系统研究团队和德国慕尼黑工业大学信息安全团队的代表性研究成果。

3.2.1　MIT Sapphire

MIT 高能效电路与系统研究团队在 2019 年的国际固态电路会议（International Solid-State Circuits Conference，ISSCC）和密码硬件与嵌入式系统会议（Conference on Cryptographic Hardware and Embedded Systems，CHES）上发表了面向物联网应用的低功耗基于格的密码处理器 Sapphire[7,8]。Sapphire 是公开发表的第一款经过流片验证的可配置抗量子密码芯片。该芯片基于 RISC-V 架构并通过软硬件协同设计方法实现对主流基于格的抗量子密码算法的支持。同时，针对功耗攻击等侧信道攻击，提出了基于软件方式的防护方法。如图 3-5 所示，Sapphire 包括一个 32 位的 RISC-V 核和密码协处理器 Sapphire 密码核。

Sapphire 支持 Frodo、Newhope 和 Kyber 等密钥封装算法以及 Dilithium 和 qTesla 等数字签名算法。作为一种软硬件协同设计方案，Sapphire 密码核仅负责算法中的哈希函数、采样及多项式乘法等核心运算，其他部分辅助功能需要通过 RISC-V 核实现。表 3-1 列出了不同算法计算过程在 RISC-V 核与 Sapphire 密码核之间的任务分配情况。

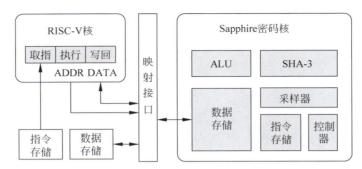

图 3-5　Sapphire 硬件架构

表 3-1　KEM 和 DS 在两核之间的任务分配

条　　件	密钥封装 KEM	数字签名 DS
支持的算法	Frodo、NewHope、Kyber	Dilithium、qTesla
RISC-V 核	编码/压缩、密钥封装	编码/压缩
Sapphire 密码核	公钥加密	签名

1. Sapphire 芯片设计

Sapphire 芯片设计的主要目标是物联网应用，因此其对于功耗及物理安全性的设计优先级更高。其主要创新点包括：①采用可配置的模乘法器；②高面积效率的快速 NTT 模块；③高能效的采样器设计。

该芯片的 Keccak 模块实现的是 f-函数一个周期执行完整一次的实现方式，根据 Keccak 模块的计算特点，执行 24 个周期完成一轮 f-函数，然后根据算法要求的特点，按照每个系数的宽度输出到采样器。相对于其他的伪随机数生成器（如 AES、CHACHA20），平均生成一位的能量效率 Keccak(SHAKE-128) 是最高的。

为了支持多种抗量子密码算法的采样器，对于常见的均匀采样、二项采样、高斯采样和三项采样，都分别设计了对应的采样器。对于拒绝采样来说，拒绝的阈值是可以配置的，一个时钟周期进行一次比较，如果输入元素不满足拒绝条件就进行有效输出，单周期最多输出一个元素。对于二项采样来说，随机位首先进行称重，然后彼此之间做模减运算并输出，实现方式也是串行实现，每周期输出一个有效系数。从硬件结果来看，二项采样器相比于之前实现的 Knuth-Yao 的高斯采样器，能量效率提高了 16 倍，原因是二项采样的算法复杂度和实现复杂度远小于高斯采样。

在计算通路上，NTT 算法的拓扑架构采用的是 out-of-place 的实现方式，输入 RAM 和输出 RAM 构成 Ping-Pong 形式的缓存，SRAM 因此都是单口的。相对于双口 RAM，单口 RAM 即使利用了双倍的存储空间，但是存储效率是提升的。并且对于蝶形运算而言，蝶形单元结合了 CT 和 GS 两种模式，其中模乘法器的模硬件单元为了支持可重构的模数，采用的是列举的形式，列举所有支持算法中的模数并实现其对应的移位和加减法电路。这种实现方式的缺陷是列举模数的实现方式支持的模数是有限的。从结果上来看，相对于 Cortex-M4 的软件实现，NTT 的能量效率有 7～11 倍的提升。

2. 指令集扩展设计

为了实现对密码计算模块的高效控制，Sapphire 在增加种子寄存器等 5 个自定义寄存器的基础上增加了34条指令。如表3-2所示,这些指令对抗量子密码计算中的NTT、模运算、哈希和采样等运算提供直接支持。由于每条指令对应的计算在延迟方面存在很大差异,使芯片的最高运行频率受限,在算法计算的绝对时间上存在一定损失。

表3-2 Sapphire自定义的指令

指令类型	数量	主要功能
配置类	2	参数配置与时钟门控控制
寄存器操作	4	寄存器访问与运算
寄存器与多项式交互	4	多项式寄存器的访问操作
变换	2	主要用来实现NTT操作
采样	7	支持各种分布的采样操作
多项式计算	4	多项式初始化及计算
对比与分支	4	条件分支指令
SHA-3计算	7	哈希计算

3. 抗侧信道攻击分析

在Sapphire芯片设计中,敏感信息相关的NTT、多项式计算以及采样模块都是恒定时间执行的,可以保证该设计不受计时攻击和简单功耗攻击(Simple Power Attack,SPA)的影响。为了应对差分功耗攻击,Sapphire芯片进一步引入了通过扩展指令集实现带掩码防护抗量子密码算法的映射机制。评估结果表明Sapphire芯片可以在3倍开销情况下实现抗DPA攻击防护。

4. 芯片实现与性能评估

Sapphire采用40nm LPCMOS工艺进行流片。芯片的工作频率为12~72MHz,工作电压为0.68~1.1V。Sapphire密码核的面积为$0.28mm^2$,包括40.25kB SRAM和10.6万等效门。在性能方面,Sapphire芯片在执行Kyber和NewHope算法时,与在Cortex-M4微处理器上运行的软件实现相比,计算速度分别提高了37倍和50倍,同时计算能耗分别改善了28倍和37倍。同时,研究人员将NTT模块和中心二项分布采样模块的性能与相关工作进行比较。表3-3列出了Sapphire密码核与相关工作的技术指标对比。

表3-3 Sapphire密码核与相关工作的性能对比

性能	Cortex-M4	ISSCC'15[9]	CICC'18[10]	Sapphire密码核
工艺/nm	—	130	40	40
源电压/V	3.0	1.2	0.9	0.68~1.1
频率/MHz	100	500	300	12~72
面积/mm^2	—	—	2.05	0.28
逻辑门	—	—	—	106k
格密码类型	所有(软件)	Ring-LWE	Ring-LWE	Ring-LWE,Module-LWE
支持的参数	所有	N:256 q:7681	N:64~2048 q:32	N:64~2048 q:24
NTT性能($N=256,q=7681$)				
NTT周期数	22031	1700	160	1288
NTT能量/nJ	13.5×10^3	—	31	63.4
二项采样性能($N=256,q=12289$)				
采样周期数	155872	—	3704	1009
采样能量/nJ	95.8×10^3	—	1250	44.4

3.2.2 TUM RISQ-V

慕尼黑工业大学研究团队在基于 RISC-V 指令集扩展的抗量子密码芯片方向开展了多年持续研究,包括基于格的 LAC 算法和 FrodoKEM 算法实现[11,12]、基于超奇异同源的 SIKE 算法实现[13]、面向格密码算法的实现[14]等。本节将介绍该团队在密码硬件会议 CHES 2020 发表的 RISQ-V[15] 和在 CHES 2022 上发表的支持掩码防护的指令集扩展工作[16]。基于 RISC-V 的面向抗量子密码的扩展硬件实现如图 3-6 所示。

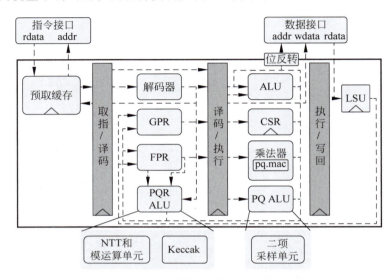

图 3-6 基于 RISC-V 的面向抗量子密码的扩展硬件实现

与该团队其他针对特定算法进行指令扩展优化的工作不同,RISQ-V 旨在最大化利用已有资源并减低数据访存的条件下通过指令集扩展来实现支持基于格的抗量子密码算法,提高能量效率的同时保持架构对演进算法的兼容性。为了实现这一目标,团队提出了一系列可以嵌入 RISC-V 流水线中的硬件加速器,并在此基础上提出了 29 条额外的基于格的密码计算指令。

该工作是基于传统 RISC-V 流水线上的扩展实现。在传统的流水线上,添加了面向抗量子密码的定制模块。相对于之前结构来说,RISQ-V 工作和传统通用处理器的耦合更加紧密,是在原有的 RISC-V 流水线添加的定制硬件模块。其优点是硬件开销小,开发成本低,灵活性更好,更容易和已有的软件栈匹配,对编译器等软件系统改动少;缺点是并行度上可能会有欠缺,在指令的控制上也会有软件必要的开销。因为通用处理器整个流水线的控制逻辑并不是针对一个特定领域单独设计,所以如果面向一个领域,就会存在一定的开销。

该工作在流水线上添加了两套定制的寄存器(32 个 32 位寄存器),并且在执行阶段和写回阶段中间有面向抗量子密码的 MULT、抗量子 ALU、NTT 以及模算数单元、Keccak 单元等,这些硬件单元都是抗量子密码在执行过程中用到的硬件功能密码。对于该结构,计算单元执行完后就被写入专门的寄存器,进入新流水线的计算模式中。

从性能上看,该工作在 FPGA 和 ASIC 上都进行了综合。对 FPGA 来说,会比原来的通用处理器多了一万多个显示查找表(Look-Up-Table,LUT),十几个 DSP。从时钟周期上看,比没有优化过的软件实现减少到原来的 1/3。对 ASIC 来说,在 UMC 65nm 工艺下,执行一个完整的方案,功耗约为 2mW,能量消耗为 100～200μJ。因为是流水线的扩展实现,因此在能量消耗的减少上,完整硬件方案优化会更彻底。

RISQ-V 采用具有 4 级流水、顺序执行的 32 位 RISC-V 核 CV32E40P,并在 PULPion 平台上进行集成。处理器核主要包括预取缓存、指令译码器、通用寄存器组、浮点寄存器组、算术逻辑单元、乘法单元、状态控制寄存器和访存单元。为了支持额外的抗量子密码计算,增加了两个新的硬件组件 PQR-ALU 和 PQ-ALU。PQR-ALU 包括 NTT、模计算单元、Keccak 加速器。这两个模块需要对寄存器组进行并行访问。因此,PQR-ALU 直接放在解码阶段,从而避免在执行阶段与寄存器的路由信号连接。PQ-ALU 包括二项分布采样模块,由于与 MULT 单元和 ALU 单元具有类似的结构,即需要两个输入寄存器和一个输出寄存器。为了实现对已有硬件资源的复用,将 pq.mac 操作直接集成到 MULT 单元中。由于 MULT 单元已经实现了标准的乘法操作,因此 pq.mac 的功能增强仅需要增加一个多路选择器和 2 个加法操作。

新增加的抗量子密码指令包括 7 类,分别是 NTT 配置、NTT 操作、模计算模块、位翻转、PQ-MAC、Keccak 操作和中心二项分布采样。除了其中的 NTT 操作指令需要 83 个时钟周期外(执行功能需要 80 个周期,地址单元 3 个时钟周期延迟),其他都是单周期指令。

NTT 配置类指令有如下几种。

(1) 算法及安全等级选择,如 Newhope 算法、Kyber 算法等;

(2) 选择是 NTT 还是 INTT;

(3) 选择是 NTT 的第一轮还是最后一轮。

考虑到抗量子密码芯片的抗物理攻击需求,慕尼黑工业大学研究团队进一步针对 Kyber 算法和 Saber 算法提出了基于 RISC-V 指令集、支持掩码防护的软硬件协同设计方案。严格来讲,这种方案属于基于指令集扩展和专用硬件相结合的混合设计。在该架构中,集成了两种类型的加速器。一种是松耦合的 NTT 加速器,与系统 AXI 总线连接。而其他加速模块,如 Keccak、安全加法器等则直接嵌入 RISC-V 处理器中,对应专用的扩展指令。

为了对线性操作进行加速,提出了一种同时适用于 2 的幂次方模数的通用 NTT 乘法器。对于非线性操作设计了掩码加速器,并开发了安全执行的 RISC-V 指令集。对 Kyber 算法和 Saber 算法的一阶安全防护实现开销分别是未防护实现的 4.48 倍和 2.6 倍。

通过对目前基于指令集扩展实现的抗量子密码芯片的分析,可以发现除了沿用一致定义的指令集格式外,扩展指令集的数量与类型严重依赖芯片支持的算法需求。同时,根据对技术指标优先级的不同,即使针对相同算法,设计方案也具有很强的差异性,呈现出显著的碎片化特征。因此如何提高这种解决方案对基础指令集的依赖性,提高通用性是在未来的抗量子密码迁移过程中需要重点考虑的问题,这个问题也是目前计算架构领域的一个热点方向。

3.3 面向特定算法的全定制硬件加速架构

全定制硬件实现的抗量子密码芯片,可以独立实现某个或者某一类数学困难问题密码算法的完整计算过程。这种实现方式的优点是能够充分挖掘算法潜在的优化空间,通过深度定制实现更高的计算性能和更低的能耗。但其缺点也十分明显,就是功能相对单一、灵活性不足。此外,当前阶段的定制硬件设计往往没有考虑对侧信道攻击的防护实现,难以应对后续可能出现的侧信道攻击威胁。这种实现方式主要适用于算法确定,同时对能量效率(计算速度或者功耗)具有严格要求的应用场景。虽然基于格的密码算法的加速器可以支持主流的基于格的密码算法,具有一定的可配置性,但仍难以满足应用侧对多种不同数学困难问题支持的需求。接下来本节将分别介绍针对基于格、基于编码和基于哈希的全定制抗量子密码芯片研究进展。由于在 NIST 抗量子密码算法标准化进程中,基于多变量的 Rainbow 和基于超奇异同源的 SIKE 算法先后被破解,针对多变量与超奇异同源抗量子密码算法全定制硬件研究相对较少,本书不做详细讨论。

3.3.1 面向基于格的密码算法的全定制硬件设计

由于基于格的密码算法安全性研究相对成熟、计算效率与存储开销相对均衡、具有可同时实现密钥封装和数字签名的功能多样性,一直是抗量子密码算法标准化过程中各阶段的主流候选算法。因此,无论是针对基于格的密码算法中的核心计算模块(如多项式乘法、采样等),还是完整算法的专用硬件设计研究都获得了更多的持续关注。本节将重点讨论经过流片验证、实现完整算法功能的代表性工作,包括针对 Saber、Kyber 和 Dilihtium 算法的 ASIC 设计与可配置的基于格的密码处理器研究。

Saber 算法是由比利时鲁汶大学 COSIC 团队设计、基于 MLWR 的密钥封装算法。虽然该算法并没有被选为标准,但由于其采用 2 的幂次方模数对于模运算的硬件实现更加友好,因而获得了比较多的硬件设计研究[17-20]。著者团队针对 Saber 算法提出了支持其 3 种安全强度的可配置计算架构[17]。普渡大学的研究人员联合算法设计团队一起针对 Saber 算法开展了深入的定制硬件设计[19,20],并取得了最高的能量效率。其主要创新点包括乘法及实现、存储管理以及与协处理器的接口。从计算的角度而言,维度为 256 的多项式乘法是 Saber 算法中计算最为复杂的部分。在这种类型的工作中,多项式乘法的模数选择是不适合 NTT 的类型,所以这些工作还讨论如何设计非 NTT 类型的高效多项式乘法结构,可能会用到 Karatsuba 算法、TOOM-COOK 算法降低硬件设计的复杂度。同时,通过微指令控制实现功能重构支持密钥产生、封装和解封装等不同功能。在实现过程中,为了进一步降低资源开销,相应的系数存储与乘法器均根据算法涉及的数据宽度进行定制,例如多项式系数为 13 位,采样的噪声宽度为 4 位。因此,深度定制的设计虽然针对 Saber 算法计算获得最高效的能效提升,但无灵活支持其他算法。

除此之外,文献[21]中还提出了同时支持 Kyber 算法和 Dilithium 算法的统一加速硬件。

3.3.2 面向基于编码的密码算法的全定制硬件设计

在基于编码的抗量子密码算法中,Classic McEliece、HQC 和 BIKE 等算法目前是 NIST 标准化竞赛中的第四轮候选算法。在这 3 个算法中,Classic McEliece 算法基于 Goppa 码,安全性分析相对充分,但其主要问题是公钥尺寸比较大进而造成密钥生成较慢,这也限制了 Classic McEliece 算法的应用场景。BIKE 和 HQC 算法都是基于 QC-MDPC 编码。二者相比,BIKE 算法的公钥和密文尺寸更小,HQC 算法的密钥生成及解封装速度更快。表 3-4 给出了这 3 个算法在最低安全等级的存储开销对比和计算时间对比。目前已经有针对 Classic McEliece 算法的专用硬件设计方案。目前大部分的硬件优化工作都是针对时间占比更高的高斯消元模块进行优化设计。

表 3-4　基于编码的抗量子密码算法的存储与计算开销对比（最低安全等级）

算法	存储开销/字节			计算开销/kcycles		
	公钥	私钥	密文	密钥生成	封装	解封装
Classic McEliece	261120	6492	96	56706	36	127
HQC	2249	56	4497	87	204	362
BIKE	1541	281	1573	589	97	1135

目前大部分 Classic McEliece 算法的硬件优化工作都是针对时间占比更高的高斯消元模块进行优化。针对 Classic McEliece 的密钥生成时间开销过大的问题，目前已提出了高吞吐的密钥生成加速器 McKeycutter[22]。图 3-7 所示的是 McKeycutter 的整体架构。整个密钥生成加速器可分为有系统控制调度的两个并行部分：A 部分和 B 部分。在计算 B 部分执行 GF(2) 消除任务时，A 部分的任务能够重新启动从而实现与 B 部分的并行执行，进而节省周期开销。一般有如下两种情况，第一，如果矩阵被检测为奇异矩阵，提前启动 A 部分可以减少重试的周期；第二，如果稍后检测到矩阵是可逆的，则提前启动可以减少下一个密钥生成的 A 部分周期。McKeycutter 有两种工作模式。第一种模式（批处理模式）执行多个密钥生成作业，最大限度地提高了隐藏的效果。第二种模式（单一模式）是只执行一个密钥生成。在每个密钥生成中，并行执行仍然可以减少延迟，因为失败尝试后的 A 部分是隐藏的。

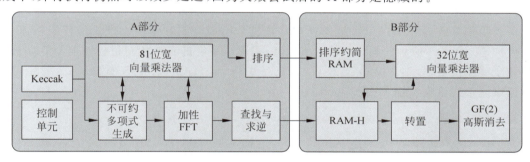

图 3-7　高吞吐密钥生成加速器 McKeycutter 架构

从 Xilinx Ultrascale+ FPGA 平台的实现结果看，CHES 2022[20] 是 McKeycutter 消耗的 BRAM 的 1.7～2.7 倍。McKeycutter 在降低 BRAM 使用的同时，也将密钥生成的计算速度提升了 4 倍以上。

除了针对 Classic McEliece 算法的专用硬件设计外，也有一些针对 HQC 和 BIKE 算法的硬件优化设计成果[23-26]。耶鲁大学的研究[23] 第一次提出了专门针对 HQC 算法进行全定制人工设计优化，并支持密钥产生、封装和解封装的硬件设计。首先在原有 Keccak 模块基础上改善了 SHAKE256 设计，使得计算速率提升 2 倍，同时改善了面积延时积。

来自波鸿鲁尔大学的研究人员针对 BIKE 算法的硬件加速设计开展了长期研究，分别提出了 Folding BIKE[24] 和 Racing BIKE[25] 两项成果。在 Folding BIKE 中通过高效多项式求逆、BGF 解码器实现等实现了面向 BIKE 参数集的可扩展设计。Folding BIKE 处理延迟密钥产生用时 2.69ms，密钥封装用时 0.1ms，解封装用时 1.89ms。在基于编码的多项式乘法器里，Folding BIKE 利用 QC-MDPC 编码中的多项式稀疏性对乘法进行优化，还设计了一个密钥产生模块。Racing BIKE 主要对积稀疏多项式乘法和多项式求逆两个计算模块进行了优化，提升了密钥产生速度。除了算术部件的优化外，这项工作提出了可在不同密码原语间可资源服用的统一硬件设计，可以在 1672μs、132μs 和 1892μs 内完成密钥产生、密钥封装和密钥解封装工作。

3.3.3 面向基于哈希算法的全定制硬件设计

基于哈希的抗量子密码算法安全性建立在底层哈希函数的抗碰撞性。理论上讲,只要其使用的哈希函数是安全的,这类算法就是抗量子计算机攻击的。IETF 和 NIST 先后将基于有状态的哈希算法 XMSS 和 LMS 确定为数字签名算法标准,并推荐优先应用于具有长生命周期且固件升级不便的设备。在目前 NIST 的抗量子密码标准化中,基于无状态哈希的"SPHINCS+"算法也已经被选为数字签名标准,并已发布了标准草案。相比于其他类型算法,基于哈希的抗量子密码算法的主要问题是签名过程较慢、签名尺寸比较大。有状态和无状态哈希签名算法的主要区别在于签名过程中对状态信息的处理方式。有状态的签名算法在进行签名和验证操作时需要维护和更新一个状态信息。这个状态通常是由于一次性签名算法演变而来,每次签名操作都会产生一个一次性的认证密钥。这些密钥在使用后就会失效,因此需要在系统中记录哪些密钥已经被使用过,以防止重复使用。这种状态信息的维护可能会增加算法的复杂性和资源消耗。无状态签名算法在签名和验证过程中不需要维护任何状态信息,可以在没有任何先前信息的情况下独立地对每个消息进行签名和验证。因此,无状态签名算法由于其简单性和高效性,在实际应用中更为常见。针对哈希的抗量子密码加速芯片[27-29]大多基于更为成熟的 XMSS 和 LMS 算法,最近芬兰 Tampere 大学的研究人员针对 NIST 将标准化的"SPHINCS+"算法也提出了高效定制硬件设计 SLotH[30]。

基于哈希算法 XMSS 的设计主要针对计算复杂度最高的叶子节点产生操作进行流水线化硬件加速。图 3-8 所示的是该设计的系统架构,除了系统的有限状态机控制器与存储外,还包括 3 个功能模块,分别是 WOTS 模块、L-Tree 模块和 SHA256XMSS 模块。SHA256XMSS 通过四级流水线接收实现 SHA-256 计算。

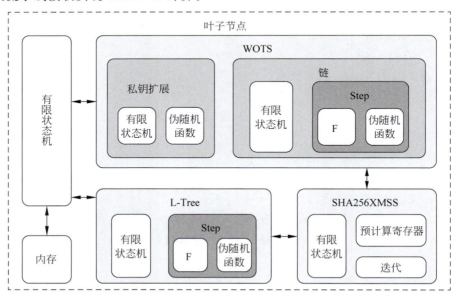

图 3-8 基于哈希算法 XMSS 加速器的硬件架构

该设计最终在 28nm 工艺下对采用和未采用流水操作的两种设计都进行了流片验证。采用流水设计的实现部分面积相比于未采用流水的方案面积开销增加了 44%,但由于关键路径缩短,芯片的最高运行频率由 823MHz 提高到了 1011MHz。

SLotH通过对填充格式和迭代哈希计算的优化,在首次实现"SPHINCS+"算法12个参数集支持的同时,与相关工作相比将验签操作加速5倍以上。

总而言之,全定制硬件设计针对特定算法或者具有相似计算属性的某类算法,展开从数据位宽、存储模式、计算电路功能的深度定制,从而实现了最高的能量效率。但其缺点同样十分突出,即以牺牲功能灵活性为代价。这种实现方式对于算法结构仍在持续动态演进,对面临多种标准体系的抗量子密码应用而言并非是理想选择。

3.4 粗粒度可重构抗量子密码芯片架构

粗粒度可重构计算架构可同时兼顾密码芯片对功能灵活性、能量效率和物理安全性方面的需求。根据作者团队在可重构对称密码处理器方面的研究成果[31-33],该架构可以通过空间数据流并行实现性能提升,配置流驱动实现功能动态改变,时空域随机重构提高芯片对侧信道攻击的防御能力。如图3-9所示,粗粒度可重构密码芯片由编译系统和硬件电路两部分组成。其中硬件电路由功能可动态配置的处理单元阵列组成。硬件电路的规模和互连方式决定了芯片的理论峰值性能。编译系统则实现由C/C++等高级语言编程的算法程序向硬件电路的映射,直接决定了算法的运行时性能和硬件利用。本节主要对可重构抗量子攻击密码芯片的硬件架构进行展开论述,关于电路实现与编译系统的内容将分别在第4章和第5章展开。

为了在保证能量效率的前提下,进一步提高抗量子密码芯片的功能灵活性,作者研究团队研发了两款可重构密码芯片架构。这两款芯片RePQC(Reconfigurable Post-Quantum Crypto-processor)和PQPU(Public-Quantum Processing Unit)分别发表在国际固态电路会议ISSCC 2022[31]和ISSCC 2024[33]上。这两款芯片遵循共同的设计思想,只是根据NIST抗量子密码标准化活动不同阶段的算法遴选情况不同在算法支持上有所区别。另外在具体的数据通路与配置机制上进行迭代优化。RePQC主要支持NIST在2020年7月公布的最终算法。PQPU主要支持NIST在2022年7月公布的最终标准算法与仍然安全的第四轮候选算法。二者支持的具体算法类型如表3-5所示。

表3-5 RePQC和PQPU支持的抗量子密码算法

芯片架构	数学困难问题	密钥封装KEM	数字签名DS
RePQC	格	Kyber、Saber、NTRU	Dilithium
	编码	Classic McEliece	—
	多变量	—	Rainbow
PQPU	格	Kyber、LAC	Dilithium、Falcon、Aigis
	哈希	—	SPHINCS+
	编码	Classic McEliece、HQC、BIKE	

这两款可重构抗量子密码芯片的设计目标可满足以下特性。

(1) 高性能计算:满足服务器端对于公钥密码计算的高吞吐需求。

(2) 高功能灵活性:支持主流抗量子密码算法和其中所有的密码原语(包括密钥封装、公钥加密和数字签名),兼容算法的多个安全等级。

(3) 高能量效率:在追求高计算性能的前提下,降低芯片功耗开销,提升能量效率。

受传统公钥处理器[30,31]设计启发,在对所支持的抗量子密码算法计算流程和数据模式进

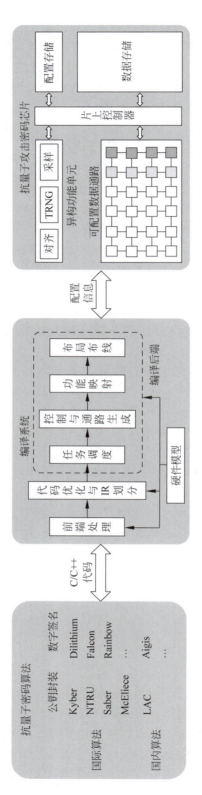

图 3-9 可重构抗量子密码芯片的通用模型

行分析的基础上,提出了一种兼顾能量效率和灵活性的计算框架。该框架通过将不同层次计算负载映射到相应粒度的功能单元上实现高能效支持。如表 3-6 所示,从算法级计算、任务级计算到系数级计算,计算粒度逐渐变小,功能灵活性逐渐提高。

表 3-6 层次化计算框架

层次化定义	对 应 计 算
算法级计算	完整的密码原语,如 Kyber、Classic McEliece、Dilihtium 等算法
任务级计算	矩阵/多项式级计算,如多项式乘法、矩阵操作、快速 NTT、多项式求逆等
系数级计算	针对矩阵/多项式系数的计算,如模乘、模加、蝶形运算等

在上述设计思想指导下,先后针对 NIST 抗量子密码标准化不同阶段的候选算法研制的可重构密码芯片 RePQC 和 PQPU 两款芯片。

3.4.1 可重构抗量子密码芯片 RePQC

RePQC 芯片是针对 NIST 抗量子密码算法标准化的第二轮选出的算法研制。在 2020 年 7 月,NIST 公布了通过第二轮评估的 15 项算法提案。这 15 项算法被分为两类,其中 7 项算法被确定为最终算法,其余 8 项算法被归类为备选算法。这两类算法的差别在于,最终算法在安全性评估方面较为深入,并且在灵活性和计算效率方面相对更具优势。而备选算法则仍需要更深入的评估分析。由于最终算法中 Falcon 算法涉及大量浮点操作,考虑到集成浮点计算阵列对芯片设计复杂度与硬件利用率的不利影响,RePQC 支持除 Falcon 算法外的所有最终算法。

RePQC 在芯片架构方面的优化技术包括:①提出了一种混合处理单元阵列结构,通过功能重构实现算法底层的逻辑与算术运算;②提出了一种高效的任务调度机制,实现任务级算子与混合处理单元阵列间的高效协同计算;③挖掘算法潜在的并行空间,通过提高硬件利用率进一步提升计算性能。

1. RePQC 芯片架构

如图 3-10 所示,RePQC 主要由四大功能部分组成:数据生成引擎(Data Generation Engine,DGE)、数据存储系统(Data Storage System,DSS)、任务级调度器(Task Level Scheduler,TLS)和混合处理单元阵列(Hybrid Processing Element Array,HPEA)。其中,DSS 是整个密码计算硬件的数据存储模块,主要完成与总线的数据交互与中间计算数据的片上存储。DGE 主要通过内部的哈希函数与采样器逻辑产生不同算法需要的随机数,并将生成结果存储在 DSS 中。TLS 对应不同算法的任务级计算操作,可独立完成某些特定计算,也可以与 HPEA 协同执行计算。HPEA 包括逻辑计算(Logical Element,LE)阵列和算术计算(Arithmetic Element,AE)阵列,分别用来实现不同逻辑与算术计算功能。

HPEA 支持包括算术和逻辑计算在内的多种向量化运算。HPEA 的 AE 阵列和 LE 阵列分别由 32 个算术计算单元 AE 和 16 个逻辑计算单元 LE 组成。细粒度的系数级算子保证 RePQC 对不同抗量子算法的兼容性,并对后续持续改进的算法提供支持。该工作没有采取[6,32]使用的 Barrett 归约方法,而是使用 Montgomery 归约方法实现模块化运算。这是因为 Montgomery 方法更适用于二项域中的模规约运算。该工作实现了混合约简,包括整数模运算和二项域模运算。并且对 Montgomery 方法的硬件实现采取了优化措施,通过将 Montgomery 模乘过程的最后累加计算减少到一半宽度来优化 Montgomery 缩减方法,从而

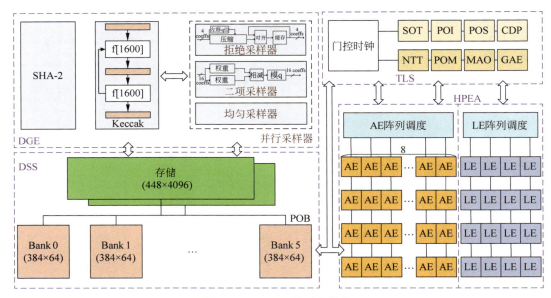

图 3-10　RePQC 的系统架构

减少了资源使用。此外,多个可控加法器(CA)、可控乘法器(CM)和多路复用器为 AE 提供了各种工作模式。CT-BFU 和 GS-BFU 模式下的 AE 支持 NTT 计算中的蝶形单元计算操作。在 Tri-Mul 模式下,AE 通过控制多路复用器执行 3 个整数乘法。Mul-Add 模式和 Add-Mul 模式下的 AE 支持线性算术运算。算术运算包括素数域或二进制域中的加法、减法、乘法、乘法和加法以及可配置的模数或模多项式。为了在必要时节省功耗,AE 中的所有寄存器都可以通过时钟门控以半字(14 位)模式配置,或者在 AE 空闲时关闭。

在任务级层次,基于算法-硬件协同设计实现了一系列针对抗量子密码算法中粗粒度功能的任务级算子。这些任务级算子并非是所有算法都需要的,呈现出一定的专用性,但是对算法整体性能具有重大影响。这些任务,如多项式乘法(Polynomial Multiplication,POM)、排序(Sorting,SOT)、多项式求逆(Polynomial Inversion,POI)和矩阵运算是在系数水平上与处理阵列合作或独立完成的。

在算法级别实现针对算法的配置信息优化,包括并行调度和高效计算转换等方法,从而充分利用任务级和系数级的硬件资源,实现更高的计算吞吐率和能量效率。图 3-11 展示了针对 Kyber 算法的加密功能和 Dilithium 算法的签名功能的调度机制优化。在算法分析基础上,通过将无数据相关算子并行化、计算与数据访问(包括数据生成、数据读取等操作)并行化来降低抗量子密码算法的计算延迟。

图 3-12 展示了 RePQC 的控制逻辑。所有计算模块和运算符(TLS、AE 或 LE)都由系统控制单元协调。各计算模块的执行由来自控制器的启动信号触发。此外,算子运行状态的相应标志由启动信号设置,并在执行完成时由对应算子释放。通过读取算子状态寄存器的值,控制器能够判断哪些算子正忙,并依此进行配置信息加载和任务调度。如果相邻算子执行彼此之间存在数据依赖性,则后一次执行将在前一次执行的数据流被释放后启动。如果有两次不相关的执行,后一次执行将在前一次执行开始后立即开始。用户可以通过选择何时或是否等待指定的有效标签来调整并行计划逻辑。此外,用户还可以离线更改命令中的参数字段、命令顺序和依赖性,以满足一定程度的灵活性。任务级运算符(NTT、POM 等)或 AE 调度模块

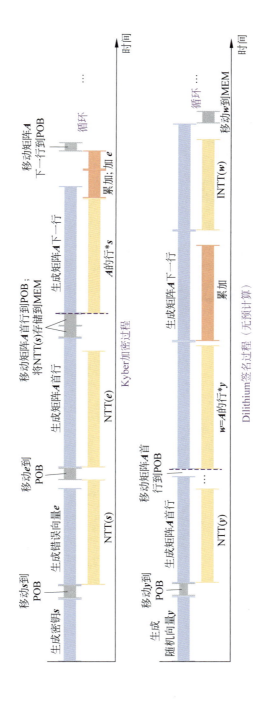

图 3-11 RePQC 在执行 Kyber 和 Dilithium 算法时的调度机制

可以使用不同的参数（如多项式的次数和数量）进行动态配置。TLS 的配置参数包括尺寸（Dims）、计算模式（mode）和起始地址（Addr）等。

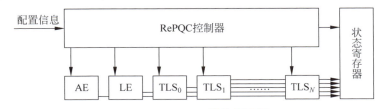

图 3-12 RePQC 的控制逻辑

2. 芯片实现与性能评估

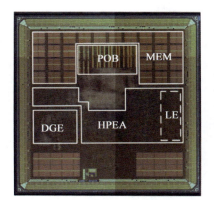

图 3-13 RePQC 的管芯照片

本节将对 RePQC 的芯片验证结果进行详细介绍，并与当时相关工作进行性能对比。

RePQC 在 TSMC 28nm HPC＋工艺下完成芯片实现。如图 3-13 所示，整个管芯的面积为 $6.25mm^2$，其中 RePQC 的抗量子密码加密核面积为 $3.6mm^2$。如表 3-7 所示，在 0.9V 电压和 500MHz 工作频率的工作条件下，该芯片运行不同算法的功耗分布为 39～368mW。RePQC 的等效逻辑规模为 190 万门（等效二输入与非门），存储开销为 448KB。

RePQC 的技术性能指标如表 3-7 所示。

表 3-7 RePQC 的技术性能指标

芯片规格参数	
工艺	28nm HPC CMOS
源电压	0.9V
芯片尺寸	2.5mm×2.5mm
抗量子密码加密核	
面积	$3.6mm^2$
SRAM	448KB
逻辑门	190 万门（等效二输入与非门）
哈希函数	SHA-3/SHA-2
伪随机数发生器	SHAKE-128/256
功耗	39～368mW

表 3-8 列出了 RePQC 在运行不同算法时的计算性能，包括不同原语的计算延迟（时钟周期数）、吞吐率和功耗。RePQC 支持 Kyber、Saber、Dilithium 和 NTRU 算法所有安全等级的所有功能。由于 Classic McEliece 算法和 Rainbow 算法的密钥尺寸开销过大，RePQC 仅支持 McEliece 算法的密钥封装/解封装功能和 Rainbow 算法的签名/验签功能。表 3-8 中列出的吞吐率和功耗分别是 McEliece 密钥封装和 Rainbow 算法签名的性能。

以 Kyber 和 Dilithium 算法为基准对 ReQPC 与相关工作进行技术对比。密歇根大学在 CICC 2018 发表的 LEIA[10] 针对基于格的抗量子密码算法中的多项式乘法进行硬件加速优化。通过表 3-9 中的对比可以看到，针对 NTT 计算，RePQC 的计算延迟相比该工作降低 80%。与 MIT 的 Sapphire[34] 和复旦大学的 VPQC[35] 工作相比，RePQC 除了支持基于格的抗量子密码算法外，还支持包括基于编码和多变量的抗量子密码算法。其次无论是计算吞吐率还是能量效率，在经过归一化对比后均取得显著改善。从表 3-9 可以看到，对于 Kyber-512 算法而言，RePQC 的吞吐率分别是 Sapphire 和 VPQC 的 23 倍和 3.8 倍，能量效率则分别改善了 74.4% 和 73.4%。对于 Dilithium 算法，RePQC 的吞吐率是 Sapphire 的 132 倍，能量效率改善了 52.7%。

表 3-8 不同算法在 RePQC 上的性能指标

算　　法	密钥生成/Cycle	密钥封装/签名/Cycle	密钥解封/验签/Cycle	吞吐率/OPS	功耗/mW
Kyber-512	2178	3519	4736	47925	163
Kyber-768	3505	4914	6359	33834	193
Kyber-1024	5135	6621	8177	25084	218
LightSaber	2313	2889	3783	55648	139
Saber	3917	4640	5669	35147	172
FireSaber	5873	6696	7924	24399	195
Dilithium-Ⅱ	6048	31215.5	6113	11527	237
Dilithium-Ⅲ	10889	51117.8	9118	7030	278
Dilithium-Ⅴ	14228	54236.8	13244	6119	304
NTRU-509	22746	4112	5486	15459	308
NTRU-677	38496	6446	8080	9430	291
NTRU-821	54424	7009	9917	7008	369
McEliece	—	6314	108082	79189	103
Rainbow-Ⅰ	—	18677	20345	26771	54

表 3-9 RePQC 与相关工作技术指标对比

对比项	CICC'18[10]	ISSCC'19[34]	TCAS-I'20[35]	RePQC
工艺	40nm	40nm	28nm	**28nm**
频率/MHz	300	12-72	300	**500**
面积/mm²	2.05	0.28	—	**3.6**
电压/V	0.9	0.68～1.1	0.9	**0.9**
功耗/mW	140	7～10	～30	**39～368**
数学困难问题	—	基于格	基于格	**基于格、基于编码、基于多变量**
NIST 算法	—	Kyber、Dilithium	Kyber	**Kyber、Saber、NTRU、Dilithium、McEliece、Rainbow**
模数 q	<32 位素数	<24 位素数	<16 位素数	**<24 位(素数/2 的次幂/不可约多项式)**
功能			NTT	
周期数	160	1288	45	**32**
算法			Kyber 算法	
吞吐率/OPS	—	207	2077	**47925**
能量效率/(μJ/Op)	—	26.6	12.8	**3.4**
归一能量效率/(μJ/Op)	—	13.3	12.8	**3.4**
算法			Dilithium 算法	
吞吐率/OPS	—	87	—	**11527**
能量效率/(μJ/Op)	—	87.2	—	**20.6**
归一能量效率/(μJ/Op)	—	43.6	—	**20.6**

表 3-10 列出了在执行不同算法时，RePQC 中在执行算法计算时占用时间最多的 3 个功能模块。可以看到，除了 Rainbow 算法外，混合计算阵列均是其他算法中的核心运算模块。

表 3-10　不同算法运行过程中主要功能模块的利用率

算　　法	Saber	Kyber768	NTRU677	Dilithium-Ⅲ	McEliece	Rainbow
占用时间最多	POM	DGE	POM	DGE	AE	MAO
占用时间次之	DGE	AE	POI	LE	LE	GAE
占用时间第三	LE	NTT	LE	NTT	CDP	CDP

3.4.2　可重构抗量子密码芯片 PQPU

2022 年 7 月，NIST 公布了第三轮抗量子密码算法评选结果。其中，Kyber、Dilithium、Falcon 和"SPHINCS+"4 项算法提案被选为标准草案，正式进入标准化流程。另外，BIKE、HQC、Classic McEliece、SIKE 4 项算法提案被选为候选算法进入第四轮评估(SIKE 算法不久后即被破解)。在抗量子安全性不变的前提下，NIST 会在第四轮评估后最终选择一项算法推荐为后续标准。PQPU 的主要设计目标是支持包括初始标准算法和第四轮有效候选算法在内的 7 项算法，同时支持全国密码算法竞赛的全部一等奖获奖算法 LAC 和 Aigis。与 RePQC 工作相比，除了支持更多的算法类型外，PQPU 在芯片架构上进行了更多尝试突破。在基于层次化计算架构基础上，针对不同算法的计算流程进行分析，从而提出了面向多种抗量子密码算法功能分簇的架构与调度机制，具体包括：①基于任务聚类可扩展并行计算架构；②基于区域的任务动态更新机制；③高能效任务算子设计。

1. PQPU 芯片架构

如图 3-14 所示，依据资源复用、流水操作的设计原则，将抗量子密码算法中常见的计算模式(功能)包括输入/输出(Input/Output，I/O)处理、随机数生成、特定分布采样、数据格式转换、计算功能实现、格式化与逻辑操作等几类函数映射成不同的硬件簇，如哈希计算簇、采样逻辑簇、格式化逻辑簇、计算功能簇以及数据交互簇等。

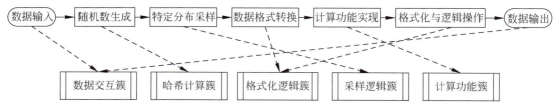

图 3-14　抗量子密码算法常用计算模式与硬件电路簇的映射关系

图 3-15 所示的是 PQPU 的数据通路，包括任务算子簇(Task Operator Cluster，TOC)与 SRAM 组成的数据存储部分。TOC 由上述 5 个任务簇组成。各任务簇之间以流水方式执行。计算功能簇中的算术单元 AE 阵列、浮点单元(Floating Element，FE)阵列和算术缓存可分别与算子协作完成计算规模更大的算术、浮点/复数运算及相关数据访问。每个任务簇的算子均复用同一个与数据缓存的交互接口。

在哈希簇中集成了 Keccak、AES 和 Chacha20 三种伪随机数发生器。其中，Keccak 模块中集成了带有自动填充与对齐逻辑的 Keccak 核。Keccak 核可以在 1 个时钟周期内执行 2 个完整的 f-函数。计算过程中的 Keccak 模式、并行度和 I/O 长度均可通过配置信息进行定义。

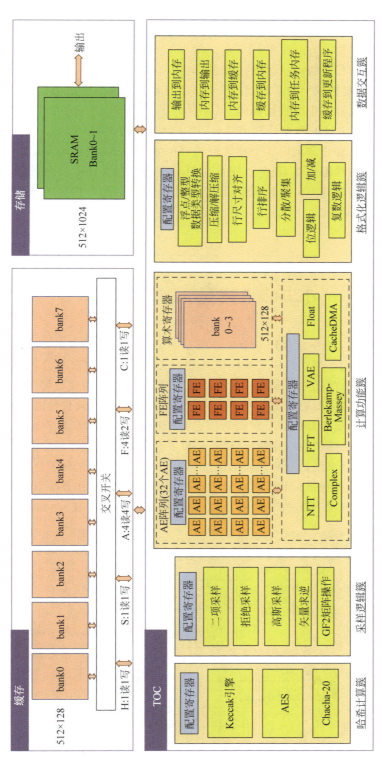

图 3-15 PQPU 架构图结构

在抗量子密码不同功能模块之间经常会用到位流-字节之间的格式转换。在格式与逻辑簇中集成了一个基于 I/O 使能与反馈机制的对齐器，通过自动删除或补充 0 值实现任意位宽向量向另外任意一种位宽的转换。在采样逻辑簇中，通过可配置的比较器、分类网络和对齐器来实现任意位宽的拒绝采样。

计算功能簇仍然沿用任务级-系数级的层次化执行架构。素数域和二项域上的系数级运算在 AE 阵列上实现，而复数域上的系数级运算在 FE 阵列上实现。通过 AE 阵列和 FE 阵列实现粗粒度任务或向量化计算中的线性操作。

如图 3-16 所示，除了上述的数据计算通路外，PQPU 的任务通路（Task Path，TP）由任务存储、任务提取、任务更新和任务调度 4 个模块组成，分别实现抗量子密码算法的任务信息存储、任务解码、任务生成与动态更新、任务依赖性查验与任务发射。任务发射前会在任务调度器中维护好相应的寄存器和状态。在计算完成后，计算模块也会发射相应的结束信号给任务通路，进行进一步的状态维护。

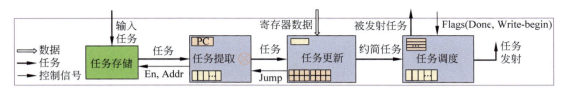

图 3-16　PQPU 的控制通路组成

对于任务更新器而言，任务会存到一个任务缓存 buffer 中。如图 3-17 所示，寄存器被划分成了静态和动态两个集合，分别对应更新操作是数据无关的还是数据有关的。对于密码算法中的循环操作，循环体中的任务需要在任务更新器中对源地址、目的地址等字段进行相应更新。是否要更新、哪些字段需要更新都是被更新前缀字段中的更新有效位使能的。除此之外，也可以更新类型的任务对更新器中的寄存器数值进行相应维护。例如，对于循环变量的递增而言，循环变量的数值就会维护在寄存器中，更新类型的任务就会对寄存器中的数值进行加减乘运算，在任务运行的同时来维护好寄存器的值。对于跳转等任务也区分了是静态还是动态，以便对不同类型任务进行分别维护和管理。对于动态任务，因为需要在等待数据 BUF 向更新器传递值过程中避免读取到过时数据，对于新到来的动态任务而言，需要等待

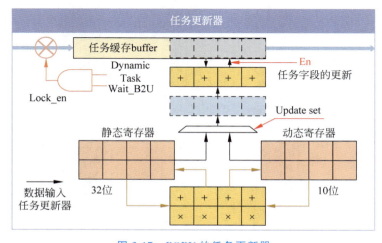

图 3-17　PQPU 的任务更新器

BUF2UPDATER(B2U)任务执行完毕,才能保护算法功能的正确实现。在任务更新器模块中,有一个锁机制可以保障语义的正确,如果目前任务缓存buffer中的任务是动态的且正处于等待B2U任务执行完毕的过程中,那么会启动相应的锁机制限制任务的进一步输入,使任务更新器处于静止状态直至B2U任务执行完毕。将任务划分成动态任务和静态任务,也避免了本没有依赖的静态任务所谓的启动锁机制可能导致更多的时间开销。

任务调度器负责的是更新任务的调度和相关性的维护。任务调度器包含3个模块。

(1) Issue FIFO。

(2) 属于发射任务的 FIFO。

(3) 区域依赖性检查,对于正在执行的任务和即将发射的任务进行区域性依赖检查以及相应的结构依赖性检查。如果有依赖,Issue FIFO 会被停滞,来等待正在执行的任务;如果没有依赖,会向相应的计算簇和计算模块发射,并且在相应的状态寄存器中维护好相应的项目状态,为后续待发射任务提供相应信息。

任务之间的相关性主要取决于两方面:一是数据依赖性,即后续任务的输入数据是否依赖之前任务的输出;另一个是结构依赖性,指两个任务是否需占用同一硬件模块,导致任务并行执行期间产生硬件资源争夺。因此在判断依赖时,也要分成两个依赖。在数据依赖上,由于PQPU 架构的特点,每个运行任务都声明了两个源地址区域和一个目的地址区域,判断依赖时需要判别区域之间是否有交叠。

2. 芯片实现与性能评估

PQPU 在 TSMC 28nm HPC 工艺下完成芯片验证。管芯照片(包括金属层 M5 和顶层金属)如图 3-18 所示,芯片整体面积为 7.26mm^2,其中 PQPU 的抗量子密码计算部分面积为 3.2mm^2。芯片采用 FCBGA 封装。表 3-11 给出了 PQPU 的具体技术性能指标。PQPU 在 0.9V 工作电压、500MHz 工作频率下,功耗范围为 91~420mW。PQPU 可同时支持素数域、二项域和复数域的密码计算函数。

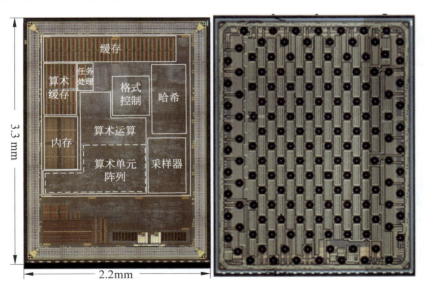

图 3-18 管芯照片和芯片参数

表 3-11 PQPU 的技术参数

芯片核心面积/m²	3.2
存储容量/KB	228.5
逻辑规模（等效二输入与非门）	2.1×10^6
有限域类型	素数域/二项域/复数域
功耗/mW	91～420
工作电压/V	0.7～1.1
工作频率/MHz	275～750

从表 3-12 可以看到，与近期相关工作对比，PQPU 是目前公开发表的首款可同时支持格、编码和哈希等数学难题抗量子密码算法的芯片。同时，PQPU 针对 Kyber、Dilithium 和 Falcon 等算法均实现了最优的能量延迟积。

表 3-12 PQPU 与相关工作的性能对比

技术指标	Sapphire[34]	JSSC'23[19]	RePQC[31]	ESSCIRC'22[36]	PQPU
工艺	40nm	65nm	28nm HPC	28nm LP	28nm HPC
频率/MHz	12～72	40～160	500	35～190	275～750
面积/mm²	0.28	0.158	3.6	0.18	3.2
电压/V	0.67～1.1	0.7～1.1	0.9	0.65～1.35	0.7～1.1
功耗/mW	7～10	0.3～10	39～368	10⁺	91～420
数学难题	格	格	格、编码	格	格、编码、哈希
NIST 算法	Kyber、Dilithium	Saber	Kyber、Dilithium、Classic McEliece	Kyber、Dilithium	Kyber、Dilithium、Falcon、"SPHINCS+"、BIKE、Classic McEliece、HQC
模数 q	特定模数 q（24 位）	q：13 位	All（24 位）	All（24 位；Zq）	All（32 位；Zq/GF(2ⁿ)）
Kyber(Saber)-512（密钥生成+封装+解封装）					
吞吐率/OPS	207	2841	47925	1924	69473
能量效率/(μJ/Op)	26.6	1.7	3.4	5.2	4.4
能量延迟积比率	2020.27	9.67	1.12	42.65	1.0
Dilithium-Ⅱ（密钥生成+签名+验签）					
吞吐率/OPS	87	—	11527	N/A	15832
能量效率/(μJ/Op)	87.2	—	20.6	N/A	22.8
能量延迟积比率	695.99	—	1.24	N/A	1.0
Falcon-512 签名					
吞吐率/OPS	—	—	—	—	4467
能量效率/(μJ/Op)	—	—	—	—	47.8

表 3-13 给出了 PQPU 运行不同抗量子密码算法时达到的计算吞吐率和能量效率。可以看到，Kyber 算法和 Dilithium 算法具有更高的计算性能与能效。需要指出的是 Falcon 算法给出的是签名/验签的性能，Classic McEliece 算法给出的是加解密性能。

为了进一步验证 PQPU 相比于 RePQC 在架构优化方面取得的性能提升，针对 NIST 优先推荐的 Kyber 和 Dilithium 算法性能进行对比。性能对比情况如表 3-14 所示。首先，PQPU 支持更多的数学困难问题与算法。其次，在所有安全等级的算法参数下，PQPU 在计算吞吐率方面均大幅提升。当然,由于支持算法种类的增加,相同工作条件下 PQPU 的功耗相比 RePQC 略有增加,但每次操作的能量延迟积都更具优势。

表 3-13 PQPU 不同算法的性能情况

算法	吞吐率/OPS	能量效率 /(μJ/Op)
Kyber-512	69473	4.4
Kyber-768	51674	6.6
Kyber-1024	37241	9.3
Dilithium-II	15832	26.6
Dilithium-III	9234	42.8
Dilithium-V	7717	55.6
Falcon(签名/验签)	4467/270005	47.8/1.5
LAC-128	3924	44.7
"SPHINCS+"-128f	211	841.5
"SPHINCS+"-256s	10	23030
Classic McEliece(加密/解密)	77981/14311	2.4/30.5
BIKE-128	13063	17
BIKE-192	48	2011
BIKE-256	22	4424
HQC-128	1711	114
HQC-192	1089	189
HQC-256	551	374

表 3-14 PQPU 与 RePQC 的性能对比

规格参数	RePQC	PQPU
算法	Kyber、Dilithium、Classic McEliece、Rainbow、NTRU、Saber	Kyber、Dilithium、Falcon、"SPHINCS+"、BIKE、Classic McEliece、HQC、Aigis、LAC
Kyber-768(密钥生成+封装+解封)		
吞吐率/OPS	33834	51674
能量效率/(μJ/Op)	5.7	6.6
能量延迟积比率	1.32	1.0
Kyber-1024(密钥生成+封装+解封)		
吞吐率/OPS	25084	37241
能量效率/(μJ/Op)	8.7	9.3
能量延迟积比率	1.38	1.0
Dilithium-III(密钥生成+签名+验签)		
吞吐率/OPS	7030	9234
能量效率/(μJ/Op)	39.6	42.8
能量延迟积比率	1.22	1.0
Dilithium-V(密钥生成+签名+验签)		
吞吐率/OPS	6119	7117
能量效率/(μJ/Op)	49.6	55.6
能量延迟积比率	1.04	1.0

相比于基于指令集扩展和面向特定算法的全定制硬件设计方案,粗粒度可重构计算架构可以在功能灵活性与能量效率之间获得较为理想的折中。但是,如何保证其对持续演进的抗

量子密码算法仍然是有待深入研究。目前针对这一问题的解决方案包括通过灵活编译器将硬件架构本不支持的操作类型转换为可支持的等效操作[35]。

参考文献

[1] Hooker S. The hardware lottery[J]. Commun. ACM,2021,64(12):58-65.

[2] Leiserson C E, Thompson N C, Emer J S, et al. There's plenty of room at the top: What will drive computer performance after Moore's law? [J]. Science,368(6495):eaam9744.

[3] Hennessy J L, Patterson D A. A new golden age for computer architecture[J]. Commun. ACM,2019,62(2):48-60.

[4] Bossuet L, Grand M, Gaspar L, et al. Architectures of flexible symmetric key crypto engines—a survey: from hardware coprocessor to multi-crypto-processor system on chip[J]. ACM Computing Surveys, 2013,45(4).

[5] 刘雷波,王博,魏少军. 可重构计算密码处理器[M]. 北京:科学出版社,2018.

[6] RISC-V Summit 2023: Benchmarking RISC-V Post-Quantum-Markk[EB/OL]. [2024-06-25]. https://riscvsummit2023.sched.com/event/1QUpL.

[7] Banerjee U, Wright A, Juvekar C, et al. An energy-efficient reconfigurable DTLS cryptographic engine for securing internet-of-things applications [J]. IEEE Journal of Solid-State Circuits, 2019, 54 (8): 2339-2352.

[8] Banerjee U, Ukyab T S, Chandrakasan A P. Sapphire: A configurable crypto-processor for post-quantum lattice-based protocols[J]. IACR Transactions on Cryptographic Hardware and Embedded Systems, 2019:17-61.

[9] Verbauwhede I, Balasch J, Roy S S, et al. 24. 1 Circuit challenges from cryptography[C]//2015 IEEE International Solid-State Circuits Conference,2015.

[10] Song S, Tang W, Chen T, et al. LEIA: A 2.05mm^2 140mW lattice encryption instruction accelerator in 40nm CMOS[C]//IEEE Custom Integrated Circuits Conference,2018.

[11] Fritzmann T, Sigl G, Sep U L J. Extending the RISC-V instruction set for hardware acceleration of the post-quantum scheme LAC[Z]. 2020:1420-1425.

[12] Karl P, Fritzmann T, Sigl G. Hardware accelerated FrodoKEM on RISC-V[C]//2022 25th International Symposium on Design and Diagnostics of Electronic Circuits and Systems,2022.

[13] Roy D B, Fritzmann T, Sigl G. Efficient hardware/software co-design for post-quantum crypto algorithm SIKE on ARM and RISC-V based microcontrollers[Z]. 2020.

[14] Karl P, Schupp J, Fritzmann T, et al. Post-quantum signatures on RISC-V with hardware acceleration [J]. ACM Trans. Embed. Comput. Syst. ,2023,23(2):1-30.

[15] Fritzmann T, Sigl G, Sepúlveda J. RISQ-V: Tightly coupled RISC-V accelerators for post-quantum cryptography[J]. IACR Transactions on Cryptographic Hardware and Embedded Systems,2020,2020(4):239-280.

[16] Fritzmann T, Beirendonck M V, Roy D B, et al. Masked accelerators and instruction set extensions for post-quantum cryptography [J]. IACR Transactions on Cryptographic Hardware and Embedded Systems,2022:414-460.

[17] Zhu Y, Zhu M, Yang B, et al. LWRpro: An energy-efficient configurable crypto-processor for module-LWR[J]. IEEE Transactions on Circuits and Systems I: Regular Papers,2021,68(3):1146-1159.

[18] Imran M, Almeida F, Basso A, et al. High-speed SABER key encapsulation mechanism in 65nm CMOS [J]. Journal of Cryptographic Engineering,2023,13(4):461-471.

[19] Ghosh A, Mera J M B, Karmakar A, et al. A 334μW 0. 158mm^2 saber learning with rounding based post-quantum crypto accelerator[C]//IEEE Custom Integrated Circuits Conference,2022.

[20] Ghosh A,Mera J M B,Karmakar A,et al. A 334μW 0.158mm^2 ASIC for post-quantum key-encapsulation mechanism saber with low-latency striding toom-cook multiplication[J]. IEEE Journal of Solid-State Circuits,2023,58(8):2383-2398.

[21] Aikata A,Mert A C,Imran M,et al. KaLi:A crystal for post-quantum security using kyber and dilithium[J]. IEEE Transactions on Circuits and Systems Ⅰ:Regular Papers,2023,70(2):747-758.

[22] Yihonf Z,Wenping Z,Chen C,et al. Mckeycutter:A high-throughput key generator of classic McEliece on hardware[C]//60th ACM/IEEE Design Automation Conference (DAC),2023.

[23] Deshpande S,Xu C,Nawan M,et al. Fast and efficient hardware implementation of HQC[Z]. 2023.

[24] Brockmann J,Monoj,Gunysu T,et al. Folding BIKE:Scalable hardware implementation for reconfigurable devices[J]. IEEE Transactions on Computers,2022,71(5):1204-1215.

[25] Richter-Brockmann J,Chen M S,Ghosh S,et al. Racing BIKE:Improved polynomial multiplication and inversion in hardware[J]. IACR Transactions on Cryptographic Hardware and Embedded Systems,2021,2022(1):557-588.

[26] Aguilar-Melchor C,Deneuville J C,Dion A,et al. Towards automating cryptographic hardware implementations:A case study of HQC[Z]. 2022.

[27] Thoma J P,Hartlief D,G U Neysu T. Agile acceleration of stateful hash-based signatures in hardware [J]. ACM Trans. Embed. Comput. Syst. ,2024,23(2):1-29.

[28] Cao Y,Wu Y,Qin L,et al. Area,time and energy efficient multicore hardware accelerators for extended merkle signature scheme[J]. IEEE Transactions on Circuits and Systems Ⅰ:Regular Papers,2022,69(12):4908-4918.

[29] Mohan P,Wang W,Jungk B,et al. ASIC accelerator in 28nm for the post-quantum digital signature scheme XMSS[C]//2020 IEEE 38th International Conference on Computer Design,2020.

[30] Saarinen M J O. Accelerating SLH-DSA by two orders of magnitude with a single hash unit[A/OL]. (2024)[2024-03-11]. https://eprint.iacr.org/2024/367.

[31] Zhu Y,Zhu W,Zhu M,et al. A 28nm 48KOPS 3.4μJ/Op agile crypto-processor for post-quantum cryptography on multi-mathematical problems [C]//IEEE International Solid-State Circuits Conference,2022.

[32] Zhu Y,Zhu W,Li C,et al. RePQC:A 3.4-μJ/Op 48-kOPS post-quantum crypto-processor for multiple-mathematical problems[J]. IEEE Journal of Solid-State Circuits,2023,58(1):124-140.

[33] Zhu Y,Zhu W,Ouyang Y,et al. A 28nm 69.4kOPS 4.4μJ/Op versatile post-quantum crypto-processor across multiple mathematical problems[C]//IEEE International Solid-State Circuits Conference,2024.

[34] Banerjee U,Pathak A,Chandrakasan A P. 2.3 An energy-efficient configurable lattice cryptography processor for the quantum-secure internet of things [C]//IEEE International Solid-State Circuits Conference,2019.

[35] Xin G,Han J,Yin T,et al. VPQC:A domain-specific vector processor for post-quantum cryptography based on RISC-V architecture[J]. IEEE Transactions on Circuits and Systems Ⅰ:Regular Papers,2020,67(8):2672-2684.

[36] Kim B,Park J,Moon S,et al. Configurable energy-efficient lattice-based post-quantum cryptography processor for IoT devices[C]//IEEE 48th European Solid State Circuits Conference,2022.

第 4 章

芯片数据通路

> "物之生也,若骤若驰,无动而不变,无时而不移。何为乎？何不为乎？夫固将自化。"
>
> ——《庄子》

芯片的数据通路是算法映射到硬件后的主要体现之一,与芯片的配置通路和控制调度单元等互相协作,在芯片系统架构中占据重要的地位。领域定制芯片相对于通用 CPU 处理器的一个重要区别体现在其数据通路会采用更多的硬件单元来挖掘算法的并行潜能,匹配更高的访存带宽,从而大幅度提高芯片的算力。这些硬件计算单元通常需要兼顾灵活性、可扩展性和计算效率等指标,以满足不同应用场景的需求和不同资源平台的约束。密码算法是对算力需求较高的领域之一,而抗量子密码算法相对于传统的公钥密码算法又有若干显著特点。首先,与仅基于离散对数问题的 ECC 或仅基于大整数分解问题的 RSA 密码方案不同,抗量子密码算法涉及多种的数学困难问题,包括格问题、编码问题、多变量问题等。显然,数学困难问题的多样性将导致更多异构的计算方式,从而会增加实现密码处理器可重构或者可配置特性的难度。另外,正如第 2 章算法特性所述,抗量子密码算法的私钥和公钥尺寸通常会更大,并且操作对象通常是多项式的形式存在。该特点会使得硬件实现时引入更多的存储开销。最后,抗量子密码算法需要考虑伪随机数生成和采样等操作,这将给高效的控制和调度单元的设计带来更大的挑战。

4.1 节介绍传统公钥密码和抗量子公钥中的层次化计算划分方式、具体内容以及可配置数据通路的设计和调度方法,该节分别从两款芯片设计例子入手,分析其实现方法及特点,并给出设计上值得借鉴的技巧。根据第 2 章的算法特性内容,4.2 节详细介绍抗量子密码算法中涉及的各类算术或逻辑操作单元。这些计算单元包括基于 NTT 的多项式乘法加速器、基于 Karatsuba 的多项式乘法加速器设计以及排序等其他任务级模块。该节主要从算法和硬件协同优化的角度介绍近年来的相关工作,展示其设计思想和风格,探索不同的设计维度和设计空间。4.3 节介绍抗量子密码算法中涉及的不同类型的采样和对齐模块。主要介绍其在抗量子密码算法中的作用、实现的困难程度、设计中需要考虑的问题等。

4.1 公钥密码芯片的数据通路

从实现的角度讲,通过复用共有的硬件算子模块和合并类似的控制调度方式等,一个可配置的密码硬件系统比多个独立的密码硬件实现更有面积上的优势,还可以避免重新设计制造的时间周期。在服务器端,设备常常需要高效地处理来自不同客户端的响应,不可避免会遇到不同类型和参数的密码算法。有的密码算法还可能使用与参考标准不同的更保守的安全参数来获得更强的安全性,这些场景对于硬件实现的灵活性提出了一定的需求。本节将以设计可配置的公钥密码硬件系统为目标,基于现存相关工作分别对经典公钥密码系统和抗量子公钥密码系统的计算模式、算子类型、操作数类型等进行梳理和总结。

4.1.1 经典公钥密码数据通路

1. 层次化算子分类

经典公钥密码系统的算法实现对象通常是基于质数分解问题的 RSA 算法和基于离散对数问题的 ECC 系列算法,例如盖莫尔算法(ELGamal)、椭圆曲线签名算法(Elliptic Curve Digital Signature Algorithm,ECDSA)或者双线性配对(pairing)函数。RSA 系列算法主要依赖有限域上的模幂计算 $y = x^n \bmod q$,通常可以分解为一系列迭代的模平方和模乘运算。RSA 系列密码算法的操作数均为有限域上的整数,根据安全强度的不同,其数据位宽可达 1024~4096 位。而 ECC 系列算法依赖点乘运算

$$Q = x \cdot G$$

其中,x 为整数标量;G 为椭圆曲线上的一个生成元点;Q 为椭圆曲线上的计算结果。点乘运算也可以进一步分解为一系列的点加和倍点运算,并且可以使用投影坐标表示椭圆曲线上的点,(例如雅可比坐标)避免点加和倍点运算中的模逆运算。图 4-1 以椭圆曲线签名算法为例,给出了典型的算法步骤和层次化计算框架。

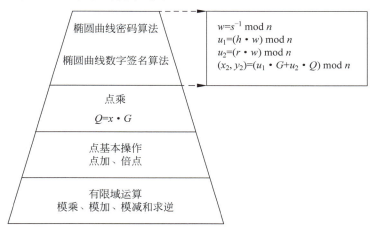

图 4-1 椭圆曲线签名算法的层次化算子分类

由图 4-1 可知,点加和倍点运算仍然可以基于有限域上的模乘、模加、模减和求逆运算得到,其中模乘和求逆运算是相对更加耗时的操作。从操作数类型的角度讲,椭圆曲线又可以分为定义在质数域 $GF(p)$ 上和二进制扩展域 $GF(2^m)$ 上的两种类型曲线。标准算法文档中显示,根据安全强度的不同,椭圆曲线操作数的数据位宽也随之变动,但通常在几百位左右。例如,国密 SM2 算法采用了 256 位的 ECC 曲线,但是其安全强度高于 2048 位的 RSA 算法,且通常具有更快的操作速度。

2. 数据通路与计算模式

关于 RSA 和 ECC 系列算法的密码硬件处理器的研究起步较早,目前存在大量可参考的

设计工作，例如，针对单个算法进行定制化的硬件实现，或者针对两种系列算法的统一可配置硬件实现。文献[1]和文献[2]分别给出了在 FPGA 上实现的针对固定尺寸操作数和不可约多项式设计的二进制扩展域上的椭圆曲线密码系统。文献[3]的工作能够支持运行 ECC 和 hyper-ECC 类型的椭圆曲线。文献[4]的工作进一步提出了一种可扩展架构，能够同时支持二进制扩展域 $GF(2^m)$ 和质数域 $GF(p)$ 上的椭圆曲线。文献[5]在 FPGA 平台上设计了一款可编程的协处理器，它同时支持 RSA 和 ECC 系列密码算法，并且给出了针对侧信道攻击的防护。文献[6]提出了一种支持质数域和二进制扩展域上多精度算术操作且基于微码的可重构密码处理器，该工作采用了算法和架构的协同优化方法，在兼顾灵活性的同时提高了硬件利用率和算法执行速度。下面将针对文献[6]的工作进行详细介绍。

图 4-2 给出了文献[6]提出的可重构密码处理器计算架构，其核心包括一个 1024 位的可重构数据通路和一个主控制器。其中，可重构数据通路的功能可配置为执行公钥算术操作，例如模幂、椭圆曲线操作、质数域上算术操作和二进制扩展域上算术操作等。主控制器包含了一个三级的序列器以及执行预定义微码的序列器。该架构在设计上具有如下 3 个特征。

（1）所有在质数域 $GF(p)$ 上的中间结果都以进位保留的形式存在。也就是说，在模运算运行结束之前的所有数据都是以进位保留的形式存在，而没有进位的数据通路可以达到较高的操作速度。

（2）计算过程中的商值都是由质数域 $GF(p)$ 或者二进制扩展域 $GF(2^m)$ 上数值的最低位决定。基于这种方式，商值都是在某个固定的位置计算获得，而与目前数据的精度无关，从而也简化了针对多精度数据的硬件设计方法。

（3）该架构设计了高效的二进制扩展域 $GF(2^m)$ 上的除法器，用于椭圆曲线上仿射坐标下的计算。相对比投影坐标下的点乘计算，利用仿射坐标可以节省一些操作步骤。

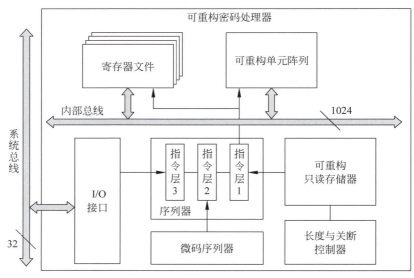

图 4-2　可重构经典公钥密码的硬件架构

该可重构密码处理器与系统总线的通信由 I/O 接口以及内部缓存器提供，它作为与处理器之间传输数据的桥梁。该架构的控制器是由 3 个层次的序列器构成的，能够以较低的开销和延迟来访问只读存储器和解码微码序列，从而提供算法上的灵活性。更具体地说，数据通路的操作直接由第一层的控制器进行控制，包括可配置的只读存储器中的配置信息和关断控制器。第二层和第三层的控制器利用微码序列和有限状态机控制密码算法的任务级执行。基于这种微码的控制方法,密码算法可以被更新或者进一步优化而不用重新改进密码硬件实现。

该架构设计了寄存器堆存储算法变量的初始值和中间结果。椭圆曲线操作需要 8 字节的存储容量,其中椭圆曲线参数 a 需要一字节的存储量,而中间结果需要 3 字节的存储量,剩下的 4 字节用于缓存椭圆曲线生成元点和中间运算中的椭圆曲线点。对于只需要少量存储的操作,未被使用的寄存器可以用来增强该操作的性能。例如,可以利用空闲的寄存器存储模幂计算需要的预计算数据,从而每次可以扫描数据片段加倍计算的吞吐率。该架构中的可重构数据通路由 7 个本地寄存器、一个桶形寄存全加器和 1024 个可重构计算单元构成。可重构计算单元和寄存器之间的互连被配置后可以用于执行特定的域操作。寄存器 N、E 可以存储模数、不可约多项式、指数值和标量值等,以便进行模幂和标量乘法计算。使用本地寄存器可以缓解寄存器堆的访存压力和减少相应的访存时间。

表 4-1 中列举了所提出的可重构密码处理器包含的 16 条指令,包含一条无操作指令、3 条寄存器操作指令和 12 条算术指令。表 4-1 中的第 2 栏规定了被分配处理这些指令的对应层次的控制器。只有与寄存器相关的操作指令才会规定源寄存器和目标寄存器,而算术操作指令使用一个固定的地址码。操作数尺寸码用于配置算术操作数的位宽精度以及去除不必要的数据通路。而 NOP 指令表示无任何操作,用来关断可重构数据通路和寄存器堆以节省功耗。12 条算术指令包含了 3 种类型的操作,包括质数域 $GF(p)$ 算术、二进制扩展域 $GF(2^m)$ 算术和椭圆曲线算术。$GF(p)$ 和 $GF(2^m)$ 上的计算主要在可重构的数据通路上实现,包括质数域上的 Montgomery 模乘、二进制扩展域上的乘法和求逆,从进位保留的格式转换到二进制表示格式。通过对查找表中的微码序列进行编程,复杂的算术操作可以实现为第一层次的指令序列构成,例如质数域上的模乘可以用算法 4-1 所示方式执行。

算法 4-1 质数域 $GF(p)$ 上的模乘法,Mod_mul()

输入:$A, B, 2^{2(k+3)}, N, width$
    A 和 B 分别存储在 R3 和 R4。Montgomery 相关值 $2^{2(k+3)}$ 存储在 R6。width 用于设置操作数位宽。
输出:$R3 = A \times B \bmod N$
  1: MOV_REG(R0,R3);   // R0 = R3
  2: MOV_REG(R1,R4);   // R1 = R4
  3: MONTMUL();   // $(S_C, S_S) = R0 \times R1 \times 2^{-(k+3)} \bmod N$
  4: MOV_REG(R0,R6);   // $R0 = 2^{2(k+2)}$,相关因子
  5: MONTMUL_CS();   // $(S_C, S_S) = R0 \times (S_C, S_S) \times 2^{-(k+3)} \bmod N$
  6: C2B();   // $A = S_C + S_S$
  7: MOV_REG(R3,A);   // $R3 = A$

表 4-1 用于可重构公钥密码处理器的指令集

指令	指令类型	操作	描述
NOP	I	—	空操作
MOV_REG ds,sr	I	ds = sr;	将数据从源寄存器(sr)传输至目标寄存器(ds)
LOAD_REG ds	I	ds = I/O 接口;	将输入数据从 I/O 接口加载至目标寄存器 ds
UPLOAD_REG sr	I	I/O 接口 = sr;	将输出数据从源寄存器 sr 传输至 I/O 接口
MONTMUL	I	$(sc, ss) = R0 \times R1 \times 2^{-(k+2)} \bmod N;$	质数域 $GF(p)$ 上的 Montgomery 乘法

续表

指　　令	指令类型	操　作	描　述
MONTMUL_CS	I	$(sc, ss) = R0 \times (sc, ss) \times 2^{-(k+2)} \mod N;$	进位保存的质数域 $GF(p)$ 上的 Montgomery 乘法
MONTSQR_CS	I	$(sc, ss) = (sc, ss) \times (sc, ss) \times 2^{-(k+2)} \mod N;$	进位保存的质数域 $GF(p)$ 上的 Montgomery 平方
C2B	I	$A = 2 \times sc + ss;$	$GF(p)$ 上的进位保存形式转换为二进制形式
MOD_MUL	II	$R3 = R0 \times R1 \mod N;$	$GF(p)$ 上的模乘法
MOD_EXP	III	$R3 = R5^E \mod N;$	$GF(p)$ 上的模幂
GF_ADD	I	$R0 = R0 \oplus R1;$	$GF(p^m)$ 上的加法
GF_MUL	I	$R0 = R0 \times R1 \mod N;$	$GF(p^m)$ 上的乘法
GF_DIV	I	$R3 = R0 / R1 \mod N;$	$GF(p^m)$ 上的除法
EC_DOUBLE	II	$(R3, R4) = (R3, R4) + (R3, R4);$	面向 ECC 算法 $GF(p^m)$ 上的倍点
EC_ADD	II	$(R3, R4) = (R3, R4) + (R5, R6);$	面向 ECC 算法 $GF(p^m)$ 上的点加
EC_DA	III	$E \times (R3, R4)$	面向 ECC 算法 $GF(p^m)$ 上的标量乘

4.1.2　抗量子公钥密码数据通路

抗量子公钥密码系统与经典公钥密码硬件系统设计有一定的区别和不同的设计挑战。近年来,在学术文献中涌现了大量的关于抗量子密码算法硬件设计的工作,一般采用 ASIC 或者 FPGA 平台进行评估,其中有的工作[7-9]针对特定的某一算法进行硬件优化实现,有的工作[10]面向几种抗量子密码算法设计了可配置的硬件密码系统。通常来说,特定算法的硬件加速器可以获得更高的能效和更好的性能,但在一定程度上牺牲了灵活性和可扩展性。在抗量子公钥密码算法中,基于格的抗量子密码算法有相对更高的安全性和计算效率,受到了更加广泛的关注和深入的研究。因此,有相关工作[10,11]聚焦 NTT 友好的基于格的抗量子密码算法(如 Kyber 算法和 Dilithium 算法),进行可重构硬件设计。RePQC 是一款支持多种数学困难问题的抗量子密码算法的可重构芯片,能够处理带有不同安全参数等级的 Saber、Kyber、Dilithium、NTRU 和 McEliece 算法。本节将从计算操作角度详细介绍 RePQC 架构的算子类型和粒度、层次化设计方法、模块结构、模块的配置和调度方式等。

1. 层次化算子分类

在 NIST 的第 3 轮标准化进程中,总共包含了关于密钥封装和数字签名的 7 个最终算法和 8 个候选算法。而最终算法中,Kyber、Saber 和 NTRU 都是基于格的密钥封装方案,Dilithium 和 Falcon 都是基于格问题的数字签名方案。在候选算法中,McEliece 是基于纠错码-Gappa 码问题的密钥封装算法,而 Rainbow 是基于多变量数学困难问题的数字签名方案。基于格的问题具体来说是带错误学习问题,利用方程 $A \times s + e = b$ 可作进一步的阐述,其中 A 表示作为公钥的矩阵,s 通常是作为密钥的向量,而 e 通常是作为误差的向量。当已知 A 和 b 时,由于引入了误差向量 e,反解出密钥向量 s 仍然可以看作一个困难的数学问题。特别地,带舍入(rounding)的学习问题利用了舍入的方式引入了误差,而环(ring)上-格类型和模块环(module ring)上-格类型引入了结构上的性质来降低计算复杂度。Kyber 和 Dilithium 基于

Module-LWE 问题,而 Saber 基于 Module-LWR 问题。NTRU 和 Falcon 都是基于 NTRU 类型的问题。表 4-2 列举了 RePQC 实现的目标算法方案的参数集合,包括数据结构、向量维度(阶数)、每个系数的数据位宽以及关键操作。其中,多项式操作数的阶数可从 64 阶跨到 256 阶,而系数的数据位宽的变化范围是 4~23 位。目标算法中所涉及的主要操作包括多项式乘法(POM)、多项式求逆、向量加法、向量乘法、矩阵求逆和矩阵向量乘法。

表 4-2 抗量子目标算法参数和算子集合

方案	数据结构	维度	系数尺寸/位	操作算子	
Saber	多项式	256	13/10	多项式乘法/多项式移位	向量加法/向量移位
Kyber	多项式	256	12	NTT/逆向 NTT	向量乘法/向量加法
Dilithium	多项式	256	23	NTT/逆向 NTT	向量乘法/向量加法
NTRU	多项式	256	13	多项式乘法/多项式求逆/排序	向量加法
McEliece	多项式/矩阵	64/96/119/128	12/13	矩阵向量乘法/排序/多项式乘法/矩阵求逆	向量移位/向量加法
Rainbow	矩阵	36/68/96	4/8	矩阵向量乘法/矩阵求逆	向量加法

图 4-3 将所涉及的计算操作按照算法层、任务层和系数层进行了层次化分类。可见,系数层中基本的线性操作都是在二值域和素数域上,包括了蝶形计算、模加、模乘、异或等操作。而系数层所涉及的大量的细粒度计算函数将由可配置的算术阵列和逻辑阵列分别支持。在任务层级中将涉及与算法相关的任务操作,常采用算法硬件协同设计的思想进行优化,同时兼顾系统的灵活性。任务层级中包括了多项式乘法、排序、多项式求逆和矩阵相关操作,如果这些任务之间没有数据依赖性,那么它们通常被映射到计算阵列单元中并行执行,以提高系统吞吐率。算法层级中包含了顶层需要实现的算法与协议,可利用与算法贴合的调度和配置方式来充分利用任务层和系数层的计算资源,以取得较高的吞吐率和能量效率。

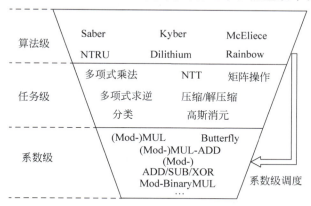

图 4-3 抗量子密码算法的层次化算子分类

2. 数据通路与计算模式

RePQC 系统数据通路主要由 4 个部件构成,包括数据生成引擎 DGE、数据存储系统 DSS、任务级调度器 TLS 和混合处理单元阵列 HPEA。数据生成器将产生的伪随机数传送并存储到数据存储系统中。然后,任务级调度器与混合处理单元阵列在与数据存储系统的交互下进行运作。最后,片外的数据交互主要的对象是数据存储系统中的主存和数据生成器中的缓存。图 4-4 给出系统的总体结构,下面详细介绍这几个部件。

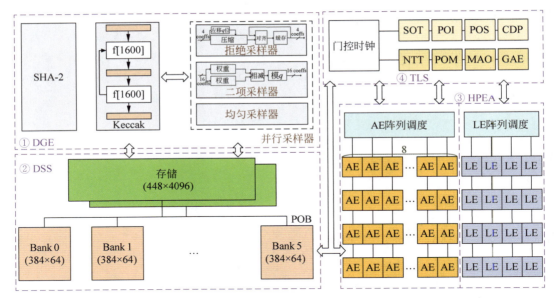

图 4-4　RePQC 总体系统硬件架构

1) 数据生成引擎

数据生成引擎中包括了可配置的 Keccak 模块和 SHA-2 系列模块用于哈希函数计算和随机数生成。一个可配置的 SHA-3 模块包括两个 f[1600] 函数计算核,这意味着每个周期下会执行两轮 f 函数。因此,Keccak 模块的迭代计算仅需要 12 个周期。当 Keccak 模块作为伪随机数生成器使用时,它需要一个种子作为输入,并基于此生成随机数位流。加速器所使用的种子来自主存。Keccak 模块还包括了一个输入缓存和输出缓存,用于暂时存储输入数据和输出数据。全局的控制模块将负责对输入与输出缓存中的数据进行存取以及数据生成引擎与主存之间的交互。计算过程中将按照 SHA-3 规定的形式基于某种顺序存储数据以及填充数据。基于此,可以实现多种 Keccak 类型的计算,例如,抗量子方案中的 SHA-3 函数和 SHAKE-128。SHA-2 模块中的计算和构造原理与 SHA-3 模块是类似的,其中也会布置一个寄存器与主存进行交互。

并行的采样器处理来自伪随机数生成器的数据,将其处理成算法方案需要的格式。定制化的对齐单元将位流数据划分成密码方案需要的向量系数形式。在采样器与伪随机数生成器之间,还会有一个特定的对齐单元来划分位流。拒绝采样器和均匀采样器将随机分布中小于模数 q 的数据作为结果。当模数 q 等于 2 的幂次时,均匀采样器仅需要对齐单元。当模数 q 为非 2 的幂次形式时,需要使用拒绝采样器按原始顺序保留下的数据。因此,包含 4 个系数的输入首先通过与模数 q 比较后再进行压缩,然后存储到缓存中。当缓存与输入之间系数的数量达到 4 个时,该数据包就会被输出。在一个二元采样器中,16 个系数首先会分成高低各一半,然后再根据汉明权重进行称重,在相应的减法操作和模约减操作完成后再输出数据。并行采样器的输出将会被加载到主存中,以作进一步的计算。

2) 数据存储系统

数据存储系统由主存模块和多项式缓存构成。在主存模块中,采用两个深度为 4096、数据位宽为 448 位的单端口 SRAM 存储抗量子密码算法计算中的大多数数据。在大多数情况下,SRAM 中存储的是 32 个 14 位的系数。基于主存中这样的存储特征,矩阵类型操作和简单的向量类型操作(包括排序、比较和分解操作)涉及的数据将会直接存储到主存模块中,因为这些类型的操作需要有限的带宽和读写端口。此外,在 PQC 的矩阵类型操作(矩阵-向量运算和高斯消元操作)中需要大规模的数据,这也适应了主存模块的特性。在计算过程中,两个 SRAM 以一种 Ping-Pong 方式被利用,即输入来自一个存储器,如果需要,输出写入另一个存储器,因此,SRAM 采用单口设计,可以减小面积开销。

对于高带宽需求的多项式类型操作,使用多项式缓存存储 NTT、POM 和多项式移位(POS)操作的多项式数据。该结构采用了拥有 6 个存储块、深度为 64、384 位宽的寄存器堆,提供了比主存模块更多的读写端口。多项式缓存中每行有 16 个 24 位的系数。该结构采用一个直接内存访问(DMA)模块处理主存模块和多项式缓存之间的大量数据传输。每个系数在 SRAM 和多项式缓存之间存在位宽长度的差异,因而存在两种数据传输模式:全位宽模式和 14 位模式。在 14 位传输模式中,SRAM 中的一个系数对应多项式缓存中的一个系数。在全位传输模式中,SRAM 中相邻的两个系数的最低 12 位通过 DMA 模块合并为多项式缓存中的一个系数。在执行过程中,DMA 的时间开销占据了总延迟的一小部分。

由于两个模块的存储分离,数据生成和数据计算可以分开并行调度。当主存模块与 DGE 进行交互时,多项式缓存可以与 TLS 或 HPEA 进行多项式计算的交互。

3) 混合计算单元阵列

混合计算单元阵列用于支持多种类型的向量化操作,包括算术操作和逻辑操作。它们由算术单元(AE)阵列和逻辑单元(LE)阵列所支持。AE 阵列包括 32 个 AE,而 LE 阵列包括 16 个 LE。细粒度的系数级操作确保了支持不同 PQC 算法的灵活性。

可重构 AE 的结构如图 4-5 所示。通过优化的 Montgomery 模乘硬件,结合 Gentleman-Sande 蝶形单元(GS-BFU)和 Cooley-Turkey 蝶形单元(CT-BFU),构建了 AE 的具体实现方式。与文献[10]和文献[12]中使用的 Barrett 约简方法不同,这里采用 Montgomery 约简方法实现模运算,因为只有 Montgomery 方法适用于在 $GF(2^n)$ 中的约简。实现的混合约简(包括素数域约简和二值约简)详细过程见算法 4-2。Montgomery 方法在 $GF(2^n)$ 中的正确性易于证明:$r=<r>_p=<t\times R^{-1}>_p$。此外,由于 $r=\dfrac{t+s_1\times q}{R}$,$r$ 的次数不大于 $2n-n=n$。另外,

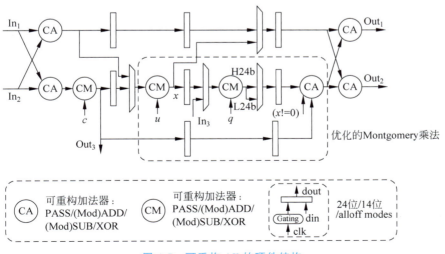

图 4-5 可重构 AE 的硬件结构

通过将 Montgomery 约简方法中的加法过程减少到一半宽度,减少了资源的使用。此外,多个可配置加法器(CA)、可配置乘法器(CM)和多路复用器为 AE 提供了各种工作模式。

算法 4-2　双域上的混合 Montgomery 约简方式

输入:a,b,q:GF(q)中的整数或 GF(2^n)中的多项式;R:n 位 Montgomery 因子。
　　　预计算:$u=s\times 1/q \bmod R$;　　　　//GF(q)中 $s=-1$,GF(2^n)中 $s=1$
输出:$r=a\times b\times R^{-1} \bmod q$
　　1. $t=a\times b$;　　$[t_H,t_L]\leftarrow t$　　　//←表示分为两组
　　2. $s_1=t_L\times u \bmod R$
　　3. $s_2=s_1\times q$;　　$[s_{2H},s_{2L}]\leftarrow s_2$
　　4. $r=t_H+s_{2H}+\text{flag}\times(t_L!=0)$　　//GF(q)中 flag=1,GF(2^n)中 flag=0
　　5. $r=r-q\times(r\geqslant q)$　　　　　　//$\geqslant$表示不小于,对 GF(q)中的值和 GF(2^n)中的多项式阶数
　　　　　　　　　　　　　　　　　　　//对 GF(2^n),所有+和−操作指的是异或操作

有关工作模式的详细信息见表 4-3 可重构算术单元支持的功能总结。在 CT-BFU 和 GS-BFU 模式中的 AE 支持 NTT 计算中的蝶形运算。Tri-Mul 模式中的 AE 通过配置多路复用器执行 3 次整数乘法。Mul-Add 模式和 Add-Mul 模式中的 AE 支持线性算术运算。算术运算包括在素数或二值域中进行的加法、减法、乘法以及带有可配置模数或多项式的乘法和加法。

表 4-3　可重构算术单元支持的功能总结

算术单元工作模式	
CT-BFU	$\text{Out}_1 = \text{In}_1 + c \times \text{In}_2 \pmod{q}$;$\text{Out}_2 = \text{In}_1 - c \times \text{In}_2 \pmod{q}$
GS-BFU	$\text{Out}_1 = \text{In}_1 + \text{In}_2 \pmod{q}$;$\text{Out}_2 = (\text{In}_2 - \text{In}_1) \times c \pmod{q}$
Tri-Mul	$\text{Out}_1 = \text{In}_1 \times u$;$\text{Out}_2 = \text{In}_3 \times q$;$\text{Out}_3 = \text{In}_2 \times c$
Mul-Add	$\text{Out}_2 = \text{In}_1 + \text{In}_2 \times c \pmod{q}$
Add-Mul	$\text{Out}_2 = (\text{In}_1 + \text{In}_2) \times c \pmod{q}$
…	…
逻辑单元操作模式	
Logic	逻辑(与、或、非、异或)操作
Compare/Match	比较两个数据区域和输出/在所选数据区域匹配给定数值
Shift	系数移位(左、右)操作
Move	将数据从源区域移至目标区域
Reverse	反转所选行
Sum	求和所选行
Genmask	生成最右端为指定的 '1',其他位置为 '0' 的掩码行
Expand	将源行最左侧系数扩展填充满目标行所有元素

LE 执行经典的逻辑运算、系数移位和系数比较,支持双操作数(Op0 和 Op1)模式或单操作数与立即数模式。此外,LE 还包括表 4-3 中所示的一些其他简单操作。考虑到 AE 被多个任务级运算重复使用,AE 的数量直接影响这些任务级运算及其相应的调度性能。因此,该设计倾向增加 AE 的数量,以加速这些任务级运算及其相应的调度性能。此外,LE 的时序消耗在一定程度上可以通过涉及 AE 的运算符来隐藏。因此,基于上述最小面积消耗的分析,LE 的数量被设置为 AE 数量的一半。

4) 任务级调度器

该设计采用了多个专用的任务级调度器以加速 PQC 中的常见任务。具体来说,有 8 个 TLS,包括 NTT、多项式乘法(POM)、矩阵操作(MAO)、高斯消元、恒定时间排序(SOT)、多项式求逆(POI)、多项式移位(POS)和压缩/解压操作(CDP)。这些 TLS 可以根据其功能完备性分为两类。一些 TLS 应与 HPEA 协同完成某些任务,例如 GAE、MAO、POM 和 NTT。这些 TLS 上执行数据预处理/后处理和相关调度,而将计算密集型操作卸载到 HPEA,以保持灵活性和良好的效率。另一些 TLS(如 POI、POS、CDP 和 SOT)执行一些独立任务,无须较高的算力。它们的任务更侧重于引入位置随机性、数据格式转换和简单计算。所有 TLS 都可以根据需要通过控制信号分别进行控制。通过关闭所有空闲 TLS 中的寄存器,可以降低大部分动态功耗。

4.2 算术/逻辑计算单元

正如前面章节所描述,基于格的抗量子密码的计算操作对象主要以环上多项式的形式存在,通常以多项式作为基本元素进行标量向量乘法或者矩阵向量乘法等计算。本节首先详细介绍两种用于加速多项式计算的算法和其硬件实现方式,即 NTT 算法和 Karatsuba 算法。前者适用于模数为质数且环上存在相应次数单位根的情况,能够将多项式乘法的计算复杂度降到近似线性;而后者适用范围更广,能够对一般的环上多项式乘法进行加速,但是在相同参数下算法复杂度相对于前者较高。

本节将对抗量子密码方案中其他任务级操作的硬件模块进行梳理和介绍,包括排序、基于高斯消元的矩阵求逆和多项式求逆等操作。具体探讨如何挖掘算子的并行性、消除相关的冗余操作以及进行合理的时序调度和时序隐藏等方法,以在硬件实现中达到高效率的映射,进而提升面积效率和能量效率。最后,本节将围绕存储地址映射方式进行介绍,针对 NTT 算法中存在的步幅随级数变化的访存模式,提出几种高效的存储地址映射机制,以缓解访存冲突问题,从而提高硬件整体的利用效率。

4.2.1 基于 NTT 的多项式计算

1. NTT 算法介绍

数字信号处理领域中常用的快速傅里叶变换定义在复平面上,它能够将离散傅里叶变换的复杂度从 $O(N^2)$ 降到 $O(N\log N)$。NTT 算法可以看作定义在有限域上的快速傅里叶变换,因为操作数皆为整数可以避免计算中的精度损失。在许多密码算法中,例如基于格的抗量子密码、全同态加密以及零知识证明等,NTT 算法广泛用于加速多项式乘法操作。在这些密码方案中,如图 4-6 所示,多项式频繁地通过 NTT 操作在系数表达式和点值表达式之间转换,目的是使多项式乘法的计算复杂度也能降到近似线性。

逆向 NTT 可以通过将 NTT 的旋转因子 ω 替换为它的模逆元素 ω^{-1},然后再对每个元素乘缩减因子 $1/N$,即可得到其对应的计算表达式,两种变换如下

$$\begin{cases} A_i = \mathrm{NTT}(a_i) = \sum_{j=0}^{N-1} a_j \omega_N^{ij} \bmod q, & i = 0, 1, \cdots, N-1 \\ a_j = \mathrm{INTT}(A_j) = \dfrac{1}{N} \sum_{i=0}^{N-1} A_i \omega_N^{-ij} \bmod q, & j = 0, 1, \cdots, N-1 \end{cases} \tag{4-1}$$

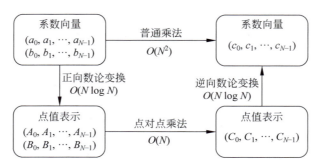

图 4-6 基于 NTT 的多项式乘法变换域

对于定义在有限域上的 NTT，通常来说其模数 q 应该满足 $q=1(\bmod N)$。该条件保证了有限域上存在 N 次本征单位根 w，其中 N 为向量长度，通常为 2 的幂次方形式。于是，有限域上两个 $N-1$ 阶的多项式乘法计算过程为

$$c = \text{INTT}(\text{NTT}(\text{zeropadding}(a)) \cdot \text{NTT}(\text{zeropadding}(b))) \quad (4\text{-}2)$$

其中，a 和 b 为长度为 N 的向量，对应多项式的系数向量。补零操作（zeropadding）具体指的是在向量的末尾附加上 N 个 0，使得在 NTT 后的点对点模乘计算对象是长度为 $2N$ 的向量。因此，最终向量 c 的长度变为 $2N$。

在基于格的抗量子密码方案中，多项式乘法被定义在多项式环 $Z_q[x]/f(x)$ 上进行，因此在最后需要额外的模约简上不可约多项式 $f(x)$。直接的方法计算多项式环上的多项式乘法可以表示为

$$\sum_{i=0}^{n-1} \sum_{j=0}^{n-1} a_i \cdot b_j \cdot x^{i+j} \bmod f(x) \quad (4\text{-}3)$$

可见其计算复杂度为 $O(N^2)$。如果不可约多项式 $f(x)$ 选定为 x^N+1 的形式，那么式(4-3)可以化简为

$$a(x) \cdot b(x) = \sum_{i=0}^{n-1} \sum_{j=0}^{n-1} (-1)^{\lfloor \frac{i+j}{n} \rfloor} \cdot a_i \cdot b_j \cdot x^{(i+j) \bmod n} \quad (4\text{-}4)$$

可见其具体需要 n^2 次模乘操作和 $(n-1)^2$ 次模加或者模约简操作来得到结果。事实上，可以进一步使用负包裹卷积（NWC）方法避免补零的加倍操作和额外的模约简操作[13]。此时，式(4-4)变为

$$c_i = \sum_{j=0}^{i} a_j \cdot b_{i-j} - \sum_{j=i+1}^{n-1} a_j \cdot b_{n+i-j} \quad (4\text{-}5)$$

利用 NTT 来计算负包裹卷积的过程可表示为

$$\begin{cases} \text{前处理：} \overline{a_i} = a_i \cdot \phi_{2N}^i \quad \overline{b_i} = b_i \cdot \phi_{2N}^i \\ \text{频域乘法：} \overline{c_i} = \text{INTT}(\text{NTT}(\overline{a_i}) \cdot \text{NTT}(\overline{b_i})) \\ \text{后处理：} c_i = \overline{c_i} \cdot \phi_{2N}^{-i} \end{cases} \quad (4\text{-}6)$$

其中，ϕ 表示 $2N$ 次本征单位根；模数 q 应该满足 $q=1 \bmod 2N$。式(4-6)中所谓的前处理和后处理过程可以通过将 $2N$ 次单位根的幂次（ϕ_{2N}^i 或者 ϕ_{2N}^{-i}）合并到 NTT 计算的每一级中来消除，从而分别减少 $2N$ 和 N 次模乘[14,15]。

根据 NTT 蝶形计算数据流的拓扑结构的不同，常常可以将其分为本位型（in-place）、恒定几何型（constant-geometry）和斯托克姆型（Stockham）。以 8 点基 2 型 NTT 为例，其具体的

蝶形计算数据流分别如图 4-7(a)~(c)所示。

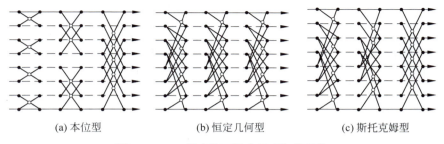

(a) 本位型　　　　　(b) 恒定几何型　　　　　(c) 斯托克姆型

图 4-7　NTT 算法的不同数据流拓扑结构

在恒定几何型 NTT 算法的每级计算中，其输入数据点和输出数据点的地址间隔都是恒定的，但是两者并不相等。类似地，在斯托克姆型 NTT 算法的每级计算中，其输入数据点地址间隔是恒定的，但是输出数据点的地址间隔将随级数变化，并且两者也不相等。因此，理论上上述两种类型都需要对输入向量数据点和输出向量数据点分别使用存储器进行缓存，形成 Ping-Pong 结构的缓存交互。而本位性质使得 NTT 算法的输入数据点和输出数据点都随级数变化，但是两者都存在存储器的同一个地址中，因此理论上只需要一个向量长度大小的存储容量就能满足输入和输出数据的存储需求。常常可以利用 FPGA 上的双端口块 RAM 存储向量数据点，确保在一个周期内完成 NTT 计算的读写操作。经典的按时间抽样 (Decimation In Time, DIT) 的本位型 NTT 将以位逆序的顺序接收输入向量数据点，而以自然的顺序输出计算之后的向量结果，因此实际中通常需要将输入的向量数据点先经过位逆序处理，然后再进行蝶形计算处理。然而也可以进一步通过重置循环结构和改变旋转因子的生成方式消除这样的位逆序开销[16]，算法 4-3 给出了一种避免位逆序开销的基 2 型 DIT NTT 算法，其中的旋转因子可以通过预计算之后存储在 ROM 中。

算法 4-3　避免位逆序开销的基 2 型 DIT NTT 算法

输入：a 表示长度为 N 的向量，q 是模数，ϕ_{2N} 是 $2N$ 次本原单位根。
输出：$A = \mathrm{DIT\_NTT}(a)$
1： $r \leftarrow 1$
2： **for** $p = \log_2 N - 1$ to 0
3： 　　$J \leftarrow 2^p$
4： 　　$\omega_m \leftarrow \phi_{2N}^{N/(2J)}$
5： 　　**for** $k = 0$ to $\dfrac{N}{2J} - 1$
6： 　　　　$\omega \leftarrow \omega_m^{\text{bit-reversed}(r)}$
7： 　　　　$r \leftarrow r + 1$
8： 　　　　**for** $j = 0$ to $J - 1$
9： 　　　　　　$u \leftarrow a_{2kJ+j}$
10： 　　　　　$v \leftarrow a_{2kJ+j+J}$
11： 　　　　　$A_{2kJ+j} \leftarrow (u + v \cdot \omega) \bmod q$
12： 　　　　　$A_{2kJ+j+J} \leftarrow (u - v \cdot \omega) \bmod q$
13： 　　　　end for
14： 　　end for
15：end for
return A

从循环结构的角度分析，该算法的第二层和第三层循环索引均依赖第一层循环索引，但是第二层和第三层之间没有数据依赖性，于是该两层循环可以交换执行顺序以影响旋转因子的生成方式，进而减少访存次数[12]。其中最内层循环中的操作数据流与蝶形形状类似，因此常常被称为蝶形计算，而根据抽样方式的不同可以分别得到按时域抽样的库里-图基（Cooley-Tukey，CT）型蝶形计算和按频域抽样的根特曼-桑德（Gentleman-Sande，GS）型蝶形计算。图 4-8 给出了一种能够支持 CT 型和 GS 型蝶形计算的统一蝶形单元结构。该结构只消耗一个模乘器，便可分时复用支持两种类型的蝶形计算。

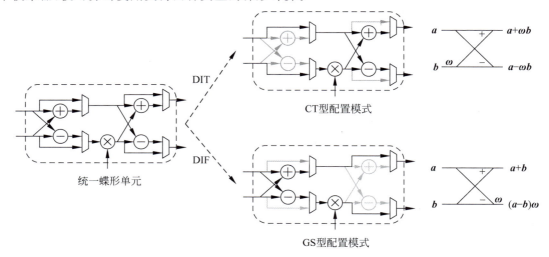

图 4-8 支持 CT 型和 GS 型蝶形计算的可配置蝶形单元

除了上述几种典型的 NTT 算法，还有很多关于 NTT 的变体形式存在。例如，基于分治合并的思想可以将范德蒙矩阵向量乘法分解直到以 4 点蝶形计算为基本运算，从而得到基 4 型 NTT 算法。理论上，基 4 型 NTT 算法的蝶形运算中含有一次常数乘法，如果该常数相对较小，那么可以选择使用移位和加法代替该常数乘法，从而只需要 3 次乘法就可以完成 4 点的蝶形运算，而基 2 型 NTT 仍然需要 4 次乘法。但是基 4 型 NTT 要求向量长度为 4 的幂次，因此其适用范围相对于基 2 型 NTT 更小。对于模数为非质数或者不满足模 $N(2N)$ 表示或的关系条件时，也可以通过切换更大的友好模数或者基于中国余数定理使用多个更小的友好模数再进行 NTT 处理。在 ARM cortex 系列或者 AVX 系列软件平台上，利用上述两种方法计算 Saber 算法中的多项式乘法，相对于汤姆-库克（TOOM-COOK）算法可以达到更快的运行速度[17]。

2. 低复杂度 NTT 算法

本节将从算法层角度入手优化多项式环上 NTT 算法，详细介绍如何降低环上 NTT 算法的计算复杂度，避免位逆序开销以及减少旋转因子的存储容量。前面章节提到的旋转因子具体指的是 N 次本原单位根的幂次形式（ω^i），而对 NTT 算法的优化将依赖旋转因子的几个性质，在算法优化推导过程中用到的 4 个性质具体如下。

（1）求和性质：

$$\sum_{j=0}^{N-1} \omega_N^{kj} = \frac{(\omega_N^k)^N - 1}{\omega_N^k - 1} = \frac{(\omega_N^N)^k - 1}{\omega_N^k - 1} = 0 \quad k \text{ 不能被 } N \text{ 整除}$$

（2）折叠性质：
$$\omega_N^{k+N/2} = -\omega_N^k$$

（3）周期性质：
$$\omega_N^{k+N} = \omega_N^k$$

（4）消去性质：
$$\omega_{dN}^{dk} = \omega_N^k \tag{4-7}$$

可以看出折叠性质可通过消去性质推导得出，而 $2N$ 次本原单位根也有类似的性质。这里以基 2 型 NTT 算法为例，其优化过程分成如下 3 个步骤进行阐述，其他基数的 NTT 算法可以类似推导而得。

1) 取消前后处理，降低模乘数量

当直接利用式(4-6)计算前向 NTT 时，前处理将需要 N 次模乘。对于向量长度为 512 或者 1024 的基于格的抗量子密码方案，预处理中的模乘数量约分别占据整个前向 NTT 的 22.2% 和 20%。文献[18]提出了在线计算旋转因子的低复杂度 NTT 硬件结构。具体来说，通过改变算法中旋转因子的初始化过程，该方法[18]将预处理部分合并到了 CT 型 DIT FFT 算法中。而本节介绍的低复杂度 NTT 则考虑的是将旋转因子预计算后再存起来，而非采用在线计算的方法。并且本节将基于文献[14]中提及的方法给出完整的推导过程，进一步揭示该合并技巧的合理性和原理所在。实际上，对于低复杂度 NTT 的推导启发于对原始的 CT 型 FFT 算法的推导过程，充分利用了分治合并的思想技巧。首先，将预处理和单独的 NTT 操作写成如下 N 项乘累加的形式

$$\hat{a}_i = \sum_{j=0}^{N-1} a_j \gamma_{2N}^j \omega_N^{ij} \bmod q, \quad i = 0, 1, \cdots, N-1 \tag{4-8}$$

然后，根据向量 a 索引的奇偶性对求和项进行划分，式(4-8)可以重新写为

$$\hat{a}_i = \sum_{j=0}^{N/2-1} a_{2j} \omega_N^{2ij} \gamma_{2N}^{2j} + \sum_{j=0}^{N/2-1} a_{2j+1} \omega_N^{i(2j+1)} \gamma_{2N}^{2j+1} \bmod q, \quad i = 0, 1, \cdots, N-1 \tag{4-9}$$

利用旋转因子的周期性质，式(4-9)可以进一步表示为

$$\hat{a}_i = \sum_{j=0}^{N/2-1} a_{2j} \omega_{N/2}^{ij} \gamma_N^j + \omega_N^i \gamma_{2N} \sum_{j=0}^{N/2-1} a_{2j+1} \omega_{N/2}^{ij} \gamma_N^j \bmod q, \quad i = 0, 1, \cdots, N-1 \tag{4-10}$$

观察到式(4-10)可以根据索引 i 的大小均分成两部分，然后再利用旋转因子的对称性质和周期性质，可以得到

$$\begin{cases} \hat{a}_i = \sum_{j=0}^{N/2-1} a_{2j} \omega_{N/2}^{ij} \gamma_N^j + \omega_N^i \gamma_{2N} \sum_{j=0}^{N/2-1} a_{2j+1} \omega_{N/2}^{ij} \gamma_N^j \bmod q \\ \hat{a}_{i+N/2} = \sum_{j=0}^{N/2-1} a_{2j} \omega_{N/2}^{ij} \gamma_N^j - \omega_N^i \gamma_{2N} \sum_{j=0}^{N/2-1} a_{2j+1} \omega_{N/2}^{ij} \gamma_N^j \bmod q, \quad i = 0, 1, \cdots, N/2-1 \end{cases} \tag{4-11}$$

考虑利用变量替换

$$\hat{a}_i^{(0)} = \sum_{j=0}^{N} a_{2j} \omega_N^{ij} \gamma_N^j \bmod q, \quad \hat{a}_i^{(1)} = \sum_{j=0}^{N} a_{2j+1} \omega_N^{ij} \gamma_N^j \bmod q \tag{4-12}$$

式(4-11)可以进一步表达为如下形式：

$$\begin{cases} \hat{a}_i = \hat{a}_i^{(0)} + \omega_N^i \gamma_{2N} \hat{a}_i^{(1)} \bmod q \\ \hat{a}_{i+\frac{N}{2}} = \hat{a}_i^{(0)} - \omega_N^i \gamma_{2N} \hat{a}_i^{(1)} \bmod q, \quad i = 0, 1, \cdots, N/2-1 \end{cases} \tag{4-13}$$

容易看到，$\hat{a}_i^{(0)}$ 和 $\hat{a}_i^{(1)}$ 本质上与式(4-8)是一样的，只是点数规模从 N 点缩小到了 $N/2$ 点。换句话说，$\hat{a}_i^{(0)}$ 和 $\hat{a}_i^{(1)}$ 分别是 $N/2$ 点关于 a_{2j} 和 a_{2j+1} 的 NTT 操作。通过这样的方式，可以将 N 点 NTT 的计算归结于两个 $N/2$ 点 NTT 计算和一级的蝶形运算。而相同的抽样过程可以递归地应用到 $\hat{a}_i^{(0)}$ 和 $\hat{a}_i^{(1)}$ 中，直到 2 点 NTT，从而使得整个 NTT 计算只需要 $\log_2 N$ 级蝶形计算。可以看到与传统 NTT 计算的区别在于蝶形计算中的其中一个乘法操作数是 N 次单位根和 $2N$ 次单位根相乘的形式，而非仅仅只有 N 次单位根。又考虑到 $\gamma_{2m}^2 \equiv \omega_m (\mathrm{mod}\ q)$，$m = 2^1, 2^2, \cdots, N$，利用旋转因子的缩放性质，可以得到

$$\omega_m^j \gamma_{2m} \equiv \gamma_{2m}^{2j+1} \equiv \gamma_{2N}^{(2j+1)N/m} (\mathrm{mod}\ q), \quad m = 2^1, 2^2, \cdots, N, \quad j = 0, 1, \cdots, m/2 - 1 \quad (4\text{-}14)$$

显然，式(4-14)中包含 N 个不同的值，也就是说只需要存储 N 个关于 γ_{2N} 的幂次值。预计算并存储 γ_{2N} 的 N 次方幂。

下面接着推导低复杂度的逆向 NTT 算法。根据式(4-6)可知，当使用传统方法计算 INTT 算法时，理论上需要 $(N/2)\log_2 N$ 次模乘操作来进行蝶形计算以及 $2N$ 次模乘操作来进行后处理。对于不大于 1024 的 N 值，后处理部分的操作需要相当大数量的模乘。具体来说，N 值分别为 512 和 1024 时，后处理中模乘的操作数量与所有蝶形计算中采用的模乘数量之比分别可以达到 44.4% 和 40%。而通过将因子 γ_{2N}^{-i} 合并到 GS 型 DIF FFT 算法中(蝶形计算中)可以推导出低复杂度逆向 NTT，并且考虑将旋转因子预计算后存放在存储器中。基于这种思想，可以再将缩放因子 N^{-1} 合并到 DIF FFT(GS 型蝶形计算)中。此时，可以消除后处理中所有的模乘操作。总的来说，这是通过 INTT 所需的预计算的旋转因子的值以及略微改变 GS 型蝶形单元形式来达到的。值得一提的是，这个方法不会增加原始蝶形计算中的模乘数量，并且不会增加预计算的旋转因子的存储空间。类似低复杂度前向 NTT 的推导，仍然可以借助另一种 GS FFT 的策略来推导低复杂度的逆向 NTT，也就是考虑在频率中采用分治合并的方法。首先，回归后处理和逆向 NTT 的定义，可以得到：

$$a_i = N^{-1} \gamma_{2N}^{-i} \sum_{j=0}^{N-1} \hat{a}_j \omega_N^{-ij} \ \mathrm{mod}\ q \quad (4\text{-}15)$$

根据 $\hat{a}$ 的索引大小，可以将求和项分成两部分，于是式(4-15)可以重新写为

$$a_i = N^{-1} \gamma_{2N}^{-i} \left(\sum_{j=0}^{N/2-1} \hat{a}_j \omega_N^{-ij} + \sum_{j=N/2}^{N-1} \hat{a}_j \omega_N^{-ij} \right) \mathrm{mod}\ q, \quad i = 0, 1, \cdots, N-1 \quad (4\text{-}16)$$

因为旋转因子的对称性质和周期性质，式(4-16)的第二个求和项范围可以从 $[N/2, N-1]$ 改变到 $[0, N/2-1]$，得到：

$$a_i = N^{-1} \gamma_{2N}^{-i} \left(\sum_{j=0}^{N/2-1} \hat{a}_j \omega_N^{-ij} + \sum_{j=N/2}^{N-1} \hat{a}_j \omega_N^{-ij} \right) \mathrm{mod}\ q, \quad i = 0, 1, \cdots, N-1$$

$$a_i = N^{-1} \gamma_{2N}^{-i} \left[\sum_{j=0}^{N/2-1} \hat{a}_j \omega_N^{-ij} + \sum_{j=0}^{N/2-1} \hat{a}_{(j+N/2)} \omega_N^{-i(j+N/2)} \right] \mathrm{mod}\ q, \quad i = 0, 1, \cdots, N-1$$

$$(4\text{-}17)$$

接下来，式(4-17)可以进一步根据 i 的奇偶性分成两部分：

$$\begin{cases} a_{2i} = N^{-1} \gamma_{2N}^{-2i} \left[\sum_{j=0}^{N/2-1} \hat{a}_j \omega_N^{-2ij} + (-1)^{2i} \sum_{j=0}^{N/2-1} \hat{a}_{(j+N/2)} \omega_N^{-2ij} \right] \mathrm{mod}\ q \\ a_{2i+1} = N^{-1} \gamma_{2N}^{-(2i+1)} \left[\sum_{j=0}^{N/2-1} \hat{a}_j \omega_N^{-(2i+1)j} + (-1)^{(2i+1)} \sum_{j=0}^{N/2-1} \hat{a}_{(j+N/2)} \omega_N^{-(2i+1)j} \right] \mathrm{mod}\ q \end{cases}$$

$$(4\text{-}18)$$

其中，$i = 0, 1, \cdots, N/2 - 1$。再利用旋转因子的缩放性质，式(4-18)可以进一步简化为

$$\begin{cases} a_{2i} = \left(\dfrac{N}{2}\right)^{-1} \gamma_N^{-i} \sum_{j=0}^{N/2-1} \left[\dfrac{\hat{a}_j + \hat{a}_{(j+N/2)}}{2}\right] \omega_{N/2}^{-ij} \bmod q \\ a_{2i+1} = \left(\dfrac{N}{2}\right)^{-1} \gamma_N^{-i} \sum_{j=0}^{N/2-1} \left\{\left[\dfrac{\hat{a}_j - \hat{a}_{(j+N/2)}}{2}\right] \omega_N^{-j} \gamma_{2N}^{-1}\right\} \omega_{N/2}^{-ij} \bmod q \end{cases} \quad (4\text{-}19)$$

令 $\hat{b}_j^{(0)} = \dfrac{\hat{a}_j + \hat{a}_{(j+N/2)}}{2} \bmod q$, $\hat{b}_j^{(1)} = \left[\dfrac{\hat{a}_j + \hat{a}_{(j+N/2)}}{2}\right] \omega_N^{-j} \gamma_{2N}^{-1} \bmod q$，有如下表达

$$\begin{cases} a_{2i} = \left(\dfrac{N}{2}\right)^{-1} \gamma_N^{-i} \sum_{j=0}^{N/2-1} \hat{b}_j^{(0)} \omega_{N/2}^{-ij} \bmod q \\ a_{2i+1} = \left(\dfrac{N}{2}\right)^{-1} \gamma_N^{-i} \sum_{j=0}^{N/2-1} \hat{b}_j^{(1)} \omega_{N/2}^{-ij} \bmod q, \quad i = 0, 1, \cdots, N/2 - 1 \end{cases} \quad (4\text{-}20)$$

回忆到式(4-15)给出的 N 点逆向 NTT 的定义，可以容易地看到式(4-20)与式(4-15)是类似的，只是点数规模降低了一半。换句话说，a_{2i} 和 a_{2i+1} 分别对应 b_0 和 b_1 的 $N/2$ 点逆向 NTT。而相同的抽样过程可用于迭代地计算 a_{2i} 和 a_{2i+1}，直到基本的点数规模变为两点。根据 $2N$ 次单位根的定义以及旋转因子缩放性质，可以得到：

$$\omega_m^{-j} \gamma_{2m}^{-1} \equiv \gamma_{2m}^{-(2j+1)} \equiv \gamma_{2N}^{-(2j+1)N/m} \pmod{q}, \quad m = 2^1, 2^2, \cdots, N, \quad j = 0, 1, \cdots, m/2 - 1 \quad (4\text{-}21)$$

显然式(4-21)中有 N 个不同的值。因此，并不需要预计算和存储额外的 $N/2$ 个旋转因子的值。而仅仅只有 N 项关于 $2N$ 次单元根的幂次值被预计算和存储下来。

2) 避免位逆序开销，并利用旋转因子性质减少存储容量

在 NTT 计算中通常还需要关注输入输出地址的顺序问题。当直接使用经典的本位型 DIT NTT 算法和 DIF INTT 算法时，需要在 NTT 运算的开始和 INTT 运算的末尾阶段采用位逆序操作。因为经典的 DIT NTT 算法输入向量为位逆序，而输出向量是顺序的。经典的 DIF INTT 算法顺序则与之相反。前人的大多数工作针对基数为 2 的情况分别推导出了避免位逆序操作的 DIT NTT 算法和 DIF INTT 算法，这主要是通过改变循环结构和旋转因子的存储结构得到的。对该思想进行推广，考虑任意基数的 NTT 算法情况，并分别提出避免位逆序开销的基 4 型 DIT NTT 算法和 DIF INTT 算法，文献[19]发表在了 2022 年的 CHES 会议上。下面使用符号 NR（RN）表示输入向量是顺序(位逆序)的，而输出向量是位逆序(顺序)的情况。并且，也将展示如何通过复用 NTT 算法的旋转因子来计算 INTT 算法。

在 DIT NTT 中，避免位逆序操作的特征表明输入向量是顺序的而输出向量是逆序的，这与经典情况相反。文献[20]通过改变循环结构和旋转因子的存储方式得到了避免位逆序操作的基 2 型 NTT 算法。受这个工作的启发，可以推导出基 4 型的避免位逆序的按时间抽样的 NTT 算法。而这样的优化技术是通过下面 3 个重要观察得到的。

(1) 与经典的 DIF INTT 算法相类比，DIT NTT 中的顺序地址流能够通过反向第一层循环得到。

(2) 为了在反向第一层循环之后仍然得到正确的结果，旋转因子的生成也要相应地进行调整。

(3) 在执行(1)中的操作之后，算法 4-4 中索引变量 j 和 k 的迭代规律刚好互换。

基于上面的这些观察，在第二项中对旋转因子的安排能够基于第三项并通过 3 个步骤来解决。第一步是将产生旋转因子的地方从最内层(即第 j 层)移动到中间层(即第 k 层)。第二步是将旋转因子幂次位置的索引 j 替换成位逆序形式之后的索引 k。最后一步是将旋转因子

的幂次值 $N/(4J)$ 替换为权重值 J。值得一提的是，这种方法也能够应用于其他基数下的 DIT NTT 算法，以避免位逆序开销。关于旋转因子生成的详细改变被描述为以下形式：

$$\begin{cases} \phi_{2N}^{N/(4J)} \Rightarrow \phi_{2N}^{J} \\ \omega_m^{2j+1} \Rightarrow \omega_m^{2\text{bit-reversed}(k)+1} \\ \omega_m^{2(2j+1)} \Rightarrow \omega_m^{2\cdot(2\text{bit-reversed}(k)+1)} \\ \omega_m^{3(2j+1)} \Rightarrow \omega_m^{3\cdot(2\text{bit-reversed}(k)+1)} \end{cases} \tag{4-22}$$

在硬件的实现过程中，旋转因子实际上是被预计算后存放在只读存储器中。因此，该工作提出完全避免位逆序的基 4 型 DIT NTT 算法如算法 4-4 所示，并给出相应旋转因子的预计算方式。

算法 4-4　基 4 型 DIT-NR NTT 算法

输入：a 表示长度为 N 的向量，q 是模数，ϕ_{2N} 是 $2N$ 次本原单位根，ω_4^1 是 4 次本原单位根。
输出：$A = \text{DIT-NR NTT}(a)$

预计算旋转因子：
1：　for $p = \log_4 N - 1$ to 0
2：　　$J \leftarrow 4^p$
3：　　$\omega_m \leftarrow \phi_{2N}^{J}$
4：　　for $k = 0$ to $N/(4J) - 1$
5：　　　$\omega\text{a1\_ROM.append}[\omega_m^{2\text{bit-reversed}(k)+1}]$
6：　　　$\omega\text{a2\_ROM.append}[\omega_m^{2\cdot(2\text{bit-reversed}(k)+1)}]$
7：　　　$\omega\text{a3\_ROM.append}[\omega_m^{3\cdot(2\text{bit-reversed}(k)+1)}]$
8：　　end for
9：end for

执行基 4 DIT-NR NTT：
10：for $p = \log_4 N - 1$ to 0
11：　$J \leftarrow 4^p$
12：　$r \leftarrow 0$
13：　for $k = 0$ to $N/(4J) - 1$
14：　　$\omega_1 \leftarrow \omega\text{a1\_ROM}[r]$
15：　　$\omega_2 \leftarrow \omega\text{a2\_ROM}[r]$
16：　　$\omega_3 \leftarrow \omega\text{a3\_ROM}[r]$
17：　　$r \leftarrow r + 1$
18：　　for $j = 0$ to $J - 1$
19：　　　$T_0 \leftarrow (a_{4kJ+j} + a_{4kJ+j+2J} \cdot \omega_2) \bmod q$
20：　　　$T_1 \leftarrow (a_{4kJ+j} - a_{4kJ+j+2J} \cdot \omega_2) \bmod q$
21：　　　$T_2 \leftarrow (a_{4kJ+j+J} \cdot \omega_1 + a_{4kJ+j+3J} \cdot \omega_3) \bmod q$
22：　　　$T_3 \leftarrow (a_{4kJ+j+J} \cdot \omega_1 - a_{4kJ+j+3J} \cdot \omega_3) \bmod q$
23：　　　$A_{4kJ+j} \leftarrow (T_0 + T_2) \bmod q$
24：　　　$A_{4kJ+j+J} \leftarrow (T_1 + T_3 \cdot \omega_4^1) \bmod q$
25：　　　$A_{4kJ+j+2J} \leftarrow (T_0 - T_2) \bmod q$
26：　　　$A_{4kJ+j+3J} \leftarrow (T_1 - T_3 \cdot \omega_4^1) \bmod q$
27：　　end for
28：　end for
29：end for
return A

在 DIF-RN 型 INTT 算法中，避免位逆序的特征意味着输入向量是以位逆序的形式接收而输出向量是以顺序的形式输出，这与经典的 DIF INTT 算法是不相反的。基于 DIT-NR NTT

算法，能够通过直接逆向算法 4-5 中的第一行，再将 NTT 中的旋转因子用它的逆元替代。然而，这样的方法无法得到一个低存储开销的实现。正如 NIST 发布的 Kyber 算法的软件实现，基 2 型 DIF INTT 中的旋转因子可以利用折叠性质复用基 2 型 DIT INTT 中的旋转因子

$$\phi_{2N}^{N} = -1 \bmod q \Rightarrow \phi_{2N}^{-i} = -\phi_{2N}^{N} \cdot \phi_{2N}^{-i} \bmod q = -\phi_{2N}^{N-i} \bmod q$$

基 4 型 DIT-NR NTT 中的旋转因子仍然能够被基 4 型 DIF-RN 中的逆向 NTT 复用，这需要借助旋转因子的性质和合适的计算调度。首先，为了将 ϕ_{2N} 上的负指数转换成正数，根据旋转因子的折叠性质和消去性质推导出 3 个技巧：

$$\phi_{2N}^{-i} \bmod q = \phi_{2N}^{-N/2} \cdot \phi_{2N}^{N/2-i} \bmod q = \omega_4^{-1} \cdot \phi_{2N}^{N/2-i} \bmod q = -\omega_4^{1} \cdot \phi_{2N}^{N/2-i} \bmod q$$

$$\phi_{2N}^{-i} \bmod q = -\phi_{2N}^{N} \cdot \phi_{2N}^{-i} \bmod q = -\phi_{2N}^{N-i} \bmod q$$

$$\phi_{2N}^{-i} \bmod q = \phi_{2N}^{-3N/2} \cdot \phi_{2N}^{3N/2-i} \bmod q = -\phi_{2N}^{-N/2} \cdot \phi_{2N}^{3N/2-i} \bmod q$$

$$= -\omega_4^{-1} \cdot \phi_{2N}^{3N/2-i} \bmod q = \omega_4^{1} \cdot \phi_{2N}^{3N/2-i} \bmod q \tag{4-23}$$

然后将这 3 个技巧代入式(4-22)中，得到逆向的旋转因子：

$$\begin{cases} \omega_m^{-(2j+1)} \Rightarrow -\omega_4^{1} \cdot \omega_m^{N/2-[2\text{bit-reversed}(k)+1]} \\ \omega_m^{-2(2j+1)} \Rightarrow -\omega_m^{N-[2 \cdot (2\text{bit-reversed}(k)+1)]} \\ \omega_m^{-3(2j+1)} \Rightarrow \omega_4^{1} \cdot \omega_m^{3N/2-[3 \cdot (2\text{bit-reversed}(k)+1)]} \end{cases} \tag{4-24}$$

注意，因子 ω_4^{1} 能够通过调度到与算法 4-4 中的因子 $-\omega_4^{1}$ 相乘。因此，将式(4-24)应用到算法 4-4 中的两层结构的蝶形运算中并不会增加原始的复杂度。最终，复用算法 4-4 中生成的旋转因子，可推导出完整的避免位逆序的 DIF INTT，详见算法 4-5。

算法 4-5　基 4 型 DIF-RN INTT 算法

输入：a 表示长度为 N 的向量，q 是模数，$\omega a1\_ROM$，$\omega a2\_ROM$，$\omega a3\_ROM$ 是算法 4-4 生成的 3 个阵列。
输出：$A = \text{DIF-RN INTT}(a)$

1: **for** $p = 0$ to $\log_4 N - 1$
2: $\quad J \leftarrow 4^p$
3: $\quad r \leftarrow \dfrac{N-1}{3} - 1$
4: $\quad$ **for** $k = 0$ to $N/(4J) - 1$
5: $\qquad \omega_1 \leftarrow \omega a1\_ROM[r]$
6: $\qquad \omega_2 \leftarrow \omega a2\_ROM[r]$
7: $\qquad \omega_3 \leftarrow \omega a3\_ROM[r]$
8: $\qquad r \leftarrow r - 1$
9: $\qquad$ **for** $j = 0$ to $J - 1$
10: $\qquad\quad T_0 \leftarrow \dfrac{1}{2} \cdot (a_{4kJ+j} + a_{4kJ+j+2J}) \bmod q$
11: $\qquad\quad T_1 \leftarrow \dfrac{1}{2} \cdot (a_{4kJ+j+2J} - a_{4kJ+j}) \cdot \omega_4^{1} \bmod q$
12: $\qquad\quad T_2 \leftarrow \dfrac{1}{2} \cdot (a_{4kJ+j+J} + a_{4kJ+j+3J}) \bmod q$
13: $\qquad\quad T_3 \leftarrow \dfrac{1}{2} \cdot (a_{4kJ+j+3J} - a_{4kJ+j+J}) \bmod q$
14: $\qquad\quad A_{4kJ+j} \leftarrow \dfrac{1}{2} \cdot (T_0 + T_2) \bmod q$
15: $\qquad\quad A_{4kJ+j+J} \leftarrow \dfrac{1}{2} \cdot (T_1 + T_3) \cdot \omega_1 \bmod q$

16: $A_{4kJ+j+2J} \leftarrow \frac{1}{2} \cdot (T_2 - T_0) \cdot \omega_2 \bmod q$

17: $A_{4kJ+j+3J} \leftarrow \frac{1}{2} \cdot (T_3 - T_1) \cdot \omega_3 \bmod q$

18:   end for

19: end for

20: end for

return A

3. NTT算法的硬件架构设计

1) 设计维度

文献[10]、文献[12]和文献[21]中的工作接连提出了基于 NTT 加速器的可配置密码系统的工作,以支持不同的向量长度和模数。文献[10]的工作聚焦物联网设备中的能量效率优化,提出了基于两个蝶形单元的 NTT 加速器。文献[12]主要面向 5G 应用中的高吞吐率需求,提出了带有 32 个蝶形单元的处理器。为了支持对各种安全参数的配置以及满足不同计算平台上的资源约束,本节提出了一个可扩展的 NTT 乘法架构。基于这样的设计方法,可以产生面向不同的应用场景的轻量级或者高性能的 NTT 加速器。可扩展本位 NTT 乘法框架考虑了 4 个维度的灵活性:向量长度 N、不同的模数 q、不同的蝶形单元个数 d 和不同的基数 R。对于向量长度 N 和模数 q 的配置比较容易获得,可以在 NTT 每级复杂的访存模式下支持不同的基数和多个并行的蝶形单元却成为一个相对困难的问题。事实上,互连网络是 NTT 硬件的一个重要的部件,它保证能够没有冲突地取走和存储数据点,从而避免了流水线阻塞。例如,文献[12]增加了并行蝶形单元的个数,可以在基 2 型 NTT 硬件中取得较高的吞吐率。为了得到正确的存储访问,该文献提出了一种需要 6 种配置模式的置换网络。

关于 NTT 的并行硬件架构有很多,本节重点讨论基于交织存储系统的本位数论变化的硬件架构。如果基数为 R 的本位 NTT 考虑 d 个蝶形单元的并行度,那么需要支持 $R \times d$ 个存储访问操作的并行执行。可以通过将存储系统划分成 $R \times d$ 独立的存储块来增加存储带宽,这样的系统称为交织存储系统。随后给出的例子说明,将数据点分布存储到交织存储系统中以获得无冲突的访问是一个比较困难的问题。

2) 数据冒险与访存冲突问题

在流水线 NTT 硬件结构中,当阶段 k 的读取操作在阶段 $k+1$ 的写操作之前执行时,就会发生时间冲突[13]。图 4-9 提供了一个用于解释此读后写(Read After Write,RAW)冲突的 16 点本位基 2 型 NTT 的示例。当第 0 级的 4 个数据点 (a_0, a_1, a_2, a_3) 被读出存储块的同时,第一级的第一轮操作刚好将这 4 个数据点写入存储块中,这个时刻就是时间冲突的临界点。

在 NTT 每级的计算过程中,如果多个数据点被映射到同一个存储块上,则需要对单个存储块地址同时进行多个读操作或者写操作,这可能会导致所谓的空间冲突。文献[22]提出了针对任意基数的本位 NTT 的存储映射方案,以 8 点基 2 型变换为例,其具体形式如图 4-10(a)所示。然而,文献[14]指出这种方案并不适合将多个蝶形单元放置在每级计算中的情况。以带有两个蝶形单元的 8 点基 2 型 FFT 算法为例,其所导致的存储冲突如图 4-10(b)所示。在第二级的第一轮操作中,4 个行地址 $\{0,4,1,5\}$ 被映射到了索引为 $\{0,1,1,2\}$ 的索引块上。显然,行地址 $\{4,1\}$ 被映射到了相同的索引号为 1 的存储块上,从而导致了访问冲突。

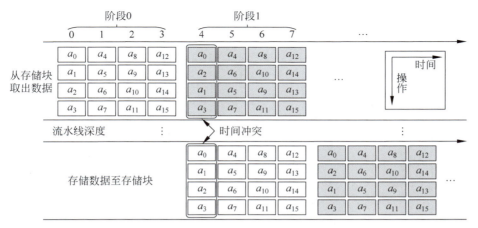

图 4-9　16 点本位基 2 型 NTT 流水线计算中时间冲突问题

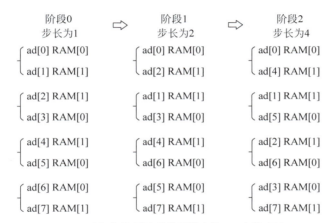

(a) 以8点基2型变换为例的本位NTT存储映射

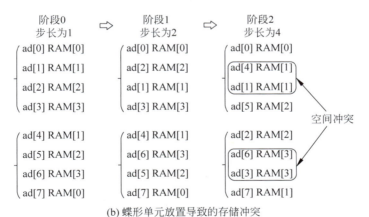

(b) 蝶形单元放置导致的存储冲突

图 4-10　8 点本位 NTT 计算中空间冲突问题

3）基于多个 bank 的 NTT 硬件架构

本节介绍的基 2 型和基 4 型可扩展 NTT 乘法结构能够被例化为不同的向量尺寸 N，模数 q 和并行的蝶形单元个数 d。正如图 4-11 所示，整个架构由 8 个不同的模块构成。其中，地址生成器主要由计数器和移位逻辑构成，在基 2 型和基 4 型 NTT 中，存储器映射单元主要由

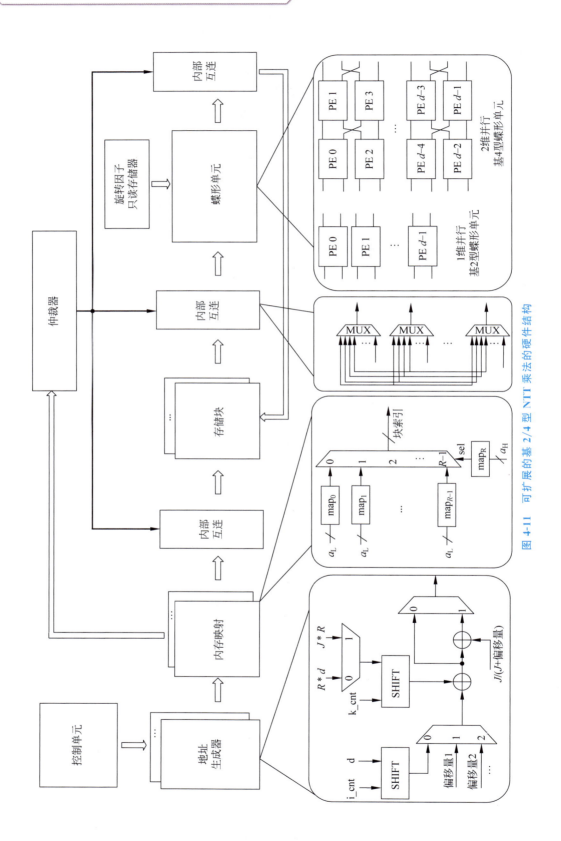

图 4-11 可扩展的基 2/4 型 NTT 乘法的硬件结构

一些异或逻辑门和 4 到 1 或者 2 到 1 的选择器构成。其中的仲裁模块将存储块索引进行解码作为选择信号来控制三个互连网络。基 2 型 NTT 中的互连网络的扇入个数是基 4 型 NTT 的 4 倍左右。因为在相同的并行度下，基 2 型 NTT 的存储块消耗的数量是基 4 型的两倍。这样的差异也会潜在地影响基 2 型与基 4 型 NTT 加速器之间存在的性能差别。另一个明显的特征是基 2 型 NTT 中一维的蝶形单元被扩展成了基 4 型 NTT 中的二维的蝶形计算，这是造成存储块数量差异的主要原因。这里预计算后的旋转因子存放在了 ROM 里。因为复用了正变换中的旋转因子到逆变换中，因此总的需要存储的旋转因子的类型为 $N-1$ 个字。基 4 型 NTT 计算架构需要向量长度为 4 的幂次，它可以被用在第三轮的抗量子密码中，如 Falcon-1024 算法（$N=1024, q=12289$），Dilithium 算法（$N=256, q=2^{23}-2^{13}+1$）和 Saber[23] 算法（$N=256$）。然而，Falcon-512 算法（$N=512, q=12289$）可以用于基 2 型 NTT 计算架构。本节以 1024 个数据点的向量长度 N 和 14-bit 的模数 q 作为案例，实现带有不同数量蝶形单元的基 2 型和基 4 型 NTT 内核硬件。

4）蝶形单元设计

蝶形计算是 NTT 的基本计算单元，而大多数文献提出了支持基 2 型 NTT 和 INTT 算法的可配置蝶形计算结构。在本节将给出支持基 4 型 CT 和 CS 蝶形单元的统一结构，分别支持 NTT 和 INTT 计算，从而得以重用硬件资源。与基 2 型 NTT 的单层蝶形计算结构不同，基 4 型 NTT 采用两层的蝶形计算结构，而基 4 型 DIT NTT 和基 4 型 DIF INTT 都可以用 4 个可配置的处理元件来执行。

图 4-12 描述了 PE0～PE3 的具体架构。当多路复用器选择信号 sel 被设置为 0 或 1 时，这 4 个处理元件分别被配置为执行 DIT NTT 或 DIF INTT 操作。到目前为止，只需要 4 个模加法器、模减法器和模乘器来实现 NTT/INTT 蝶形运算。对于参数化硬件设计，Montgomery 约简和巴雷特约简是两种常用的方法。文献[24]表明当模数的位宽比 32 位更小时，使用巴雷特约简算法更合理。因此，模乘数遵循如图 4-12 所示的巴雷特约简方法。模乘法器设计为 4 个流水阶段，其中的关键路径是 n 位乘法。参数 μ 被定义为 $\lfloor 2^{2n}/q \rfloor$，可以预先计算以进行配置。通过添加稍微额外的控制逻辑，基 4 型蝶形单元也可以执行频域点乘法、模加/减法。

图 4-13 展现了 PE 阵列中的可配置的路由结构。当信号 sel_p 设置为 0 时，第一列中的 PE 将接收来自存储块的数据点，并进行第一层蝶形操作。第二列中的 PE 接收第一层计算结果，执行第二层蝶形操作。当信号 sel_p 设置为 1 时，配置正好相反。通过应用这个统一的 PE 阵列，硬件资源实现可以减少大约 50%。另外，统一基 8 型或更高基数的 NTT 和 INTT 蝶形操作将更加困难，因为它们的操作对称性较难被挖掘，且布线结构会更加复杂。

4.2.2 基于 Karatsuba 的多项式计算

当多项式系数的模数不满足适用于 NTT 算法的条件时，Karatsuba 算法成为另一种流行的加速多项式乘法的算法。本节将以文献[7]中提出的 LWRpro 为例，介绍一种基于 Karatsuba 算法的多项式乘法硬件结构，用于密码方案 Saber 的加速引擎。LWRpro 优化了文献[25]中提出的层次化 Karatsuba 框架，使 256 阶的多项式计算大约可以在 81 个时钟周期内完成。而且，该架构采用了一种高效的 Karatsuba 调度策略，集成了紧凑的预处理电路和几种必要的模块，共同实现了高性能的多项式计算。

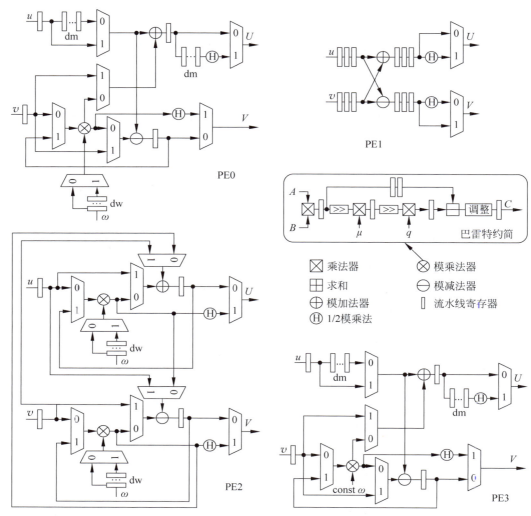

图 4-12 可配置的基 4 型蝶形计算单元

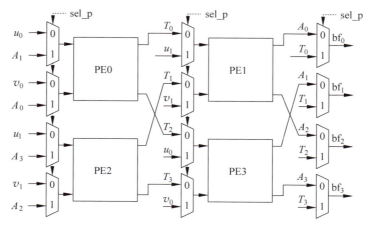

图 4-13 可配置的基 4 型蝶形计算单元布线结构

1. 层次化的 Karatsuba 框架

在传统的公钥密码方案 ECC 或 RSA 中,已深入地研究各种类型的 Karatsuba 脉动乘法器[26-28]。图 4-14 给出了一种对应一级 Karatsuba 算法的全并行阵列计算架构,它借鉴了文献[29]中提出的优化方法。这个架构每次能够实现阶为 d 的多项式乘法,并且采用了 3 个相对较小的处理单元阵列同时执行 3 个阶为 $d/2$ 的多项式乘法。Karatsuba 算法由 3 个阶段构成,分别是预加法处理、乘法和后加法处理。预加法处理和后加法处理指的是在 Karatsuba 算法中乘法操作之前的模加/减操作和之后的模加/减操作。采用一级层次的 Karatsuba 算法能够将乘法操作从 4 次减少为 3 次,取得 25% 的开销减少。该算法能够进一步递归地使用,从而节省更多的乘法操作。

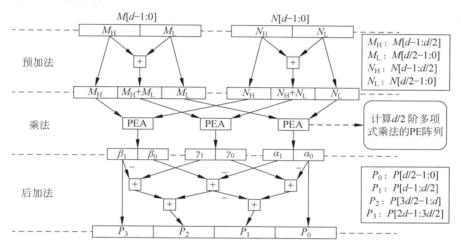

图 4-14　基于 Karatsuba 算法执行阶为 d 的多项式乘法

然而,该结构并不能完美地适用于 Saber 中多项式乘法的计算,因为 Saber 中多项式乘法的计算尺度比 ECC 和 RSA 要更大。文献[25]提出了一种层次化 Karatsuba 框架来加速大整数乘法,包括核心硬件结构和调度策略。图 4-15 描述了一种层次化 Karatsuba 全展开的结构,具体针对的是执行阶为 $2d$ 的多项式乘法 $M \times N$。该图假设每个系数的位宽是 w 位的。内核硬件指的是一个与图 4-14 类似的 Karatsuba 乘法器,它每次能够执行阶为 d 的多项式乘法。该调度结构包含了预处理和后处理电路,分别对应调度层的预加法处理和后加法处理阶段。如图 4-15 伪代码所描述的,该调度策略是一个具体的描述状态机的算法,用于调度内核硬件。选择器的选择信号和寄存器的更新使能信号都被该状态机所控制。乘法最终的结果存储在寄存器组 r_3、r_2、r_1 和 r_0 中,每个寄存器组能够存储 $d/2$ 个多项式。图 4-15 中描述的是一级 Karatsuba 算法的调度策略,能够进一步扩展到多级 Karatsuba 算法。文献[25]利用了一个两级的层次化 Karatsuba 框架。与文献[7]的工作类似的是,文献[25]并没有考虑输入端的加法器和寄存器的模块复用。与文献[7]的工作不同的是,文献[25]在输出方有一层的寄存器复用。

层次化 Karatsuba 计算框架分为两部分:内核计算层和调度层,详见算法 4-6。对于 Saber 算法的硬件实现,如何平衡两个层次的分量是一个关键点。尽管 Karatsuba 算法在这两个层次上都能一定程度上减少乘法操作的数量,但内核层是在空间维度上对乘法操作进行并行,而调度层则是在时间维度上安排乘法操作的执行顺序。当在内核层安排更多层级

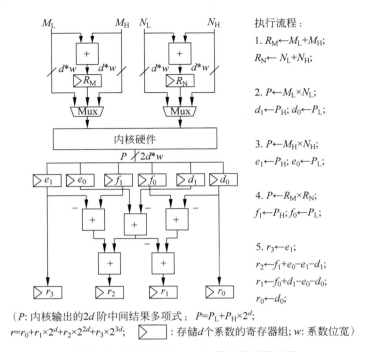

图 4-15　层次化 Karatsuba 算法的硬件结构

Karatsuba 算法时,所需要的乘法器数量将增加,但相应的延迟会随着面积的增加而减少。

算法 4-6　LWRpro 中 256 阶多项式乘法的层次化 Karatsuba 计算框架

输入：A,B 为 256 阶多项式
输出：Res$=A\times B \mod x^{256}+1$
  1： $j=0$;
  2： **for** $i=1$ to 81
  3： // 预处理
  4： $(\text{PreRegA},\alpha_i')\leftarrow\text{Preprocess}(\text{PreRegA},\text{InAi})$;
  5： $(\text{PreRegB},\beta_i')\leftarrow\text{Preprocess}(\text{PreRegB},\text{InBi})$;
  6： // 内核计算
  7： $(P_H,P_L)\leftarrow\text{Kernel\_degree16mul}(\alpha_i',\beta_i')$;
  8： // 后处理
  9： $(t_7,t_6,\cdots,t_0)\leftarrow\text{Map2level}(P_H,P_L)$;
  10：   **if** 64 阶子多项式乘法计算完成 且 $j\leqslant 7$ **then**
  11：   Res$\leftarrow$Res$+$Map2level_serial(t_j);
  12： $j=j+1$
  13： **end if**
  14：**end for**
return Res

Saber 算法中的主要计算任务是对 256 阶的多项式乘法。LWRpro 中内核硬件的设计如图 4-16 所示,这是图 4-14 的 4 级递归版本。计算的 3 个阶段通过 2 排寄存器进行分隔：R_{KA}/R_{KB} 和 R_{KC}。内核预加法和内核后加法电路是一系列加法器,用于形成图 4-14 中相应电路的 4 级递归版本。内核层由 81 个乘法器和额外的加法器组成,能够在一次调用中处理 16 阶多项式乘法。在 LWRpro 中,调度层需要将 Saber 算法中的原始任务(即 256 次多项式乘法)转换为内核硬件的处理能力,即用 Karatsuba 方式进行的 16 阶多项式的乘法。整个层次化 Karatsuba 框架的算法示意如算法 4-7 所示。包含 16 个系数的向量输入通过预处理电路转换为 Karatsuba 输入,同时更新预处理寄存器。内核硬件处理 Karatsuba 输入的乘法,阶为 64 的子多项式乘法结果通过后处理电路的一部分映射到存储 128 个系数的中间寄存器 t 上。然后,通过后处理电路的另一部分,每个中间寄存器被逐个映射到最终结果上。

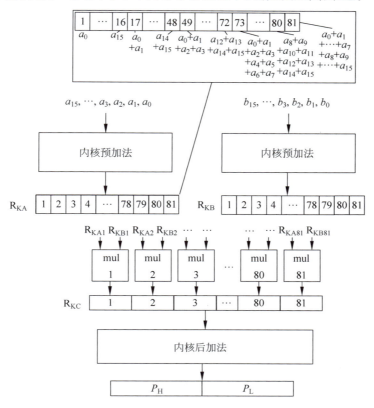

图 4-16 基于 4 级 Karatsuba 算法的内核硬件结构

在层次化框架中,Karatsuba 算法的 4 个层次安排在内核层,另外 4 个层次安排在调度层,这样的安排可以在延迟和面积之间实现更好的权衡。总共 8 个层次的 Karatsuba 算法能够将 256 阶多项式乘法转换为逐项系数的乘法。由于 Karatsuba 算法本身能减少 1 次乘法,故每个 Karatsuba 算法层次能够减少 25% 的乘法操作,LWRpro 中的 8 个层次最多可节省 90% 的乘法操作,从而将 256 阶多项式乘法中的系数的次数逐项从 65536 减少到 6521。当在内核硬件中涉及更多层次的 Karatsuba 算法时,需要 243 个或更多的乘法器。这超出了合理的面积范围,相应地,内存带宽也太大。当调度层中涉及更多层次的 Karatsuba 算法时,需要更复杂的预处理和后处理结构,延迟也会比当前设计更高。这就是在 LWRpro 中需要考虑这种权衡的原因。与仅配备内核硬件的设计相比,在调度层中的 4 个层次将在 LWRpro 中将计算 256 阶多项式乘法的周期数从 256 减少到 81,实现了 3.16 倍的加速。

Karatsuba 乘法器的结构被前人大量研究因而相对成熟,内核硬件的开销则相对固定。然而,关于调度层的结构和开销优化仍有很大的讨论空间。为了方便比较,我们评估了完全展开结构的开销,并通过在输出端删除相应层次的寄存器自然地估算工作[25]中采用部分重用结构的开销。假设调度层中有 p 级别的 Karatsuba 算法,并且内核硬件能够在一次调用中处理

阶为 d 的多项式乘法。在输入端,来自调度层 p 级别 Karatsuba 算法的有 $3p$ 个 d 系数的中间项生成,对于每个多项式,已经有 $2p$ 项系数存储在输入内存中。此外,每个寄存器都配备有一个独立的加法器。因此,通过 1-系数寄存器的数量估算预处理寄存(INreg)的面积,通过 1-系数输入宽度加法器的数量估算预处理加法器(INadd)的面积:

$$\begin{cases} \text{INreg} \propto 2 \times (3^p - 2^p) \times d \\ \text{INadd} \propto (3^p - 2^p) \times d \end{cases} \tag{4-25}$$

在一级调度结构的输出端(如图 4-17 所示,$p=1$),有 3 组寄存器,每组由 $2p$ 个 d 系数寄存器组成,有 5×2^p 个 1-系数输入宽度的加法器生成最终结果。当计算任务的规模增加并且在调度层添加一级 Karatsuba 算法时,新层次中需要 3 倍的寄存器组以及每个寄存器组的一半容量开销。对于加法器也是一样的。根据相同的估算方法,预处理寄存器(OUTreg)和预处理加法器(OUTadd)的数量估算如下:

$$\begin{aligned} \text{OUTreg} &\propto \sum_{i=1}^{p} 3^i \times 2^{p-i+1} \times d \\ \text{OUTadd} &\propto \sum_{i=1}^{p} 5 \times 3^{i-1} \times 2^{p-i} \times d \end{aligned} \tag{4-26}$$

当 $p \geq 2$,例如,$p=4$ 时,调度层的开销变得更大,因此将需要更多的预处理和后处理开销。

2. 适用于硬件实现的 Karatsuba 调度方法

在层次化 Karatsuba 框架中,后处理结构用于临时存储乘法结果,以支持调度层的后处理加法阶段。文献[7]中提出了有序的高效 Karatsuba 硬件调度(SHEKS)策略来优化这一开销。SHEKS 的主要目标是允许 Karatsuba 算法中的每个乘法完全影响最终结果,而无需额外的寄存器。在图 4-17 中,r_1、r_2 中的最终值受到所有 3 个乘法的影响。这是由于调度层中 Karatsuba 算法的后处理加法阶段的影响。如果每个乘法的结果中的所有地址已经预分配,并且允许每个乘法结果传播到所有受影响的位置,那么就不再需要额外的寄存器。图 4-15 的 SHEKS 版本如图 4-18 所示。每个乘法的结果通过不同的路径影响相应的结果寄存器。

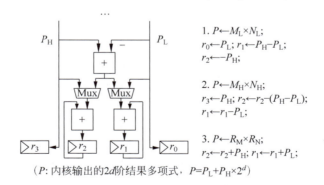

(P:内核输出的 $2d$ 阶结果多项式,$P = P_L + P_H \times 2^d$)

图 4-17 1 级 SHEKS 调度层中的后处理

与图 4-15 相比,图 4-18 节省了所有 6 个 16 系数大小的寄存器组 d、e、f 以及两个宽度为 16 系数大小的加法器组。额外的开销是一些选择器。SHEKS 的思想可以扩展到调度层中更多层次的 Karatsuba 算法,其开销可以进行估算。除了最左侧和最右侧的结果寄存器组外,所有的结果寄存器组都需要一个相应的累加加法器组。此外,当 $p \geq 2$ 时,需要计算中间值的 2

个加法器组 P_H-P_L 和 P_H+P_L,因此相应的开销表示为:

$$\begin{cases} \text{OUTreg} \propto 0 \\ \text{OUTadd} \propto 2^{p+1} \times d \end{cases} \quad (4\text{-}27)$$

对于 $p=4$ 的 Saber 算法的实现,直接应用 SHEKS 的加法器数量略高。此外,由于存在模多项式 x^n+1,需要在最终结果上进行减法多项式操作,因此需要更多的加法器。因此,在 LWRpro 中插入了一个新的寄存器层,用于临时存储阶为 64 的子多项式乘法结果,然后逐个将这些值映射到最终的存储器中。表 4-4 列出了使用 2 级 Karatsuba 算法计算阶为 64 的多项式乘法的 SHEKS 结构的映射规则,即算法 4-7 中的 Map2level 函数,其对应的具体结构如图 4-18 所示。

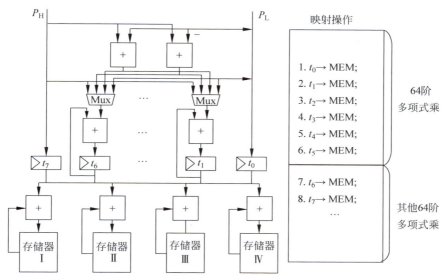

图 4-18　4 级 Karatsuba 算法实现中调度层的输出端电路

表 4-4　2 级 Karatsuba 算法的后处理时空映射表

	t_0	t_1	t_2	t_3	t_4	t_5	t_6	t_7
$\alpha_0 \times \beta_0$	$+P_L$	$+P_H-P_L$	$-P_H-P_L$	$-P_H+P_L$	$+P_H$			
$(\alpha_0+\alpha_1)\times(\beta_0+\beta_1)$		$+P_L$	$+P_H$	$-P_L$	$-P_H$			
$\alpha_1 \times \beta_1$		$-P_L$	$-P_H+P_L$	$+P_H+P_L$	$+P_H-P_L$	$-P_H$		
$\alpha_2 \times \beta_2$			$-P_L$	$-P_H+P_L$	$+P_H+P_L$	$+P_H-P_L$	$-P_H$	
$(\alpha_2+\alpha_3)\times(\beta_2+\beta_3)$				$-P_L$	$-P_H$	$+P_L$	$+P_H$	
$\alpha_3 \times \beta_3$				$+P_L$	$+P_H-P_L$	$-P_H-P_L$	$-P_H+P_L$	$+P_H$
$(\alpha_0+\alpha_2)\times(\beta_0+\beta_2)$			$+P_L$	$+P_H-P_L$	$-P_H$			
$(\alpha_0+\alpha_1+\alpha_2+\alpha_3)\times(\beta_0+\beta_1+\beta_2+\beta_3)$				$+P_L$	$+P_H$			
$(\alpha_1+\alpha_3)\times(\beta_1+\beta_3)$				$-P_L$	$-P_H+P_L$	$+P_H$		

注:α_i、β_i 分别表示操作数 A、B,256 阶多项式中的第 i 个 16 阶子多项式。

当执行一次阶为 64 的多项式乘法时,临时结果存储在寄存器组数组 t 中。在此期间,一个寄存器组的值也按照 SHEKS 规则在每个周期内映射到最终存储器。不同的是,映射机制是串行的,故与图 4-17 中的并行方式不同。而且,映射规则在阶为 256 的多项式中的不同阶为 64 的多项式之间是变化的,它遵循表 4-4 的串行版本,即算法 4-7 中的 Map2level_serial 函数。8 个周期的映射时间完全被 9 个周期的阶为 64 的乘法时间隐藏。此外,最终结果的多项式减法操作被添加到映射规则中,并在映射操作期间执行。

4.2.3 其他任务级模块

1. 排序

多个抗量子密码方案中皆利用了排序操作,将一个给定的数组在恒定时间下进行完全随机的排列,包括 NTRU 和 McEliece 等。因此,排序操作引入了位置上的随机性,在抗量子密码方案中有着不可或缺的地位。在密码算法的硬件实现中,除了考虑速度、面积和功耗等实现指标,还需要将操作以恒定时间的方式进行硬件落地,以避免被潜在的与时间相关的侧信道攻击获取到重要信息。而在传统的设计工作[30-32]中,排序器是基于合并树类型的设计,这并不是恒定时间的。而在基于排序网络的设计工作[31]中,不规则的 FIFO 和存储访问模式也会造成非恒定时间的执行模式。

文献[33]提出了一种仅使用一个比较器的标量合并排序器,但其运行速度较低。文献[34]提出了基于 FIFO 的并行合并排序器。该设计采用了 $\log_2(l)$ 级来对长度为 l 的数组进行排序,除了最后一个阶段外,每个阶段都有两个比较器。每个比较器的输入是两个已排序的列表,输出是一个具有双倍输入长度的排序结果列表。而且,每个输入列表都存储在单独的存储器中。但由于并非所有存储空间都包含有效数据,将它们都存在内存会造成浪费。在文献[34]中,需要大约 $3l$ 个周期对一个包含 l 个元素的列表进行排序。并且元素的内存需求被评估为 $4(1+2+4+\cdots+2^{\log_2(l-2)})+2(2^{\log_2(l-1)}) \approx 3l$。基于两个经过修订的位双调排序网络实现了一个基于反馈机制的恒定时间硬件设计。

本节介绍文献[35]中提出的排序操作的硬件结构(称为 SOT 模块)。SOT 的硬件设计基于迭代的合并排序算法。如图 4-19 所示,在第一次迭代中,每 4 个元素进行排序。在随后的迭代中,两个已排序的输入数组 Arr_0 和 Arr_1 被导入排序网络中,以获得更长的已排序数组 Arr_{out}。它从 12 个输入元素中选择 4 个最小的元素,而剩余的 8 个元素则在下一个周期中重新进入输入端以进行比较。为了实现这个功能,使用了两个 8-4 修订的双调排序网络,每个网络从 8 个输入中选择 4 个最小的元素并重新排列剩余的 4 个元素。值得注意的是,为了确保

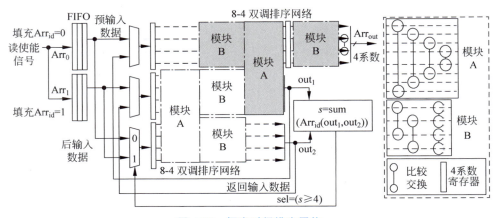

图 4-19 恒定时间排序网络

该功能的正确性,每个已排序的输入数组中必须至少保留 4 个元素。因此,在加载到输入 FIFO 中时,对每个系数都添加了一个指示其来源(Arr_0 或 Arr_1)的标志。在这个前提下,每个周期中的 4 个输出系数被证明是输入数组剩余元素中最小的。与此同时,通过累积这个周期中剩余 8 个元素的标志,可以确定下一个输入的来源。如果累加结果不小于 4,则下一个周期中至少有 4 个系数来自 Arr_1。然后,用于传入输入的选择信号将在 Arr_0 的 FIFO 中被使能。在输入端部署两个 FIFO 可以缓冲数据,以满足内存访问和排序器的带宽要求。在这项工作中,SOT 模块的设计也是恒定时间,但对于 1021 点排序需要消耗 2340 个周期数目。与文献[33]中基于 FIFO 的设计相比,SOT 模块通过增加一些额外的比较器,消除了 98.2% 的系数存储。

2. 高斯消元

在文献[33]和文献[36]中,前人提出了支持二值 GAE 的阵列处理器结构。然而,对于 $GF(2^n)$ 类型矩阵,文献[33]中的方形处理器阵列涉及多个求逆模块。通过预先计算求逆操作得到结果而专用查找表实现,会导致较大的面积开销。此外,方形处理器阵列不适合被其他模块重用。本节将介绍文献[35]中提出的恒定时间向量型高斯消元硬件架构。

对于大小为 $L \times K$ 的矩阵,GAE 的执行分为 $\frac{L}{v}$ 个阶段,每个阶段被分为多个步骤,其中 v 表示向量长度。每个阶段和步骤的定义与文献[36]中相同。在算法 4.7 中,设计实例化了两个附加的存储块,即 orderlist 和 scalelist,用于存储重新组织的行顺序和缩放向量。数据矩阵被分成了多个列块,每个阶段的第一步计算一个列数据块,以便得到最终形式。在后续步骤中,在剩余的列块上重复执行这个过程。此外,一个步骤中有两个嵌套的循环:外部行循环和内部 elirow 循环。执行流程遵循算法 4-8 的原理。在每个阶段的第一步中,如果在 elirow 循环中尚未找到主元行并且输入向量中的主元值不为零,则选择此向量作为主元行并实施归一化过程。同时,在 orderlist 中选择索引,并在 scalelist 中记录归一化因子。如果这个向量不是主元行,则在输入向量和 Rrow 之间执行相应的消元操作,其中缩放因子来自输入向量的主元位置的元素。如果步骤不是第一步,则主元行是 orderlist 中的索引,缩放因子来自 scalelist。

输出向量在进行归一化时被写入内存的 rowth 地址,或在进行消除时被写入模 L 的递增地址。此外,起始地址为第 (row+1) 行。如果在 [row, L] 的行范围内找不到主元行,则递增地址将超过 L,这表明此矩阵是奇异的。GAE 硬件模块如图 4-20 所示。除了 L 和 K 的参数之外,每个步骤分别以"阶段值""是否第一步"和"内存的基地址"作为输入进行单独的配置。行循环和 elirow 循环都被安排在 GAE 模块中。在消除过程中,执行的是

$$Rrow \times A\_in(pivotloc) + A\_in$$

而不是

$$A\_in \times Inv(A\_in(pivotloc)) + Rrow$$

从而节省了大部分的求逆操作。相比之下,文献[33]中提出的基于 6 个查找表的求逆模块将一直执行求逆操作。

Rainbow 和 McEliece 中涉及三维矩阵操作和大尺寸的 GF(2) 向量化矩阵操作。这两种类型的操作都通过向量化的乘法和累积(即 MAO 模块)实现。如图 4-20 和图 4-21 所示,在 MAO 模块中首先将一个向量加载到 Rvec 中,然后执行新读取的向量和来自 Rvec 的一个系数之间的缩放向量化乘法。运算结果将在 MAO 模块的结果缓冲区 Rvec 中被累加,并按照配置重复执行乘法。向量是否需要提前乘以一个常数或者是否需要初始化结果都可以进行配

置。此外，内存地址的步幅和 Rvec 的起始地址也可以进行配置，这为 MAO 模块提供了足够的灵活性。MAO 模块还包括向量化的位级矩阵-向量乘法硬件，通过乘以配置后的位级矩阵将每个系数转换为其他形式。这一部分有助于在 Tower 字段和 $GF(2^n)$ 字段之间进行系数转换。

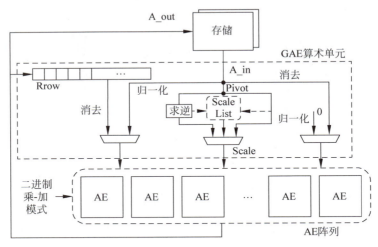

图 4-20 向量化 GAE 硬件结构

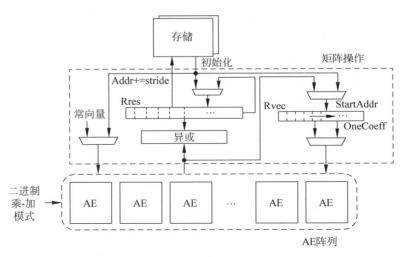

图 4-21 向量化矩阵操作硬件结构

算法 4-7 恒定时间向量 GAE 方法

输入：A 为 $L\times K$ 矩阵，v 表示向量长度，**orderlist** 表示长度为 v 的向量，**scalelist** 为 $L\times v$ 矩阵。

1：　**for**（phase＝0；phase≤ceil(L/v)－1；phase＋＋）
2：　　phaddr＝phase×v；
3：　　**for**（step＝phaddr；step≤K－1；step＝step＋v）
4：　　　ColumnVec＝step：1：min(step＋v－1，K)；
5：　　　**for**（row＝phaddr；row≤(phase＋1)×v－1；row＋＋）
6：　　　　pivotloc＝row－phase×v；
7：　　　　**for**（elirow＝row；elirow≤L＋row－1；elirow＋＋）
8：　　　　　eli＝elirow mod L；

```
 9:         A_in=A(eli,ColumnVec);
10:         pivot=A_in(pivotloc);
11:         if (firststep of each phase) then
12:           if (! orderlist(row－phaddr)&.pivot) then
13:             orderlist(row)=eli;
14:             scalelist(eli,pivotloc)=inv(pivot);
15:             Rrow=A_in×inv(pivot);
16:           else
17:             scale=A_in(pivotloc);
18:             scalelist(eli,pivotloc)=scale;
19:             A_out=Rrow×scale+A_in;
20:           end if
21:         else
22:           if (orderlist(row－phaddr)===eli) then
23:             scale=scalelist(eli,pivotloc);
24:             Rrow=A_in×scale;
25:           else
26:             scale=scalelist(eli,pivotloc);
27:             A_out=Rrow×scale+A_in;
28:           end if
29:         end if
30:       end for
31:     end for
32:   end for
end for
```

3. 多项式求逆

先前的多项式求逆(POI)硬件[34]在恒定时间的扩展欧几里得算法[37]中执行所有的 ADD/XOR 操作。然而,文献[37]观察到在基于矩阵版本 almost-inverse 算法中,可以避免一些 ADD/XOR 操作(如图 4-22 所示)。为了计算阶为 n 的 $f_{\text{ini}}^{-1} \bmod g_{\text{ini}}$,使用两个辅助多项式 b 和 c 记录矩阵系数。开始时,b 和 c 被实例化为常数 1 和 0。它需要 $2n-3$ 次迭代,每次迭代中有 3 个步骤,才能获得最终的结果。第一步确定是否需要交换。如果 $(\deg(f) < \deg(g))$ &.

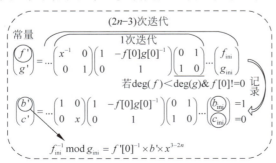

图 4-22 基于 almost-inverse 算法的矩阵求逆

$f[0]!=0$，则 f 和 g（b 和 c）应该交换。第二步是通过计算 $f-f[0]g[0]^{-1}g$ 将 f 的最低阶元素消除为零。通过重复相同的过程，这两个步骤被记录在多项式 b 和 c 中。第三步是将 x^{-1} 和 f 相乘，将最低的零位移除。同样，记录这一步的方式是通过将 x 与多项式 c 相乘。经过所有的迭代后，多项式 f 被减小为恒定系数。

在算法[37]必定有解的假设下，除了 $f_{\text{ini}}=0$ 的情况，g 的最终阶数 $\deg(g)_{\text{iter}=2n-3} \geqslant 1$。因为

$$(\deg(f)+\deg(g))_{\text{iter}=i}=(\deg(f)+\deg(g))_{\text{iter}=i-1}-1$$

所以 f 的最终阶数为

$$\deg(f)_{\text{iter}=2n-3} \leqslant (2n-1-(2n-3)-1)=1$$

当 $f[0]=0$ 时，由于缩放因子为零，将不执行 Mul-Add 操作。当 $f[0]!=0$ 时，如果不满足要求，则进行交换操作，从而能保证在执行 Mul-Add 操作前满足 $\deg(f) \geqslant \deg(g)$。因此，每次迭代中 Mul-Add 操作的长度仅取决于 $\deg(f)$。如果在 iter=i 时未执行交换操作，则

$$\deg(f)_{\text{iter}=i}=\deg(f)_{\text{iter}=i-1}-1$$

如果执行了交换操作，则

$$\deg(f)_{\text{iter}=i}=\deg(g)_{\text{iter}=i-1}-1 \geqslant \deg(f)_{\text{iter}=i-1}-1$$

因此，在执行 Mul-Add 操作前，总是得出一个结论：

$$\deg(f)_{\text{iter}=i-1} \leqslant \deg(f)_{\text{iter}=i}+1$$

此外，因为在执行 Mul-Add 操作前满足 $\deg(f)_{\text{iter}=2n-3} \leqslant 2$，因此存在

$$\deg(f)_{\text{iter}=i} \leqslant \min((2n-1-i),n)$$

最终可以找到关于 $\deg(f)$ 的一个固定的上界，这与输入的 f_{ini} 多项式无关。

在 $\max(\deg(b),\deg(c))$ 中可以发现类似的原理。如果在第 i 次迭代中未能执行交换操作，则在执行 Mul-Add 操作前，

$$\deg(b)_{\text{iter}=i}=\max(\deg(b),\deg(c))_{\text{iter}=i-1}$$

$$\deg(c)_{\text{iter}=i}=\deg(c)_{\text{iter}=i-1}+1$$

如果执行了交换操作，则

$$\deg(b)_{\text{iter}=i}=\max(\deg(b),\deg(c))_{\text{iter}=i-1}, \deg(c)_{\text{iter}=i}=\deg(b)_{\text{iter}=i-1}+1$$

在执行 Mul-Add 操作前，还有一个总是成立的结论：

$$\max(\deg(b),\deg(c))_{\text{iter}=i} \leqslant \max(\deg(b),\deg(c))_{\text{iter}=i-1}+1$$

此外，由于在第一次迭代中有 $\max(\deg(b),\deg(c))=1$，因此

$$\max(\deg(b),\deg(c))_{\text{iter}=i} \leqslant \min(i,n)$$

基于上述设计方法，硬件实现中 POI 模块的 Mul-Add 操作可以减少约 25%。大尺寸的 POI 操作如图 4-23 所示，多项式 f、g、b 和 c 缓存在 POB 中。此外，在迭代中，多项式的存储不需要交换位置，而只需使用双向选择器判断是否需要交换。基于上述观察，可以跳过超过最大边界的向量，以减少所需的时钟周期数目。图 4-24 中的向量化系数级 POI 硬件也用于每个周期输出 16 个求逆结果的情况。它加速了在 $GF(2^{n-1})$ 中的求逆计算，其中 $n \leqslant 14$ 且不可约多项式 g_{ini} 已被配置。它由 $2n-3$ 个迭代模块和 $2n-3$ 个移位模块组成，分别用于实现主要迭代和最终的移位操作。在迭代器中，如果 $\deg(f)$ 或 $\max(\deg(b),\deg(c))$ 超过上限，则节省了进一步的处理和相应的逻辑门开销。此外，由于超过 $2n-3$ 次的迭代需要禁用，因此需要使用有效信号。

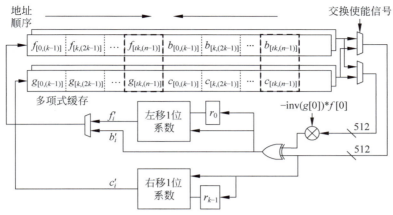

图 4-23 恒定时间大尺寸多项式求逆硬件结构

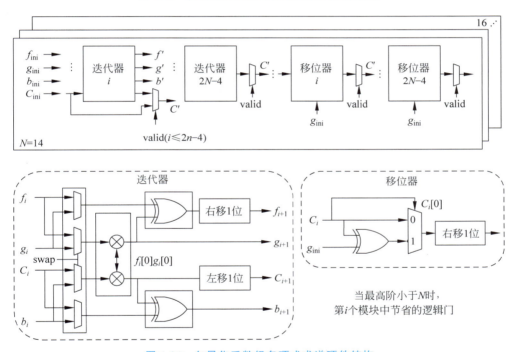

图 4-24 向量化系数级多项式求逆硬件结构

4.2.4 存储映射方式

4.2.1 节中提到 NTT 加速器中一个重要的设计问题是变化的步幅地址容易导致对多个存储块的访问存在结构冒险。为了解决该问题,一种策略是设计适配的地址映射方法,使得每级的蝶形运算需要的数据点刚好来自不同的存储块,下面将以文献[38]的工作为例详细介绍该方法。

正如前面章节提到,本位 NTT 能够使数据点存入的位置恰好是其读出的位置。因此,理论上需要的存储开销是 N 字长的向量长度,而如果使用 FPGA 的双端口 RAM,那么并发的读写操作可以在一个时钟周期内完成。正如算法 4-3 所阐述的那样,迭代的 NTT 算法由 3 层嵌套的循环构成,其中最外层的循环 p 控制着计算的级数,中间层的循环 k 管理着每级的组顺序,而最内层的循环 j 表示了蝶形操作的轮数。

如 4.2.1 节所提到,在交织存储系统中,如果基数为 R 的本位 NTT 包含了 d 个蝶形运算单元,那么可以使用 $d×R$ 个独立的存储块匹配并行访问的带宽。基于多个存储块的 NTT 硬件结构可以由图 4-25 所描述,其中地址映射器和内部互连保证了无冲突的并行访问。由图 4-25 可以看出,如果在带有两个蝶形运算单元的 8 点基 2 型本位 NTT 单元中采用文献[22]提出的地址映射方案,会发生存储访问冲突。显然,第 2 级第 0 轮的逻辑地址{0,4,1,5}被映射到了存储块号{0,1,1,2}上面,从而导致了在 1 号存储块上的冲突。相同的情况也将发生在第 3 号存储块的第 2 级第 1 组上。

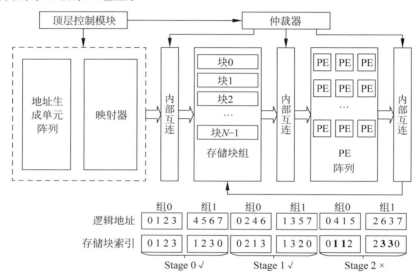

图 4-25 基于多个存储块的 NTT 硬件结构以及访存冲突问题

1. 传统的非连续地址访问方案

这里将两个地址之间的距离称为地址间隔或者地址步幅。本位型 NTT 在每级中包含不同的地址间隔,但是理论上消耗的存储容量是最少的,即等于需要处理的总数据容量。访存方案可以看作一个功能函数,它将 n 位的逻辑地址 a 映射到了 m 位的存储块索引 BI 和行地址 RA 上,其中 $t=n-m$。最简单的访存方案是图 4-26(a)所描述的直接映射,也称为低地址交织,可以直接通过提取逻辑地址的字段获得 BI 和 RA。这个方案适合以索引的线性表达为地址的访问,但是对于非连续地址访问和其他类型的访问性能不佳。文献[39]提出了行移位的方案支持地址间隔为恒定量的访问,如图 4-26(b)所示。但是这个方案存在加法器的延时依赖向量长度的问题。而且,它不支持矩阵访问中的多个地址间隔的访问,如行访问、列访问和对角线访问。文献[40]中提出了线性变换技术。图 4-26(c)是一个关于 5 位逻辑地址的映射例子,这个方案由按位的异或操作和移位操作实现,可以缓解加法器链的延时。二进制转换矩阵 R 和 T 分别用于获得 BI 和 RA。

2. 一种无冲突地址映射方案

这里提出了两个假设,多项式长度为 $N=2^n$,存储块的个数为 $M=2^m$,这符合抗量子中大多数的情况。二进制转换矩阵 R 和 $T_{N,M}$ 分别用于获得行地址和存储块索引,矩阵 R 通常由

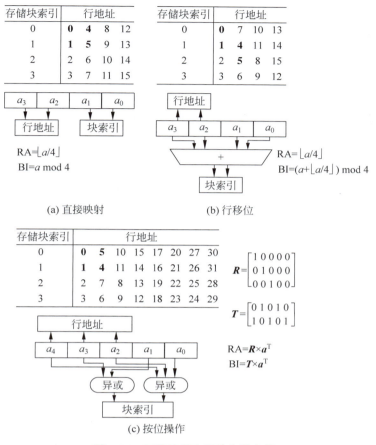

图 4-26 三种访问方案的存储布局

$t \times t$ 尺寸的单位矩阵构成,这使得行地址可以通过直接提取地址 a 的最高 $n-t$ 位来获得。在文献[41]中建议矩阵 $T_{N,M}$ 是满秩的,以确保每个逻辑地址有一个独立的存储位置。因此,$T_{N,M}$ 也通常将对角线用数字 1 填满。但是这样的条件仍然不能得到在 NTT 中的无冲突的访问,正如图 4-26(c)所示,逻辑地址 0(1) 和 17(16) 通过矩阵 $T_{32,4}$ 进行变换,在最后一级被映射到了相同的存储索引块 0(1) 上面。

上面提到的存储访问冲突的发生有两方面的原因。

(1) 在 NTT 中的最后一级会包含地址间隔为 1 和间隔为 $\frac{N}{2}$ 的访问,然而其他级数只包含地址间隔为 2^p 的访问。

(2) 如果总的级数 n 满足条件 $n \bmod m \neq 0$,那么在填上 $m \times m$ 尺寸的对角线之后还会有不完全的对角线。

为了解决这个问题,额外的元素 1 应该加到矩阵 $T_{N,M}$(对于 $n \bmod m \neq 0$)。文献[42]给出了一种方法,这个方法能够通过将矩阵 $T_{N,M}$ 用从右下角的对角线填充元素"1"获得。如果矩阵的对角线的左边空间不能继续填充了,那么剩下的对角线元素将绕到右边。如果它达到矩阵的最上行,那么将继续绕到下一列。最终 $(n+m-\gcd(q,n \bmod m))$ 个"1"会被加进转换矩阵 $T_{2^n,2^m}$ 中,其中 $\gcd(\cdot)$ 代表了最大公约数。整个访问方案可描述为:

$$\text{RA} = \bm{R} \times \bm{a}^{\text{T}} = a_{n-1}a_{n-2}\cdots a_{n-m} \tag{4-28}$$

$$BI_i = T_{N,M} \times a^T = \bigoplus_{k=0}^{h_{n,m}(i)} a_{(k \cdot m+i) \bmod n}, \quad i = 0, 1, \cdots, m-1$$

$$h_{n,m}(i) = \lceil (n + m - \gcd(m, n \bmod m) - i - 1)/m \rceil$$

其中，RA 表示行地址；BI 表示存储块号。

以带有 2 个蝶形单元的 32 点基 2 型本位 NTT 为例，针对存储块号的二进制转换矩阵 $T_{32,4}$ 和详细的映射过程由图 4-27 所描述。通过这样的方式，最后一级第一轮的逻辑地址 $\{0,16,1,17\}$ 将会被映射到 4 个不同的存储块索引上。而余下的取点过程也将完全避免这样的访问存储冲突。

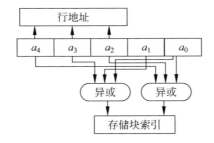

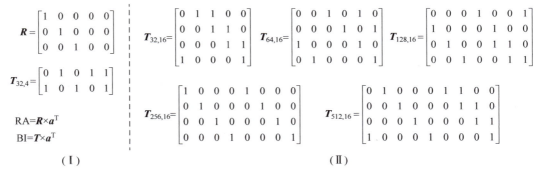

（Ⅰ） （Ⅱ）

图 4-27 存储布局和转换矩阵

4.3 数据采样与对齐模块

数据采样是密码协议中引入随机性的关键步骤，抗量子密码算法也是如此，它在实现抗量子密码算法、提升实现效率中占有十分重要的地位。之所以要在密码算法中引入随机性的原因主要有两个。

（1）提高安全性。随机性可以增加密码算法的强度，使得攻击者更难破解密码。在许多密码算法中，随机数作为生成加密密钥的重要输入，可以防止重复攻击。

（2）增加熵。熵是衡量随机性的一个指标，代表不确定性。从信息论的角度来看，对于一个确定性的算法（函数），其输出熵不可能大于输入熵。因此，在算法中加入随机数可以增加输入熵，保证输出的随机性（即熵够大），从而符合信息论的观点。

在抗量子密码方案中,一般可以将随机性引入分成两类,一类是数值随机性引入;另一类是位置随机性引入。这两种随机性的引入都需要利用随机数生成器引入最初的熵源,由随机数生成器产生随机数。数值随机性引入指的是产生随机数之后对于某种数据结构的系数按照某种分布来生成,以达到之后密码学处理的需求,这种分布可能是二项分布、均匀分布和高斯分布等。其相对应的数据采样方式为二项采样、拒绝采样和离散高斯采样等。位置随机性引入指的是对于某个给定数组,需要通过某种采样方式来得到该数组的某个随机的全置换排列,通常采用的随机全置换排列方式有随机前缀加排序、Fisher-Yates 算法等。由于随机性的引入(无论是数值随机性还是位置随机性)是密码算法中的关键部分,因此相关的密码电路设计对于整个密码系统的性能有着非常大的影响,高效、灵活且完备的采样器设计成为可重构抗量子密码硬件设计的一个挑战。

在密码算法中,特别是在抗量子密码算法中,数据的格式转换被经常需要,特别是在输入、哈希输出→数据结构;数据结构→哈希输入、输出;一种数据结构→另外一种数据结构的转换中经常被用到。因此,在可重构抗量子硬件设计中,高效灵活的数据格式转换器对于加速抗量子密码算法至关重要。

4.3.1 均匀分布和拒绝采样模块

均匀分布(uniform distribution)指的是数据结构(如多项式、多项式向量、多项式矩阵、矩阵)的系数满足一定条件的均匀分布。例如,随机数(随机位流)可以通过均匀采样来构成满足要求的多项式环,过程中系数在 $0 \sim q-1$ 的范围内实现均匀采样,可以记作 $\text{Parse}: B^* \to \mathbb{R}_q$。

在实现方式上,系数 q 的选择很重要。如果 q 是 2 的幂次,那么可以通过直接截断随机位流得到,这种情况下,就不需要额外的数据采样器。如果 q 不是 2 的幂次,那么需要额外的拒绝采样模块来实现,拒绝采样的思路就是当截断的随机位对应的数值大于或等于 q 的话,那么就拒绝掉该输入,重新开始采样。因此,如果 q 是 m 位的数值,那么拒绝率就是 $\frac{(2)^m - q}{2^m}$。在很多密码算法中,为了降低拒绝率,增加采样的接受率,往往选用 q 的某个倍数 kq(m' 位)实现拒绝采样,使得拒绝率 $\frac{(2)^{m'} - kq}{2^{m'}}$ 变得足够小,然后在采样之后数值模 q 得到最终结果。

常见的抗量子密码算法中采用拒绝采样的有 Kyber、Dilithium、Falcon、Newhope 等。更多的是基于格的抗量子密码算法。

在拒绝采样电路的硬件实现过程中,由于拒绝采样的结构是数据相关的,因此对于向量输入而言,向量的拒绝结果的可能性非常多。假设向量的阶数是 V,那么拒绝的潜在可能性有 2^V 种,最后的有效输出个数可能是 $0 \sim V$ 个,一共 $V+1$ 种可能性。

很多传统的拒绝采样电路[10]采用串行实现方式,实现简单,面积开销低,仅需要一个比较器就可以,但是存在并行度低、时间开销大等缺点。有些拒绝采样电路实现[35]采用的有限的并行度,比如向量的宽度是 4,这种情况下复杂度并不高,面积开销仍然可以接受。另外有的实现方式[12]是采用修改密码算法,放大 q 到 kq,降低采样的拒绝率,当整个 32 位宽度的向量有一个发生拒绝的情况下,就拒绝掉整个向量,此时的问题是所需要更多的输入随机位、实现方式和密码算法标准并不一致,并不兼容。

图 4-28 为 16 路并行拒绝采样电路的实现,电路将拒绝采样分成了比较大小、填充序号、格林排序、任意宽度转换几个阶段,降低了实现的复杂度。在填充序号和格林排序的过程中,

将拒绝掉的元素移动到向量的末尾，就可以保留所有有效的元素。最后用任意位宽适应器将有效元素自动拼接成 16 路并行的向量。在该可重构拒绝采样电路中，拒绝条件、比较阈值都可以通过配置通路事前进行配置，再加上系数的位数可配置，就实现了拒绝采样的完全可配置。

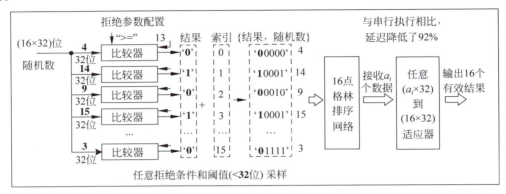

图 4-28 16 路并行的拒绝采样电路实现

4.3.2 离散高斯分布和离散高斯采样模块

离散高斯分布(discrete Gaussian distribution)的定义是：给定随机变量 X，而且 X 的概率分布函数为

$$F_X(x) = A \cdot \exp[-(x-\mu)^2/\sigma^2]$$

其中，μ 为均值；σ 为标准差；A 为常数，则称 X 服从离散高斯分布。这个定义表明，离散高斯分布是一个具有正态分布形状的连续概率分布，其中均值为 μ，标准差为 σ。它也可以被看作是连续高斯分布在整数上的离散化。在抗量子密码的应用中，离散高斯采样被用来在基于格的密码中生成满足离散高斯采样分布的噪声向量。

常见的抗量子密码算法中采用拒绝采样的有 Falcon、Newhope 等。

常见的高斯采样实现方式有两种，一个是 Knuth-Yao 采样方式，另一个是累积分布表(Cumulative Distribution Table，CDT)。一般在抗量子密码算法中，选取的方法一般是累积分布表法，例如 Falcon。

Falcon 的高斯采样要求的是灵活随机的均值和标准差，其对应的算法是 SamplerZ 算法。具体内容如算法 4-8 所示。其中的 basesampler() 函数均匀采样得到一个整数值 z_0，然后使用 randombyte() 函数均匀采样得到 8 位值，但只取最低位 b 与整数值 z_0 计算得到 z，最后由 berexp() 函数计算接收采样值的概率来决定是否接收本次采样值。采样的流程属于串行计算，并无并行空间，同时需要不断提供随机数。采样算法中的两个子过程中，basesampler() 函数的作用是采样得到一个整数，且采样结果符合 χ 分布，分布区间为 $[0:18]$。χ 分布非常接近半高斯分布 $D_{\mathbb{Z}^+,\sigma_{\max}}$。basesampler() 函数的具体实现实际上是通过预计算的 RCDT 表实现，berexp() 函数及其子函数 approxexp() 主要是计算接收采样结果的概率。在电路上实现时，从采样算法涉及的运算单元来看主要有 63 位的整数乘法，32 位的整数加减、浮点乘法，64 位的浮点数与 32 位的整数的互相转换。其中，复杂度最高的为浮点乘法，本模块的浮点乘法与算术数据通路不同，因为乘法操作的并行度不高，但次数多，所以应该选择的策略是在本模块例化一个浮点乘法单元，然后采取时分复用策略完成流程中的浮点乘操作。

第4章 芯片数据通路

算法 4-8　离散高斯采样 samplerZ

输入：浮点数 $\mu, \sigma' \in \mathbb{R}$ 且 $\sigma' \in [\sigma_{\min}, \sigma_{\max}]$
输出：整数 $z \in \mathbb{Z}$ 且近似符合高斯分布 $D_{\mathbb{Z}, \mu, \sigma'}$

1：　$r \leftarrow \mu - \lfloor \mu \rfloor$
2：　ccs $\leftarrow \sigma_{\min} / \sigma'$
3：　**while** 1 **do**
4：　　$z_0 \leftarrow$ basesampler()
5：　　$b \leftarrow$ randombyte() & 1
6：　　$z \leftarrow b + (2 \cdot b - 1) z_0$
7：　　$x \leftarrow \dfrac{(z-r)^2}{2\sigma'^2} - \dfrac{z_0^2}{2\sigma_{\max}^2}$
8：　　**if** berexp$(x, \text{ccs}) = 1$ **then**
9：　　　**return** $z + \lfloor \mu \rfloor$
10：　**end if**
end while

在高效累积分布表的硬件实现上，采样电路主要分为 4 部分：pre_samp 模块、samp_loop 模块、berexp 模块和 refill_control 模块，前 3 个模块主要为采样计算流程的串行处理，第 4 个模块则负责提供随机数、随机数耗尽时的中止处理和随机数刷新后的状态恢复处理。图 4-29 给出了总体硬件结构，下面依次进行详细介绍。

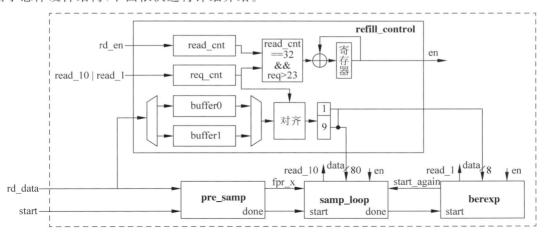

图 4-29　带有中止响应的离散高斯采样器

pre_samp 模块、samp_loop 模块和 berexp 模块都是流水计算模块。pre_samp 模块完成算法 4-8 的 1～7 行操作，samp_loop 模块完成算法 4-8 的 1～4 行操作，berexp 模块完成算法 4-8 的其余操作。若 berexp 模块计算结果为拒绝，则向 samp_loop 模块发送 start_again 信号，重新采样。

refill_control 模块通过两个 buffer 作为缓冲，不断从存储中取事先利用哈希数据通路生成的有限量随机数来即时提供随机数，读取存储中的随机数采用 Ping-Pong 机制不间断地提供随机数。因为引入了缓冲模块，所以在使用采样电路前需要完成一次初始化任务，作用是在使用前填充缓冲模块中的数据，从而消去第一次采样的随机数读取延迟。

中止响应机制是通过 req_cnt 和 read_cnt 计数器分别监测存储器中随机数的剩余容量和采样电路的随机数请求情况。当监测计数器触发了中止响应时，则将使能信号 en 置 0，使得 3

个流水计算模块中止采样,并保留现场。中止采样与正常采样的区别在于中止采样写入存储器的值为32HFFFFFFFF,对于每次采样任务的完成,调度模块Scheduler都会读取采样结果,并通过状态值判断是否为中止,通过采样的标志值判定是否为有效采样。

4.3.3 二项分布和二项采样模块

二项分布是一种常见的概率分布,描述了在给定次数内一个事件发生的概率分布情况。二项分布的公式是

$$B(k,n,p) = \frac{n!}{k!(n-k)!} \times p^k \times (1-p)^{(n-k)}$$

其中,k是成功的次数;n是总的试验次数;p是每次试验成功的概率。在基于格的密码算法中,二项采样常用于引入噪声向量,可以说是高斯采样的简化版。二项采样的执行过程通常需要涉及随机位流的分割、称重和相减的步骤。二项采样的特点是实现简单、硬件实现开销小。对于对抗量子密码算法来说,Saber、Kyber、NTRU、Dilithium都用到了二项采样。

如图4-30所示,假设需求的二项采样的结果参数是$[-a,a]$,那么就需要将输入的随机位流按照a位分割,然后对每份进行称重,称重指的是求该份额的汉明重量,最后每两份对应的数值进行模减,得到最终的二项采样结果。

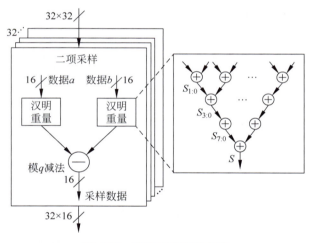

图4-30 并行二项采样电路

4.3.4 随机前缀和恒定时间排序模块

对于很多密码算法来说,需要的随机性来自位置的随机性,即需要的数据结构是要得到一个特定的数组中的一个随机全排列。例如,对于NTRU算法而言,对于密钥生成和密钥加封阶段,需要得到的是一个随机阶数为N的多项式,并且要求其中$N/4$的系数是1,$N/4$的系数是-1,剩余的系数为0。在这种情况下,就需要对某个形态的输入多项式进行随机全置换,一般要实现随机全置换,有两种常用方法:一种是随机前缀和恒定时间排序的方法;另一种是类似Fisher-Yates算法的洗牌算法。其中,第二种方法将在4.3.5节进行详细介绍。

随机前缀和恒定时间排序的方法指的是在给定排列的数组添加若干位(一般为32位)随机数的前缀,然后对新得到的数组按照前缀的数值大小进行排序,排序得到的新数组去除随机

的前缀,新得到的数组就是一个随机的全置换排列。这种方法的好处是,可以得到恒定时间实现,无论是产生随机数、添加随机前缀还是排序,执行时间都可以做到和数据无关。缺点是相比于 Fisher-Yates 类算法,计算开销更大。

常见的抗量子密码算法中,NTRU 和 McEliece 算法都采用了这种方式。

在该实现方法中,排序算法成为整个方法的性能瓶颈。与排序算法相关的硬件设计研究非常丰富。在抗量子密码算法中,为了不在时间侧信道上泄露信息,要求所有有敏感数据参与的运算都是恒定时间的,和输入数据没有关系,因此排序算法需要恒定时间实现,这是密码算法的特性。在之前密码硬件的设计中,排序器无法很好地实现并行性和恒定时间特性的平衡,文献[43]中采用了串行实现,可以实现恒定时间特性,但是时间开销大,很难并行。文献[33]中的工作则没有恒定时间实现。

文献[44]利用的是基于 FIFO 的负反馈机制,在没有使用大规模存储的基础上成功实现了恒定时间特性和高吞吐特性的折中。这是一个基于合并排序算法的并行排序器,4 个随机数并行地从数据存储器中读取和写入,同时读写的 4 个元素称为一个向量。排序器的结构如图 4-31 所示,排序器主要由基于 Ping-Pong 的数据存储器、基于 FIFO 的耦合器和基于奇偶的排序网络组成。FIFO-A 和 FIFO-B 充当了耦合器,它们都分为 4 个 FIFO 来管理出栈操作和单独的读取地址。这 4 个 FIFO 共享一个共同的写入地址,因为对向量索引、组或迭代进行计数的寄存器,以及 FIFO 的入队或出队信号的判断逻辑也包括在设计中。在排序前,随机数分布在数据存储器的输入库中。执行从第一次通过开始,同时从输入库中连续读取向量,通过排序网络并写入输出库。

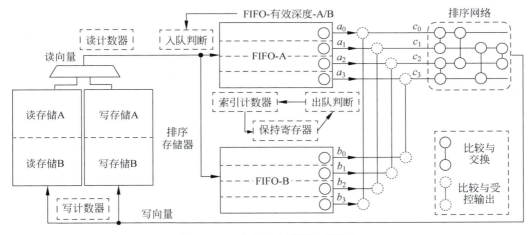

图 4-31 4 并行恒定时间排序硬件

因为排序网络是对任意 4 个元素并行排序的奇偶网络。因此,第一次通过时的输出结果是长度为 4 排序的向量。在以下过程中,输入库分为 A 组和 B 组,如图 4-31 所示。在一次通过之后,来自组 A 的一个组和来自组 B 的另一组被分类为较长长度的组。在开始时,来自组 A 或组 B 的向量首先被预填充到 FIFO-A 和 FIFO-B 中。当 FIFO-A 和 FIFO-B 的实际深度超过预定阈值时,分拣网络开始运行。在两组之间的比较过程中,FIFO 比较 FIFO-A 和 FIFOB 的前 8 个元素,连接如图 4-31 所示。比较结果被传递到出队判断逻辑,弹出 4 个 FIFO 中较小的元素,并在这两组的剩余元素中选择 4 个最小的元素进行排序网络。最后,将排序后的数据组写入输出库。在每次迭代之后,交换输入块和输出块。

排序两个排序组的正确性由 4 个比较器的连接来保证，以能够在两组中弹出 4 个最小的元素。此外，还保证 FIFO-A 或 FIFO-B 中的 4 个 FIFO 之间的有效深度的最大差为 1。很容易看出，FIFO-A 的 4 个顶部元素 a_0、a_1、a_2、a_3 和 FIFO-B 的 b_0、b_1、b_2、b_3 满足如下关系：

$$\begin{cases} a_i \leqslant a_{i+1 \bmod 4} \leqslant a_{i+2 \bmod 4} = a_{i+3 \bmod 4} \\ b_j \leqslant b_{j+1 \bmod 4} \leqslant b_{j+2 \bmod 4} \leqslant b_{j+3 \bmod 4} \\ i+j = 0 \bmod 4 \end{cases} \quad (4\text{-}29)$$

其中，i 和 j 是 $[0,3]$ 范围内的整数。

假设 k_1 个元素在某个周期从 FIFO-A 弹出，k_2 个元素从 FIFO-B 弹出，其中 $k_1+k_2=4$。根据比较器的连接关系和输入的排序特性，FIFO-A 或 FIFO-B 中的其余元素也被排序，并且比弹出的 4 个元素大。因此，该循环中的输出向量 c_i 是最小的 4 个元素。

保持寄存器和出列逻辑可以确保下一组的元素不会提前弹出。当某些 FIFO 中属于该组的元素被清空时，该 FIFO 的保持寄存器变为活动状态，以防止继续弹出。（对其他向量索引、组索引和迭代索引进行计数，可以区分持有寄存器的情况。）因此，在两组的比较过程中不会发生停顿，以实现充分利用。FIFO-A 和 FIFO-B 的有效深度通过 FIFO-A3 和 FIFO-B3 中有效元素的数量来保持，这指示一列数据被清空。这是因为对于一列 FIFO，元素是从上到下连续弹出的。排队逻辑检测有效深度是否低于阈值，并在每个周期确定读取向量的源是组 A 还是组 B。从弹出 FIFO-A3 或 FIFO-B3 中的元素到通过入队来补充向量，响应路径包括出队、有效深度更新、入队判断、读取和最终入队。这项工作需要 4 个周期，因此 FIFO 的阈值为 5，深度为 10。在执行分拣网络之前，每个 FIFO-Ai/FIFO-Bi 中已经有 5 个元素。在执行过程中，保证数据 FIFO 中不会出现溢出或过度消耗，以便进行恒定时间排序。在该设计中仅使用了 9 个比较器。

当比较器检测到两个随机前缀相等时，输出标志被激活并传递给系统控制器以便重新启动。对 $2m$ 元素进行排序的循环开销为 $\dfrac{(m-2)2m}{4}$。资源消耗情况见表 4-5。额外的存储空间从几千个系数减少到 80 个系数（FIFO 的总大小），这些系数必须存储在 BRAM 中。相比之下，只有少量的寄存器用于提供这些元素的存储。

表 4-5 4 并行排序器的资源开销对比

	LUT	flip-flop	BRAM	周期	频率/MHz
文献[5]	583	411	20	147505	250
文献[8]	2533	1589	33	26646	250
文献[44]	2510	3887	20	24598	300

4.3.5 Fisher-Yates 类算法及其模块

Fisher-Yates 类算法利用洗牌类算法实现数组的随机置换，优点是开销小，但不是恒定时间实现，抗量子密码算法中很多非敏感信息的数组会使用 Fisher-Yates 类算法进行随机全置换。

常用的抗量子密码算法中使用 Fisher-Yates 类算法的是 Dilithium，其实现见算法 4-9，主要的开销来自访问存储。但是在迭代中访问存储的开销存在数据依赖。

算法 4-9　SampleInBall(ρ)

1：　初始化 $c = c_0 c_1 \cdots c_{255} = 00 \cdots 0$
2：　for $i = 256 - \tau$ to 255
3：　　$j \leftarrow \{0, 1, \cdots, i\}$
4：　　$s \leftarrow \{0, 1\}$
5：　　$c_i = c_j$
6：　　$c_j = (-1)^s$
7：　return c

图 4-32 中黑色表示的是基础情况，蓝色表示的是第一种特殊情况，红色表示的是第二种特殊情况[45]。由于数据移动和数据依赖性，函数 SampleInBall 不便于在硬件中实现。文献[45]使用移位寄存器生成和记录 c 中非零元素的偏移。然而，这种方法需要 500 多个寄存器才能达到安全级别 5，并且需要额外的周期才能将 c 转换为标准格式。文献[45]提出了一种基于 BRAM 的 SampleInBall 模块，该模块使用 BRAM 记录系数，而不是使用寄存器来记录偏移，因此避免了使用数百个寄存器和需要额外的格式转换。该模块的基本设计思想如图 4-32 中的黑色组件所示。该模块的输入是由 Keccak 模块生成的伪随机数，包括用于拒绝采样的 1 位符号位 s 和 8 位随机数 r。该模块包含一个 8 位计数器，其值对应算法 4-9 中的循环变量 i。输入 r 被转换为其负值并与 i 相加（即 i 减去 r），相加结果的符号位表示拒绝采样结果。如果采样成功，将执行以下操作。由 s 确定的值 1 或 $q-1$ 将通过端口 A 写入地址 r 处的 BRAM。地址 r 处的原始值将在下一个周期中通过端口 A 读出，然后通过端口 B 写入地址 i。计数器将增加 1。该模块中使用的 BRAM 被设置为读取优先模式，并且可以将输入数据存储在输入地址处，并在下一个周期中读出先前存储在该输入地址处的数据。除了基本情况外，如果不进行特殊处理，还可能出现两种错误情况。表 4-6 列出了在基本情况和这两种错误情况下的处理时序图。当 r 等于 i 时，出现第一种错误情况。在这种情况下，地址 i 处的原始值 0 将被写回，并将在第三个周期中覆盖正确的数据。第二种错误情况发生在 r 等于计数器的值减去 1，并且在上一个循环中采样成功。在这种情况下，两个端口将在第二个周期中尝试写入同一地址。在图 4-32 中，用于处理这两种错误情况的硬件结构分别用蓝色和红色标记。这些结构将检测这两种错误情况的发生，并相应地改变使能信号和端口 B 的地址，如表 4-6 标记的那样。

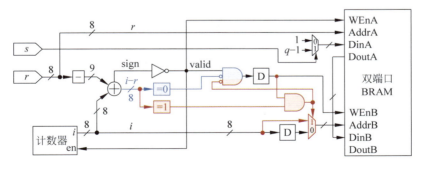

图 4-32　高效紧凑 SampleInBall 模块

总之，所提出的 SampleInBall 模块具有以下优点。首先，它消耗的资源可以忽略不计，因为它重用 BRAM 阵列中的空闲区域作为其核心部分，而其余部分的逻辑非常简单。其次，该模块的输出 c 为标准多项式格式,可以直接进行 NTT 处理,而无须额外的格式转换。最后,直接的串行处理需要对每个有效样本进行一次读取操作和两次写入操作,对应 3 个时钟周期,而 SampleInBall 模块平均每个样本只需要一个周期。

表 4-6 在各种情况下 SampleInBall 模块的时序图

	Basic			Case 1[a]			Case 1[b]			Case 2[a]		Case 2[b]		
Cycle	0	1	2	0	1	2	0	1	2	0	1	0	1	2
Counter r	i	$i+1$	—	i	—	—	i	—	—	i	$i+1$	i	$i+1$	$i+2$
	r	—	—	i	—	—	i	—	—	r'	i	r'	i	—
WEnA	1	—	—	1	—	—	1	—	—	1	1	1	1	—
AddrA	r	—	—	i	—	—	i	—	—	r'	i	r'	i	—
DinA	c_1	—	—	c_1	—	—	c_1	—	—	c_1	c_2	c_1	c_2	—
DoutA	—	c_0	—	—	0	—	—	—	—	—	c_0	—	c_0	0
WEnB	—	1	—	—	1	—	—	0	—	—	1	—	1	0
AddrB	—	i	—	—	i	—	—	i	—	—	i	—	$i+1$	$i+1$
DinB	—	c_0	—	—	0	—	—	0	—	—	c_0	—	c_0	0
BRAM[r]	c_0	c_1	—	—	—	—	—	—	—	BRAM[$i+1$]	0	0	0	c_0
BRAM[i]	0	0	c_0	0	c_1	0	0	c_1	c_1	—	0	0	0	c_2
BRAM[r']										c_0	c_1	c_0	c_1	c_1

注:a 表示未特殊处理的错误情况;b 表示正确处理的错误情况。

4.3.6 对齐模块

在抗量子密码中,在外部输入/哈希输出到内部计算的步骤中,内部计算到外部输出/哈希输入的步骤中,以及多步骤计算的转换过程中,需要各种格式的数据转换过程。常见的抗量子密码数据格式转换特征如图 4-33 所示,完整的数据格式转换流程包含了对齐→解压缩→压缩→对齐等步骤。

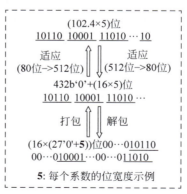

图 4-33 抗量子算法中一般化的数据格式转换过程

位字转换通常用于数据传输或散列输入/输出,它被进一步划分为 comp/decomp 和行大小对齐器任务。格式簇中的行大小对齐器如图 4-34 所示,通过基于输入/输出启用和反馈机制删除或添加零,可以将任何宽度的输入向量转换为任意宽度的输出向量。

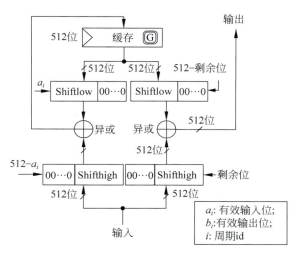

图 4-34 行大小尺寸转换器（从任意的 a_i-长度输入转换到任意的 b_i-长度输出）

参考文献

[1] Philip L, Ivan A. A microcoded elliptic curve processor using FPGA technology[J]. IEEE Transactions on Very Large Scale Integration (VLSI) Systems, 2002, 10(5): 550-559.

[2] William C, Mohammed B. Fast Elliptic Curve Cryptography on FPGA[J]. IEEE Transactions on Very Large Scale Integration (VLSI) Systems, 2008, 16(2): 198-205.

[3] Kazuo S, Lejla B, et al. Multicore Curve-Based Cryptoprocessor with Reconfigurable Modular Arithmetic Logic Units over GF(2^n)[J]. IEEE Transactions on Computers, 2007, 56(9): 1269-1282.

[4] Akashi S, Kohji T. A scalable dual-field elliptic curve cryptographic processor[J]. IEEE Transactions on Computers, 2003, 52(4): 449-460.

[5] Nele M, Kazuo S, Lejla B, et al. A Side-channel Attack Resistant Programmable PKC Coprocessor for Embedded Applications[C]//International Conference on Embedded Computer Systems: Architectures, Modeling and Simulation, 2007.

[6] Jun-Hong C, Ming-Der S, Wen-Ching L. A High-Performance Unified-Field Reconfigurable Cryptographic Processor[J]. IEEE Transactions on Very Large Scale Integration (VLSI) Systems, 2010, 18(8): 1145-1158.

[7] Yinghong Z, Min Z, Bohan Y, et al. LWRpro: An Energy-Efficient Configurable Crypto-Processor for Module-LWR[J]. IEEE Transactions on Circuits and Systems Ⅰ: Regular Papers, 2021, 68(3): 1146-1159.

[8] Sinha Roy S, Basso A. High-speed Instruction-set Coprocessor for Lattice-based Key Encapsulation Mechanism: Saber in Hardware[J]. IACR Transactions on Cryptographic Hardware and Embedded Systems, 2020, 2020(4): 443-466.

[9] Mohan P, Wang W, Jungk B, et al. ASIC Accelerator in 28nm for the Post-Quantum Digital Signature Scheme XMSS[C]//IEEE 38th International Conference on Computer Design (ICCD), 2020.

[10] Banerjee U, Ukyab T S, Chandrakasan A P. Sapphire: A Configurable Crypto-Processor for Post-Quantum Lattice-based Protocols[J]. IACR Transactions on Cryptographic Hardware and Embedded Systems, 2019, 2019(4): 17-61.

[11] Aikata A, Ahmet M, Malik I, et al. KaLi: A Crystal for Post-Quantum Security Using Kyber and Dilithium[J]. IEEE Transactions on Circuits and Systems Ⅰ: Regular Papers, 2023, 70(2): 747-758.

[12] Guozhu X, Jun H, Tianyu X, et al. VPQC: A Domain-Specific Vector Processor for Post-Quantum Cryptography Based on RISC-V Architecture[J]. IEEE Transactions on Circuits and Systems I: Regular Papers, 2020, 67(8): 2672-2684.

[13] Donald C, Mele M, Frederik V, et al. High-Speed Polynomial Multiplication Architecture for Ring-LWE and SHE Cryptosystems[J]. IEEE Transactions on Circuits and Systems I: Regular Papers, 2015, 62(1): 157-166.

[14] Zhang N, Yang B, Chen C, et al. Highly efficient architecture of newhope-nist on FPGA using low-complexity NTT/INTT[J]//IACR Trans. Cryptogr. Hardw. Embed. Syst., 2020(2): 49-72.

[15] Pöppelmann T, Oder T, Tim G. High-performanceideal lattice-based cryptography on 8-bit atxmega microcontroller: LATINCRYPT[C]//4th International Conference on Cryptology and Information Security, 2015.

[16] Xing Y, Li S. A compact hardware implementation of cca-securekey exchange mechanism CRYSTALS-KYBER on FPGA: IACR[J]. Trans. Cryptogr. Hardw. Embed. Syst., 2021(2): 328-356.

[17] Chung C M, Hwang V, Kannwischer M J, et al. NTT Multiplication for NTT-unfriendly Rings New Speed Records for Saber and NTRU on Cortex-M4 and AVX2: IACR[J]. Trans. Cryptogr. Hardw. Embed. Syst., 2021(2): 159-188.

[18] Roy S S, Vercauteren F, Mentens N, et al. Compact Ring-LWE Cryptoprocessor[M]. Heidelberg: Springer Berlin Heidelberg, 2014.

[19] Chen X, Yang B, Yin S, et al. CFNTT: Scalable Radix-2/4 NTT Multiplication Architecture with an Efficient Conflict-free Memory Mapping Scheme: IACR[J]. Transactions on Cryptographic Hardware and Embedded Systems, 2022(1): 94-126.

[20] Chu E, George A. Inside the FFT black box. Serial and parallel fast Fourier transform algorithms[J]. Computational Mathematics, 2000.

[21] A. C M, E. K, E. Ö, et al. A Flexible and Scalable NTT Hardware: Applications from Homomorphically Encrypted Deep Learning to Post-Quantum Cryptography[C]//Design, Automation & Test in Europe Conference & Exhibition (DATE), 2020.

[22] L. G J. Conflict free memory addressing for dedicated FFT hardware[J]. IEEE Transactions on Circuits and Systems II: Analog and Digital Signal Processing, 1992, 39(5): 312-316.

[23] Fritzmann T, Van Beirendonck M, Basu Roy D, et al. Masked Accelerators and Instruction Set Extensions for Post-Quantum Cryptography[J]. IACR Transactions on Cryptographic Hardware and Embedded Systems, 2021, 2022(1): 414-460.

[24] Bosselaers A, Govaerts R, Vandewalle J. Comparison of three modular reduction functions[M]. Heidelberg: Springer Berlin Heidelberg, 1994.

[25] Y. W, G. B, X. W. A Karatsuba Algorithm Based Accelerator for Pairing Computation[C]//IEEE International Conference on Electron Devices and Solid-State Circuits (EDSSC), 2019.

[26] Chiou-Yng L, Jenn-Shyong H, I-Chang J, et al. Low-complexity bit-parallel systolic Montgomery multipliers for special classes of GF(2/sup m/)[J]. IEEE Transactions on Computers, 2005, 54(9): 1061-1070.

[27] J. X, J. J H, P. K M. Low Latency Systolic Montgomery Multiplier for Finite Field $GF(2^m)$ Based on Pentanomials[J]. IEEE Transactions on Very Large Scale Integration (VLSI) Systems, 2013, 21(2): 385-389.

[28] J. X, P. K M, Z. H M. Low-Latency High-Throughput Systolic Multipliers Over $GF(2^m)$ for NIST Recommended Pentanomials[J]. IEEE Transactions on Circuits and Systems I: Regular Papers, 2015, 62(3): 881-890.

[29] Maeder R E. Storage allocation for the Karatsuba integer multiplication algorithm[M]. Heidelberg: Springer Berlin Heidelberg, 1993.

[30] Casper J, Olukotun K. Hardware acceleration of database operations[C]//Proceedings of the 2014 ACM/SIGDA international symposium on Field-programmable gate arrays, 2014.
[31] W. S, D. K, M. L, et al. Parallel Hardware Merge Sorter[C]//IEEE 24th Annual International Symposium on Field-Programmable Custom Computing Machines (FCCM), 2016.
[32] S. M, T. V C, K. K. High-Performance Hardware Merge Sorter[C]//IEEE 25th Annual International Symposium on Field-Programmable Custom Computing Machines (FCCM), 2017.
[33] Wang W, Szefer J, Niederhagen R. FPGA-Based Niederreiter Cryptosystem Using Binary Goppa Codes [M]. Cham: Springer International Publishing, 2018.
[34] V. B D, K. M, K. G. High-Speed Hardware Architectures and FPGA Benchmarking of CRYSTALS-Kyber, NTRU, and Saber[J]. IEEE Transactions on Computers, 2023, 72(2): 306-320.
[35] Y. Z, W. Z, C. L, et al. RePQC: A 3.4-μJ/Op 48-kOPS Post-Quantum Crypto-Processor for Multiple-Mathematical Problems[J]. IEEE Journal of Solid-State Circuits, 2023, 58(1): 124-140.
[36] W. W, J. S, R. N. Solving large systems of linear equations over GF(2) on FPGAs[C]//International Conference on ReConFigurable Computing and FPGAs (ReConFig), 2016.
[37] Hülsing A, Rijneveld J, Schanck J, et al. High-Speed Key Encapsulation from NTRU[M]. Cham: Springer International Publishing, 2017.
[38] Chen X, Yang B, Lu Y, et al. Efficient Access Scheme for Multi-Bank Based NTT Architecture through Conflict Graph: DAC'22[C]//Design Automation Conference. New York, USA, 2022.
[39] P. B, D. J K. The Organization and Use of Parallel Memories[J]. IEEE Transactions on Computers, 1971, C-20(12): 1566-1569.
[40] D. T H. Increased memory performance during vector accesses through the use of linear address transformations[J]. IEEE Transactions on Computers, 1992, 41(2): 227-230.
[41] D. T H. Block, multistride vector, and FFT accesses in parallel memory systems[J]. IEEE Transactions on Parallel and Distributed Systems, 1991, 2(1): 43-51.
[42] J. H T, T. S J, H. T S. Conflict-free parallel memory access scheme for FFT processors[C]//Proceedings of the 2003 International Symposium on Circuits and Systems, 2003.
[43] Chen P, Chou T, Deshpande S, et al. Complete and Improved FPGA Implementation of Classic McEliece [J]. IACR Transactions on Cryptographic Hardware and Embedded Systems, 2022, 2022(3): 71-113.
[44] Y. Z, W. Z, C. C, et al. Mckeycutter: A High-throughput Key Generator of Classic McEliece on Hardware[C]//60th ACM/IEEE Design Automation Conference (DAC), 2023.
[45] Zhao C, Zhang N, Wang H, et al. A Compact and High-Performance Hardware Architecture for CRYSTALS-Dilithium[J]. IACR Transactions on Cryptographic Hardware and Embedded Systems, 2021, 2022(1): 270-295.

第 5 章

芯片编译映射系统

"没有敏捷的力量只是一堆东西。"
"Strength without agility is a mere mass."
——葡萄牙诗人与作家费尔南多·佩索阿(Fernando Pessoa)

密码编译是一种高度专业的技术,是一个交叉领域的研究,是密码、编译、数字芯片三个领域的交叉研究方向,它涉及将密码算法有效地转换为芯片的配置信息。这一过程不仅关系到密码芯片在执行算法时的计算性能和能量效率,而且还涉及编程的便利性和物理安全性。本章首先探讨从算法到最终算法配置信息产生的整个编译流程,着重说明了在密码芯片应用中编译技术的独特要求。本章还深入讨论抗量子密码芯片的编译器研究,指出这些领域中的关键技术挑战,并通过实例来加深理解。

与通用编译技术相比,密码编译技术具有其独特的特点和要求。最为显著的区别在于,考虑到密码算法在硬件上执行时的安全性要求,这些算法中敏感信息参与的执行需要被设计为恒定时间执行,来确保在时间侧信道上不会泄露更多敏感信息。如何将编译技术和密码领域的安全性要求更多的结合在一起,目前为止这还是一个非常有趣的研究话题,本章将讨论作者团队做过的一些工作以及一些分析和思考。

5.1 通用编译技术

在讨论编译器技术时,重要的是区分传统编译器的工作方式,特别是动态编译和静态编译之间的区别。静态编译是在程序运行之前进行的编译过程,而动态编译则是基于运行时信息来动态调整执行方式以优化性能。目前,静态编译是主流技术,广泛应用于 CPU 和 FPGA 编译器。而动态编译技术,例如 Java、微软.NET 框架和英伟达的 NVRTC,虽然技术难度更大,但能满足更加灵活的硬件架构需求,它允许根据软件动态调整硬件配置。

传统编译器的设计通常分为三个阶段:前端、中端和后端,如图 5-1 所示。前端的主要工作就是先后完成词法分析、语法分析(包含抽象语法树的生成过程)、语义分析和中间表达形式(Intermediate Representation,IR)的生成,将其转换为与高级语言无关的中间表达形式。中端则进行与目标机器无关的优化,如常数传播和死代码消除。后端与硬件密切相关,负责将优化后的 IR 转换为机器语言,常见的执行平台有 x86 后端、PowerPC 或者软件定义芯片

CGRA。这种分段式的设计不仅提高了开发效率,允许设计者同时开发不同的阶段,还提高了编译器的复用率。例如,当硬件变化时,通常可以复用中端和前端,从而降低开发成本。

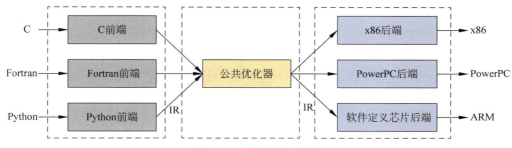

图 5-1 三段式编译框架

在粗粒度可重构阵列(Coarse-Grained Reconfigurable Architecture,CGRA)编译器设计中,这种三段式架构尤为重要。虽然前端和中端可以复用,但后端的开发需要特别关注,即如何有效地将 IR 映射到符合特定硬件要求的机器语言上。CGRA 编译器的设计挑战在于同时支持静态和动态编译,这不仅满足了广泛的用户需求,还提高了编译器的灵活性和适用性。

1. 词法分析

在编译器设计中,各个阶段都扮演着关键的角色。首先,词法分析的主要任务是逐个字符地读取源代码,从而识别出各种单词(word)。这些单词可能是标识符、保留字、常数、运算符或界符。在识别出每个单词并验证其词汇正确性之后,词法分析器会生成一个包含单词符号(token)和属性值(attribute)的记录。这些记录对于后续的编译过程至关重要。词法分析将源代码文本分解为一系列词法单元,这些单元反映了程序的基本构成元素。单词符号是这些词法单元的核心,它们代表了代码中的基本语法元素。以下是几种常见的单词符号类型。

(1)保留字(关键词):这些是程序语言预定义的特殊词汇,如 if、else、while 等。它们有特定的语义含义,不能用作其他目的。

(2)标识符:这些是程序员定义的名字,用于标识变量名、函数名、类名等。

(3)常数:这些代表固定的值,如数字、字符串等。

(4)运算符:这些是用于执行运算的符号,如加号"+"、减号"-"、乘号"*"等。

(5)界符:这些符号用于标识语句的开始和结束,或用于组织程序结构,如括号"()"、分号";"、逗号","等。

由于所有的标识符在词法分析阶段都被归类为标识符,因此需要额外的属性值来区分不同的标识符。这个属性值通常是标识符的具体名称。这种区分方式允许编译器在后续阶段准确地识别和处理不同的标识符。

2. 语法分析

语法分析是编译过程中的一个重要阶段,主要分为自顶向下和自底向上两种方法。

(1)自顶向下语法分析:这种方法从给定语言的语法的起始符号开始,逐步进行推导,生成一个句型序列,直到得到与输入的单词符号串完全匹配的句子。在每步推导中,都会扩展当前句型中的非终止符,使用以该非终止符为左部的某个产生式的右部,替换该非终止符。如果无法进行这样的派生推导,则说明输入的单词符号串存在语法错误。

(2)自底向上语法分析:这种方法从输入的终止符串开始,逐步进行归约。每步归约都是在当前的字符串中找到一个与某个产生式的右侧部分匹配的子字符串,然后用该产生式的左侧非终止符替换这个子字符串。如果找不到匹配的子字符串，就返回上一个还原步骤之前的状态，尝试不同的子字符串或产生式，重复这一过程，直到还原到语法的起始符号。如果无法完成这样的还原过程，则表示输入的单词符号串中存在语法错误。

在语法分析的过程中，一般会调用词法分析程序，并同时建立符号表。符号表是进行语义分析的基础。它是一种包含了标识符属性信息的数据结构，这些属性通常包括符号的名称（key）、类别（identifier）、类型（type）、存储类别和存储信息（storage）、作用域和可见性（scope）等。符号表的建立可以在语法分析的同时进行，也可以在语法分析之后进行，这样可以获得更多关于符号的属性信息。通过符号表，编译器能够在后续的编译阶段准确地识别和处理各种符号。

3. 语义分析

语义分析阶段是编译过程中的一个关键步骤，它主要负责对程序的上下文信息进行收集和计算，确保程序的一致性和完整性，并生成中间代码。

（1）收集上下文信息：编译器在这一步骤中收集源代码的上下文信息，这包括变量的定义和使用、函数的声明和调用等。这些信息有助于理解程序代码中的各个部分是如何相互关联的。

（2）静态语义分析，检查静态一致性和完整性：编译器检查源代码是否符合语言的静态语义规则。这包括检查变量是否在使用前已定义、类型是否正确、函数调用是否符合声明等。如果发现静态语义错误，编译器会报告这些错误。

（3）中间代码生成：一旦程序通过了静态语义检查，编译器就会将源代码转换为中间表示形式，即中间代码。这一过程反映了如何在较低级别上解释程序的动态语义。中间代码生成是编译过程中的一个关键步骤，为后续的优化和目标代码生成奠定了基础。

静态语义分析和中间代码生成可以是语法制导的，也可以是基于抽象语法树（Abstract Syntax Tree，AST）的。在基于 AST 的方法中，编译器可能会对 AST 进行多次扫描，每次扫描都类似基于语法的单次语义计算。总的来说，语义分析阶段是确保程序逻辑正确性和一致性的重要步骤，为后续的编译阶段提供了必要的基础和信息。

4. 目标代码生成

编译过程的最后阶段，即目标代码生成阶段，是一个至关重要且复杂的步骤。在这一阶段，编译器的任务是将 IR（如三地址码 TAC 或抽象语法树 AST）以及符号表信息转换成最终的目标代码，即可执行的机器代码或字节码。在转换的过程中需要针对各种层次上的中间代码以不同的目标进行优化，例如，目标可以是程序以更快的速度运行、代码占用空间更少和运行的功耗更低等。这一步骤与硬件架构强相关，也是最灵活、最复杂的，并且是灵活密码芯片领域最应该关注的工作。

在工程实践中，开发编译器时常常会利用现成的开源编译器框架，以减少开发工作量并提高编译器的可靠性和性能。GNU 编译器套件（GNU Compiler Collection，GCC）和 LLVM（Low Level Virtual Machine）编译器框架是两个在现代编译器设计领域非常主流和强大的开源编译器框架。本书主要聚焦 LLVM 进行展开介绍。

5.2 开源编译器框架 LLVM

5.2.1 基于 LLVM 编译器的高级设计架构

LLVM 的历史始于伊利诺伊大学的一个研究项目，其最初的目的是提供一种基于唯一静态赋值(Single-Static Assignment,SSA)的现代编译策略,能够支持各种编程语言的静态和动态编译。自那时起,LLVM 已经从一个单一的研究项目发展成为一个包含多个子项目的伞式项目。在其发展过程中,LLVM 吸引了广泛的关注并应用于多个领域。它不仅用于多种商业和开源项目的生产环境,还广泛用于学术研究和实际的软件开发。例如,LLVM 被用于优化机器学习编译器 XLA、机器学习平台 TensorFlow、高性能数值计算库 JAX 以及端到端深度学习编译器 TVM。此外,面向科学计算的高性能动态编程语言 Julia 也利用了 LLVM 的部分功能。在芯片领域,LLVM 一般用于开发适用于特定芯片架构的编译器。

编译器的功能是将一种高级语言转换为机器可执行的语言。传统编译器的编译过程包含编译和链接。从源代码到可执行程序需要经过:源代码→预处理器→调整后的代码→编译器→汇编语言代码→汇编器→可调整的机器语言代码→链接器或加载器→可执行程序。传统编译器将源代码编译为包含机器代码的对象文件(.o),链接器将这些对象文件与库结合在一起,形成可执行程序。LLVM 的架构如图 5-2 所示,LLVM 项目是一个模块化、可重用的编译器和工具链技术的集合,一般包含前端、后端、优化器、汇编器、链接器、libc++、compiler-RT 和 JIT。编译和链接操作是分开的,即保留了单独编译的优点。LLVM 项目是围绕多阶段编译方法设计的,这种编译策略的独特之处在于,它允许在应用程序的整个生命周期内进行积极的优化,同时保持实用性。

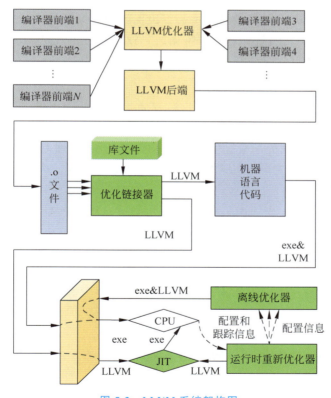

图 5-2　LLVM 系统架构图

静态编译器前端不是直接将高级语言编译为机器代码,而是编译为 LLVM 虚拟指令集。优化链接器将这些 LLVM 对象文件组合在一起,对它们执行复杂的优化过程,最后将它们集成到本机可执行文件中,并将其写入磁盘。

由优化链接器编写的可执行文件,包含可在主机体系结构上直接执行的本机代码,以及应用程序本身的 LLVM 字节码的副本 1。当应用程序正在执行,运行时重新优化器可以监视程序的执行,收集关于应用程序的典型使用模式的配置文件信息。从应用程序行为检测到的优化机会可能导致运行时重新优化器动态地重新编译和重新优化应用程序的部分。但是,有些转换过于昂贵,无法在运行时直接执行。对于这些转换,离线优化器使用机器的空闲时间,基于积极的过程间技术和用户使用过程中的准确配置文件信息,来重新编译应用程序。

扩展 LLVM 系统设计的关键点是 LLVM 虚拟指令集,这个虚拟指令集可用于不同工具之间的交互,详见 5.2.2 节。LLVM 虚拟指令集设计的关键是能够通过通用的低级类型系统支持任意源语言,使得 LLVM 框架的不同部分可以统一工作。

下面展开介绍 LLVM 架构的组成部分。

1. 编译:前端和静态优化器

为支持多语言前端,LLVM 系统设计每个前端将支持的源语言翻译成 LLVM 虚拟指令集。语言前端的主要工作是将源语言转换为 LLVM 虚拟指令集,但它也可以执行特定于语言的优化,以减少链接时间优化器所需的工作量。由于所有 LLVM 转换都是模块化和共享的,静态编译器可以选择使用部分(或全部)LLVM 基础结构转换来提高其代码生成能力。

与高级虚拟机不同,LLVM 类型系统不指定每种语言必须使用的对象模型、内存管理系统或特定异常语义。相反,LLVM 直接支持最低级别的类型构造函数(如指针、结构和数组),依赖源语言将高级类型系统映射到低级类型系统。通过这种方式,LLVM 与语言无关,就像微处理器一样,可以把所有高级功能都映射到更简单的结构中。

2. 链接:链接器和过程间优化器

LLVM 优化链接器是在整个程序中执行过程间优化的模块。链接是编译过程的第一阶段,其中程序的大部分[1,2]可用于分析和转换。LLVM 中的所有转换都是模块化的,允许 LLVM 优化链接器使用传统的标量优化(由静态编译器使用)清理大规模过程间优化的结果。与静态编译器一样,优化链接器直接对 LLVM 字节码进行操作,从而能够利用其中的高级信息。

优化分为两步:先分析、再优化。过程间分析(Inter-Procedural Analysis,IPA)包含局部和全局分析,生成各自的摘要。过程间优化(Inter-Procedural Optimization,IPO)包含众多的优化,支持单文件编译和多文件编译两种模式。

在编译时,可以为程序中的每个函数计算过程间摘要,并将其附加到 LLVM 字节码[3]中。然后,在链接时过程间优化器可以将这些过程间摘要作为输入进行处理,而不必从头开始计算结果。当只需要重新编译几个翻译单元时,这种技术减少了必须执行的分析量,从而可能节省大量的编译时间[4]。

一旦完成了链接,就选择适合目标的代码生成器,将 LLVM 转换为当前平台的本地代码。如果用户决定使用链接后优化器,则将压缩 LLVM 字节码的副本存在可执行文件本身中,避免在运行时或离线优化器为给定程序获取错误字节码。

3. 运行时分析和重新优化

LLVM 框架的一项关键技术是,运行时的分析与重新优化,它在运行时收集配置文件信息,使用这些信息进行重新优化和重新编译。运行时重新优化程序可能使用各种不同的技术收集配置文件信息,如 PC 采样技术[1,2](寻找热函数和循环)或路径分析[5](确定通过复杂代码区域的热路径)等。

LLVM 运行时优化器可以选择直接对预编译的本机代码进行轻量级优化,同时参考 LLVM 字节码以获取有关数据流和类型的高级信息。该信息允许安全高效地实现简单的转换(例如,代码布局、基于来自 LLVM 字节码的控制流信息)。更激进的转换(例如,基于值分析[6]的结果)可以选择修改程序的 LLVM 字节码,并从中重新生成机器代码。这种方法是对中等复杂度的有用优化。对于非常昂贵的优化,一般使用离线重新优化程序。

按照传统做法,编译时使用配置文件驱动优化[7-9],它使用应用程序的估计运行时间来提高编译性能(通常通过优化常见情况而牺牲不常见情况)。传统方法有两个主要缺点:配置文件信息衡量的是开发人员而不是用户的使用模式,开发人员很少实际使用配置文件引导的反馈。运行时优化消除了这两个问题:应用程序的最终用户在使用应用程序时提供配置信息,而开发人员没有额外的工作。

4. 离线重新优化器

有些类型的应用程序并不特别适合运行时优化:这些应用程序通常有大量的代码,没有一个是非常"热门"的。因此,运行时优化器无法花费大量时间来改进任何一段代码。

为了支持这些类型的应用程序并支持其他需要潜在昂贵分析的优化,可以使用离线重新优化程序。它被设计为在计算机的空闲时间运行,这使得它比运行时的优化器在优化策略上更加激进。离线重新优化器将运行时优化器收集的配置文件信息与 LLVM 字节码相结合,进行重新优化并重新编译应用程序。通过这种方式,它能够执行积极的过程间优化,不会与应用程序竞争处理器周期。应用程序的使用模式随着时间的推移而变化,通过运行时和离线重新优化器进行的相互结合来实现优化。

5.2.2 LLVM IR 概述

LLVM IR 是 LLVM 编译框架中的中间表达形式,也是 LLVM 平台的汇编语言,即 LLVM 框架有自己的虚拟指令集,LLVM 的各个组件使用 LLVM IR 完成功能。如图 5-3 所示,LLVM IR 是 LLVM 连接编译器前端和后端的中间桥梁,原理上可以将编译的前端和后端进行独立分割,可以使得 LLVM 前端和后端的设计互相解耦,降低编译器设计的复杂度。LLVM IR 自身也是一套足够底层且完备的、接近汇编语言的语言系统,具备良好的语言格式,对一些领域定制加速器语言设计上有着很强参考意义。领域定制加速器语言的设计可以通过在 LLVM 系统上扩展领域专属的 IR 进一步支持领域定制语言。

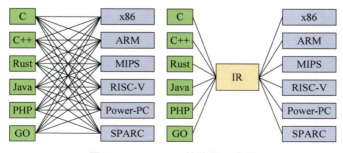

图 5-3 LLVM IR 的作用示意图

为了方便读者理解,这里用一段代码示例来介绍 LLVM IR 的格式。若在 LLVM 中输入命令 clang -S -emit-llvm sourcefile.c 编译代码:

```
void test(int a,int b){int c = a * b + 100;}
```

可以得到如下 .ll 文件：

```
;Function Attrs: noinline nounwind optnone ssp uwtable
define void @test(i32,i32) #2{      ;全局函数@test (a,b)
%3 = alloca i32,align 4              ;初始化局部变量 c
%4 = alloca i32,align 4              ;初始化局部变量 d
%5 = alloca i32,align 4              ;初始化局部变量 e
store i32 %0,i32 * %3,align 4        ;整型变量%0赋值给整型变量%3 c = a
store i32 %1,i32 * %4,align 4        ;整型变量%1赋值给整型变量%4 d = b
%6 = load i32,i32 * %3,align 4       ;读取整型变量%3,赋值给整型变量%6
%7 = load i32,32 * %4,align 4        ;读取整型变量%4,赋值给整型变量%7
%8 = mul nsw i32 %6,%7               ;a * b,结果存到整形变量%8
%9 = add nsw i32 %8,100              ;a * b + 100,结果存到整形变量%9
store i32 %9,i32 * %5,align 4        ;参数整型变量%9赋值给整型变量%5 c
ret void
}
```

IR 有 4 个层级，从大到小是：模块（module）、函数（function）、基本块（basic block）、指令（instruction）。它的基本语法是：注释以分号开头，全局表示以@开头，局部变量以%开头，alloca 字段表示在函数栈帧中分配内存，align 表示字节对齐，store 表示写入，load 表示读取。test 是函数的名称，函数里如果有分支，就会有多个基本块，基本块由一系列 LLVM 的指令组成。函数以一条终止符指令结束（分支、返回、展开或调用），每个终结符都明确指定其后续的基本块。

LLVM 虚拟指令集凝练了普通处理器的关键操作，整个 LLVM 指令集仅由 31 个操作码组成。大多数指令，包括所有算术和逻辑运算，都是三地址形式：在形式上它们输入一个或两个操作数，并产生一个结果。

LLVM IR 使用一组无限类型的虚拟寄存器，这些寄存器可以保存基元类型的值（布尔值、整数、浮点值和指针），虚拟寄存器采用 SSA 形式，为了前期可以进行硬件无关的优化和设计，每条指令都使用不同的虚拟寄存器。在分配虚拟寄存器后，就可以在之后的阶段结合硬件的特性做进一步的映射。这样的好处是方便追踪代码。

LLVM 虚拟指令是具有特定类型、类型安全的。LLVM 的基本设计特征之一是包含了一个与语言无关的类型系统（void、bool、8~64 位的有符号/无符号整数、单精度和双精度浮点类型以及 4 种派生类型：指针、数组、结构和函数[10-12]）。每个 SSA 寄存器和显式内存对象都有一个关联的类型，所有操作都遵循严格的类型规则。此类型信息与指令操作码一起使用，以确定指令的确切语义（如浮点与整数加法）。这种类型信息支持对低级代码进行广泛的高级转换。此外，类型不匹配对于检测优化器错误非常有用。

现在对 LLVM 一些比较有特点的指令进行简单介绍。

（1）phi 指令实现 PHI 节点，phi 指令必须在基本块的最前面，由前任块决定值，以如下代码为例，若之前执行的是 LoopHeader 指令，则 phi 指令的值是 10，若之前执行的是 Loop 指令，则指令的值是%next。phi 指令的目的是在 LLVM 的 SSA 形式下表示分支情况。

```
%1 = phi i64 [ 10,% LoopHeader ],[ % next,% Loop ]
```

（2）cast 指令用于将一种变量的类型转换为另一种任意类型，是 LLVM 中执行类型转换的唯一方法。因此，强制转换使所有类型转换都是显式的。在没有内存访问错误的情况下，没有强制转换的程序必然是类型安全的。

（3）getelementptr 指令执行指针运算，可以获得执行数组的元素和指向结构体成员的指针。其只执行地址运算，而不访问内存。其方式既保留类型信息又具有与机器无关的语义。在 LLVM IR 里语法如下：

```
<result> = getelementptr <ty>,<ty>* <ptrval>{,[inrange] <ty> <idx>}*
<result> = getelementptr inbounds <ty>,<ty>* <ptrval>{,[inrange] <ty> <idx>}*
<result> = getelementptr <ty>,<ptr vector> <ptrval>,[inrange] <vector index type> <idx>
```

在这 3 种表现形式中，<ty>指类型，该指令的第一个参数表示的是指针的类型；第二个参数是原始指针，往往是一个结构体指针，或数组首地址指针。之后的参数都是<idx>意思是 index，代表偏移地址。getelementptr 指令显式表达地址的计算并标明了类型，这样它就可以暴露在所有 LLVM 优化中，从而方便进行冗余消除、重新关联。

5.2.3 LLVM 后端

LLVM IR 是一种数据结构，在 LLVM 架构里，LLVM IR 可以供大部分组件使用，但是在编译的不同阶段会使用不同的数据结构，如 AST、LLVM IR、有向无环图（Directed Acyclic Graph，DAG）、三地址码等。不同的数据结构互相转换，在合适的时间使用相应的数据结构，方便实现优化。LLVM 后端需要完成的工作如图 5-4 所示。

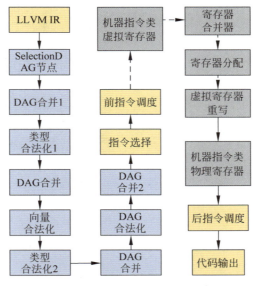

图 5-4 LLVM 后端工作流程示意图

指令选择（instruction selection）可以将 LLVM IR 映射为机器指令。具体过程是将 LLVM IR 数据结构的每个基本块转换为有向无环图［一种图数据结构，节点代表指令，边代表数据依赖，边是有向的，图无环］，然后对节点进行降级、DAG 合并及合法化，最后使用基于模式匹配的指令选择算法。

前指令调度（pre-instruction scheduling）也称为前寄存器分配调度（pre-register allocation scheduling),可以优化指令顺序、提升指令的并行度,并将指令转换为三地址形式。

寄存器分配(register allocation):LLVM IR 里使用了无限的虚拟寄存器,此时要将虚拟寄存器映射到硬件有限的寄存器,可能会出现溢出问题,使用图着色等算法来尽可能高效地利用硬件寄存器。

后指令调度(post-instruction scheduling)也称为后寄存器分配调度(post-register allocation scheduling),依据硬件寄存器等存储资源的具体数量、延迟信息,再进行指令调度,优化并行度和顺序。

代码输出(code emission)将指令转换为适合链接器和汇编器的形式,一般输出汇编代码或者特定格式的目标代码。

5.2.4　LLVM 工作流程总结

在了解了以上内容之后,LLVM 工作流程的总结如图 5-5 所示。LLVM 框架内,针对不同的高级语言有不同的前端,前端进行词法分析、语法分析、语义分析,将源程序转换为 LLVM IR。LLVM 前端中最广为人知的是 Clang 项目,它是针对 C 类型语言的编译器,在 LLVM 框架内被用作前端。LLVM 在中端进行优化工作,使用过程 Pass 实现。Pass 实现一系列的优化功能,使用 C++ 编写类结构来实现,每种优化需要先进行分析 Pass,再进行优化 Pass。开发者可以使用 Passmanager 管理 Pass 间的依赖关系,甚至自定义 Pass。LLVM 针对不同硬件提供不同的后端,使用 TableGen 语言进行表示和开发,完成指令选择、寄存器分配、指令调度等功能,最终输出硬件机器语言。

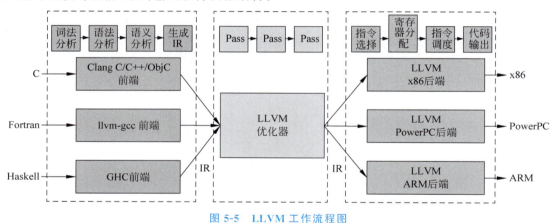

图 5-5　LLVM 工作流程图

5.3　面向密码应用的编译技术

密码编译器在密码学和安全领域发挥着至关重要的作用,它们不仅将程序代码转换为芯片电路的配置信息,而且还执行领域特定的优化,以确保算法的正确性、安全性和高效性。这种转换涉及将程序中的密码学操作理解并转换为硬件(如 ASIC、FPGA)可以执行的形式。在进行这一过程时,密码编译器专注于特定密码学领域的优化,包括优化算法的实现,以减少延迟、提高吞吐率、降低能耗,同时确保优化操作不会破坏算法的安全性质,如密钥的保密性和算法的抗分析能力。此外,密码编译器的设计目标之一是实现高于或等于手工映射的吞吐率和资源利用率,这主要是因为它能够通过系统的分析和优化技术更有效地识别并行性并优化资源分配,从而使密码学算法能够在硬件上以高效和安全的方式运行。

密码编译器面临的挑战是处理大量数据的同时需满足高安全性要求。例如,全同态密码加速器编译器的实现难点是如何智能地处理大量数据的存储和搬运,特别是寄存器分配的过程。一方面,这种编译器需要处理高度复杂的算法和庞大的数据量;另一方面,它还必须保证加密数据的安全性和隐私性。值得注意的是,不同密码算法之间存在算子类型的部分重合,例如 ECC、AES、BCH 码和 RS 码等都共享相同的伽罗瓦域(Galois field)的算术运算操作。这一点为密码编译器的设计提供了优化的机会。通过对这些共享算子进行针对性的软硬件优化,可以有效减少资源消耗和提高运行效率。同时,可以借鉴像 Tensorflow 这样的框架来设计相应的算子库,进一步提升编译器的性能和通用性。在密码领域,面向密码领域定制架构(Domain-Specific Architecture,DSA)芯片等特定硬件的编译器尤为重要。如果在芯片设计完成后忽略编译器的作用,手动编写算法的汇编代码将是一个巨大且繁复的工程。而编译器可以轻松地将汇编程序(甚至是高级语言程序)转换为电路的配置信息,同时进行领域定制的优化。借鉴处理器传统编译器中的优化手段,可以在编译器的前端、中端和后端进行全面优化。此外,基于开源框架如 LLVM 和 GCC 的工作也为密码编译器的发展提供了更多可能性。

接下来,可以通过 3 个具体的例子深入了解不同类型的密码编译器及其工作模式。这些例子可能涉及不同类型的密码算法和优化策略,展示了密码编译器在实际应用中的多样性和复杂性。

5.3.1 构建领域定制加速的自动化编译器

Gokhan Sayilar[13]等所开发的 Cryptoraptor 是一个高性能、低功耗的密码处理器,电路如图 5-6~图 5-9 所示,专门设计用于支持广泛的对称密钥密码算法以及未来可能出现的加密标准。这款处理器在 1GHz 的运行频率下,为 AES-128 算法实现了高达 128Gb/s 的峰值吞吐率,这一性能表现在传统的 CPU 和 GPU 解决方案中是罕见的,分别比它们高出了 25 倍和 160 倍。Cryptoraptor 的设计突出了其灵活性和适应性,能够有效支持多种主流的对称加密算法,这使得它不仅适用于当前的加密任务,还能应对未来的加密标准。其电路架构经过精心设计,优化了数据处理路径和并行处理单元,以确保在保持高吞吐率的同时也实现低能耗运行。这种处理器的出现体现了加密领域对高性能硬件解决方案的持续需求和技术创新的努力,为未来的密码学应用提供了明确的研究方向。

图 5-6 Cryptoraptor 架构图

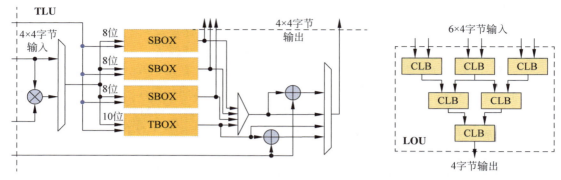

图 5-7　查表单元　　　　　图 5-8　逻辑运算单元

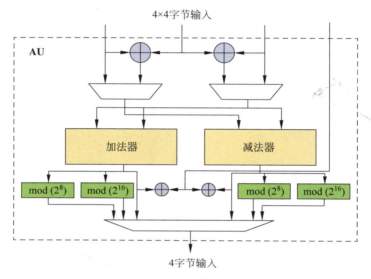

图 5-9　计算单元

围绕 Cryptoraptor 所开发的自定义工具链全面基于底层处理器架构,并专门针对吞吐率的输入映射进行了优化。工具链通过展开循环结构和生成数据流图来优化硬件操作序列,有效利用硬件资源。当功能单元(Functional Units,FU)操作数准备就绪时,它就动态地向功能单元发出操作指令,以提高执行效率。尽管工具链实现了高度的自动化,但它仍然提供了通过汇编语言进行手动调整的可能性,给用户更多的控制和定制空间。整体而言,这个工具链能够实现高于或等于手工映射方法的吞吐率和资源利用率,显示出其优化和自动化的高效能力,如表 5-1 所示。该工具链有如下 3 个特点。

(1) 自动化工具链旨在实现高度灵活性,使处理器能够支持广泛的密码算法,并优化性能。其设计重点在于简化从算法到硬件的映射过程,提升处理器的易用性。

(2) 与手动映射相比,自动化工具链生成的硬件映射在某些方面更为优越。尽管产生的功能单元模式可能略有差异,工具链更擅长发现算法中的并行性,这在平均情况下提升了处理器元件的应急那利用率。

(3) 该团队还研究了为提供高度灵活性在 Cryptoraptor 处理器中引入的一些冗余算子、单元和连接的设计决策对结果的影响。尽管这种灵活性增加了处理器的功能,但它也牺牲了一定的资源利用效率。

表 5-1 所提出处理器的性能利用率

比较项	算法															平均利用率
	AES	Blowfish	Camellia	CAST128	DES	GOST	Kasumi	RC5	SEED	Twofish	RC4	Phelix	MD4	MD5	SHA-1	SHA-2	
块大小	64	64	128	64	64	64	64	64	128	128	32	32	128	512	512	512	
轮数	16	16	18	16	16	32	6	12	16	16	4	1	48	64	80	64	
并行度	1	4	2	4	2	4	1	4	1	2	4	2	2	2	2	1	
PE	100%/100%	100%/100%	60%/71%	100%/100%	50%/83%	100%/100%	50%/48%	100%/100%	50%/50%	90%/81%	100%/100%	100%/100%	66%/73%	62%/85%	100%/99%	55%/50%	80%/84%
PEU	0%/0%	0%/0%	0%/0%	0%/0%	50%/50%	0%/0%	5%/5%	0%/0%	0%/0%	0%/0%	0%/0%	20%/20%	0%/0%	0%/0%	0%/0%	0%/0%	5%/5%
SRU	0%/0%	67%/67%	3%/3%	20%/20%	0%/0%	33%/33%	9%/0%	50%/50%	0%/0%	20%/20%	0%/0%	80%/80%	17%/17%	12%/13%	33%/28%	30%/30%	18%/18%
AU	50%/50%	33%/33%	20%/25%	20%/20%	17%/33%	33%/33%	20%/20%	0%/0%	30%/32%	30%/40%	50%/50%	0%/0%	0%/0%	0%/0%	0%/0%	0%/0%	19%/21%
TLU	0%/0%	67%/67%	0%/0%	54%/54%	0%/0%	33%/33%	0%/9%	50%/50%	8%/8%	40%/40%	38%/38%	70%/70%	50%/50%	50%/63%	83%/75%	40%/35%	36%/37%
LOU	50%/50%	0%/33%	80%/71%	6%/6%	0%/0%	34%/34%	25%/25%	0%/0%	13%/14%	20%/21%	0%/0%	0%/0%	17%/22%	12%/19%	17%/18%	20%/25%	18%/21%
CTR/(Gb/s)	128.00/128.00	85.33/85.33	64.00/64.00	64.00/64.00	42.67/42.67	51.20/51.20	16.00/16.00	85.33/85.33	16.00/16.00	64.00/64.00	—	—	—	—	—	—	—
CBC/(Gb/s)	6.40/6.40	5.33/5.33	3.20/3.51	3.20/3.20	2.67/2.67	2.67/2.61	1.00/1.00	5.33/5.33	0.80/0.84	3.20/3.20	4.00/4.00	6.40/6.40	1.77/1.78	3.98/4.03	8.53/4.55	1.60/1.60	—
Cycle	20/20	48/48	80/73	80/80	48/48	96/98	64/64	48/48	160/152	80/80	32/32	10/10	145/144	257/254	240/225	320/320	—

总体而言,这项工作不仅展示了在密码处理器设计中自动化工具链的重要性,还揭示了在性能、资源利用和灵活性之间的复杂权衡,以及未来优化和发展的潜在方向。

5.3.2 伽罗瓦域加速处理器的混合编译

Yajing Chen[14]等的研究团队探索了在低功耗物联网无线网络中实现纠错码灵活性和安全通信的统一处理器架构的可行性。他们提出了一种面向嵌入式领域的轻量级伽罗瓦处理器,基于 ARM M0+处理器实现了指令集扩展,专门面向高效处理各种大小和任意伽罗瓦域不可约多项式的计算问题,从而实现高效的分组编码和密码内核处理。这种处理器采用了程序导向的连接,允许动态配置并行性能,能够在单个循环中有效执行 4 路单指令流多数据流(Single Instruction Multiple Data,SIMD)、伽罗瓦域运算或宽位宽伽罗瓦域乘积。

该伽罗瓦域处理器在 28nm 工艺下流片,相比于针对通用 ARM M0+处理器优化的软件实现,在一系列纠错码和对称/非对称密码学应用中显示出 5~20 倍的加速。在 0.9V 和 100MHz 的条件下,处理器消耗 431μW 的功耗,并在执行 AES 运算时(12.2Mb/s 的速率)实现了 35.5pJ/b 的能效,且占用面积仅为 $0.01mm^2$。研究团队使用基于 Cortex M0+平台的编译器,将伽罗瓦域相关运算手动转换为汇编代码,并利用 RTL 实现了伽罗瓦域运算单元和两级有序处理器。他们还实现了可配置的 SIMD 指令,以利用编码和密码学中的并行性,将运算单元集成到了两级有序处理器中。处理器的指令序列包含来自 ARM 编译器的程序控制指令和手工编码的伽罗瓦域指令。最后,为了进行模拟仿真,算法的数据输入是随机生成的,寄存器的翻转行为全部被存储下来,并进行了进一步的时间和功率分析,用合成网表来生成功率和时间估计。这项研究展示了在物联网环境中如何通过专用硬件设计实现高效和灵活的纠错码和加密处理,同时在功耗和性能上达到优异的标准。

5.3.3 面向粗粒度 CGRA 的动态编译器

面向对称密码领域的粗粒度可重构密码处理器(CGRA)结构专门为高吞吐率安全网络处理和云计算环境设计,架构如图 5-10 所示,它的核心目标是支持所有常见的对称和哈希密码算法。这款处理器的设计重点是充分利用其庞大的计算资源,为此加入了一个高效的配置加速系统进行计算任务的调度。同时,为了提高数据的读取和加载效率,引入了一种多通道存储网络,这种设计允许更快速、更高效地处理大量数据,从而提高整体的性能。此外,为了优化编程和部署流程,该处理器配备了类似 CGRA 粗粒度可重构系统的半自动化编译器。这种编译器能够提高开发效率,同时保持一定程度的灵活性,允许开发者根据具体需求对编译过程进行微调和优化。

在技术规格方面,这款处理器采用了 65nm 工艺,实现面积为 $9.91mm^2$,运行频率达到 500MHz。它在保持高达 60Gb/s 吞吐率的同时,功率控制在 1W 以内,例如在 AES 算法下达到 64Gb/s 时的功耗仅为 0.625W。这样的能效比,在同类设计中表现卓越。综上所述,这款粗粒度可重构密码处理器不仅在处理高吞吐率的加密任务时展现出了高效能和低功耗的优势,其创新的多通道存储网络设计、高效的调度系统以及半自动化编译器的应用,都进一步提升了其在现代安全网络处理和云计算领域的应用潜力。

同时,文献[24]中提出了基于通用特征的动态编译框架,通过动态编译的方式弥补静态编译方式编译时间长的问题,也针对对称密码领域算法(包含 AES 算法在内)对算子进行动态的布局和互连选择,使用静态产生的模板来辅助布局布线,实验结果表明编译后的通用应用可以被转换为运行过程中任意资源。

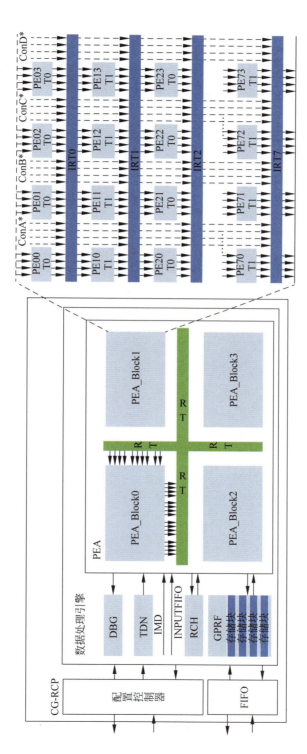

图 5-10 粗粒度可重构密码处理器架构图

5.4 抗量子密码芯片的编译框架

本节重点介绍由作者所在团队设计和实现的可重构抗量子密码芯片及其配置编译系统[16],其简称为 PKPU 加速器。PKPU 加速器能够支持多种抗量子加密标准和候选算法,包括 NIST 第四轮的候选算法 BIKE[16]、HQC[17]、McEliece[18] 以及即将标准化的算法 Dilithium[19]、Falcon[20]、Kyber[21]、"SPHINCS+"[22] 和国产密码算法 LAC[23],如图 5-11 所示,这些算法分别基于格、基于哈希、基于编码等数学困难问题,并均可以运行在可重构抗量子密码加速器 PKPU 上。鉴于抗量子密码算法本身特性,抗量子密码领域编译器面向静态算法,主要实现静态操作调度和数据搬运。静态调度方式调度硬件来高效执行计算任务,减少运行时间开销。这种设计方法使硬件能够更高效地执行计算任务,同时减少运行时的处理负担。抗量子密码加速器配备有领域定制的任务调度和更新单元,其负责维护数据潜在相关性并进行相关任务调度。硬件调度相关机制确保了算法执行的正确性,编译系统基于此可以对算子顺序进行静态调度降低执行时间开销。PKPU 加速器及其编译系统的设计来源于抗量子密码算法领域特点,抗量子密码算法主要为静态控制,因此算子顺序优化的收益主要来源于编译系统的调度优化。

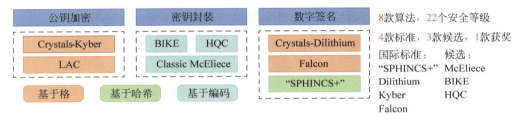

图 5-11 可重构抗量子密码芯片支持的算法

PKPU 加速器的硬件系统架构是为了特别适应后量子密码的计算需求而设计的。这种加速器的核心挑战在于处理由抗量子密码算法带来的巨大数据量和复杂的数据处理需求。为了应对这些挑战,PKPU 加速器的编译器的设计必须与传统编译器有所不同,以适应这些特殊需求。

5.4.1 任务算子层面

首先,密码算法之间具有通用的算法模块如 NTT、模乘,在软硬件划分角度,希望尽可能多地用硬件实现 NTT、模乘等算法,对算法进行增速,从功能完备性角度看,细粒度算子不可缺少。如图 5-12 所示,PKPU 加速器中的算子粒度分为 3 个层次,细粒度算子模块(如 ADD、SUB、SHIFT)、粗粒度算子模块(如 NTT、FFT、BM)、加密核(如 AES、Chacha-20),因此算子粒度需求层次多,硬件算子簇数目多,为任务选择带来困难。编译器为此设置了多层级任务,提供的任务种类数目多。

其次,架构设计时充分考虑了算子、不同任务类型之间的依赖与独立性,将同类型的算子归入同一个簇,为任务调度、配置等单独划分了硬件资源,这为任务的运行提供高并行度的可能,如图 5-13 所示。这种硬件结构带来的任务并行度与灵活性,对任务调度优化的要求高。编译器从局部、循环、全局等层级进行任务调度,以获得高效的任务调度结果。

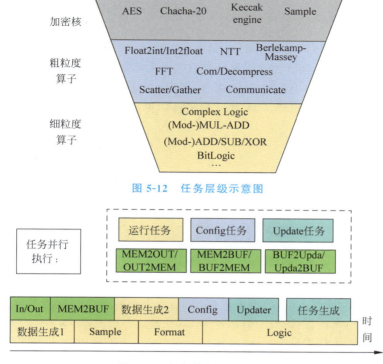

图 5-12　任务层级示意图

图 5-13　任务并行调度示意图

5.4.2　密码算法层面

PKPU 加速器已适配基于格、基于编码、基于哈希等不同数学困难问题的 Kyber、Dilithium 在内的八项后量子密码算法（覆盖各个算法的不同安全等级）。抗量子密码算法具备抵抗量子计算机、经典计算机攻击，适用于现有通信协议和网络的特点。抗量子密码算法基于格、基于超奇异同源、基于编码等新型数学困难问题，数学复杂度更高、计算量更大。算法本身所需的运算代价更高，高级语言代码、任务种类数量大，而硬件的任务存储器资源有限。作者团队为此开发了开发动态刷新任务存储器的功能，完善任务种类，编译器智能编译，软硬件配合完成功能。

抗量子密码算法的数学困难问题不同，计算开销瓶颈各有差异，硬件提供了实现加速的模块，而编译器需要完成选择、配置和调用硬件等功能。此外，硬件还为算子提供了优化的定制模块，具有多种运行模式和调用可能性，比如针对"SPHINCS＋"[22]的 Keccak 模块，如图 5-14

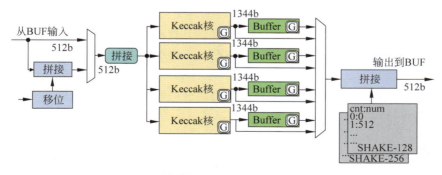

图 5-14　针对"SPHINCS＋"的 Keccak 模块

所示。领域定制的优化算子对编译器提出更高要求,编译器需要为算子提供定制的配置信息。

5.4.3 领域定制的硬件模块层面

抗量子密码芯片具有 3 级存储,为了降低数据依赖与提升并行度、避免读写冲突,分为多个块存储,如图 5-15 所示。抗量子密码算法是数据密集型算法,数据的存储是区域性存储,任务之间数据依赖严重,容易出现溢出、频繁搬移等问题。这对编译器的地址分配功能提出更高要求,期望分配结果的数据依赖低,挖掘出并行运行的可能性,自动生成搬移任务,智能决策搬移数据的地址。

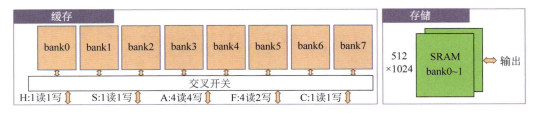

图 5-15 抗量子密码芯片存储架构图

抗量子密码芯片内还包括一个任务调度模块,如图 5-16 和图 5-17 所示,PQC 编译器设置了对应任务配置调度的模块。此外,在芯片架构中,可以对任务进行字段替换,大大减少了任务存储与搬移的开销,编译器提供了特应性的相关任务。总的来说,编译器和硬件架构软硬协同调度,算法运行性能大幅提升。

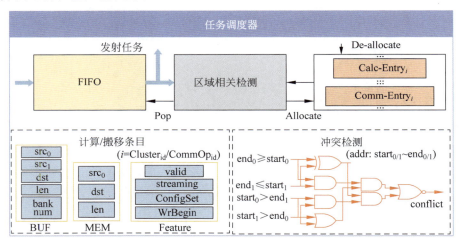

图 5-16 任务调度器

首先,由于抗量子密码算法通常处理大量数据,并且这些数据直接存储在缓存存储器中,编译器需要能够在长时间内有效地管理大型暂存区。这包括对缓存存储器的数据地址分配、数据更新以及数据在缓存存储器和内存之间的搬运。这种处理方式要求编译器具有高效的数据管理能力,以确保数据在整个计算过程中的流动性和正确性。其次,这个编译器被设计为能生成与硬件特性相匹配的特应性任务。这意味着编译器能够生成特定的任务来直接利用硬件的特殊功能,如硬件自动更新任务字段或配置为辅助任务簇的设置寄存器。这样的特应性设计使得编译器能够充分利用硬件资源,同时优化计算过程。此外,为了更有效地处理抗量子密码算法,编译器采用了用户定制语言的形式,并利用高级语言来完成算法的实现,包括词法分析和语法分析等前端功能以及将源代码转换为类似三地址码的中间表示。最后,编译器还利

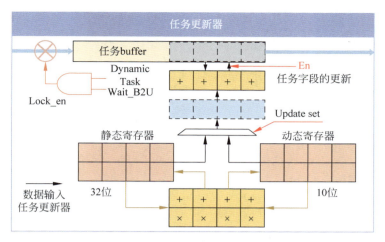

图 5-17　任务更新器

用列表调度、模调度等技术完成任务调度,并通过图着色和扩展区域 Ershov 方法进行地址的自动映射。这些高级编译技术使得编译器不仅能处理复杂的算法,还能优化任务流和内存访问模式,从而提高整体计算效率。

5.5　抗量子密码芯片的编译框架实现

在针对上述编译需求分析的基础上,本节介绍从用户设计语言支持、编译与调度机制、地址映射机制等方面进行的定制优化,以及基于 LLVM 的编译框架的实现。

5.5.1　用户语言设置

如图 5-18 所示的抗量子密码芯片的任务格式设计中,任务的构造被特别设计以适应抗量子计算的需求。抗量子密码芯片配备了 80 余个任务,这些任务的功能多样,涵盖了从调用计算簇、执行特定函数、处理循环控制流,到针对硬件调度模块的特应性操作以及数据搬运等。除了主要的计算和控制功能外,还包括一系列辅助功能的任务,如刷新任务内存、减少调用开销,以及帮助调试等。

图 5-18　抗量子密码芯片任务格式

下面这段用户语言描述的是多项式算子并行生成的过程,算子 Hard_PRNG_Rej_Sample 函数会映射成为"伪随机数生成、数据对齐、拒绝采样"等一系列抗量子密码算子,完成算法中所要求的从随机数种子到多项式生成完整过程。在映射过程中,程序员可以通过 #pragma 语句来对目标变量的地址分配进行建议,软件配置编译系统会根据 #pragma 指示内容对相关变量进行地址分配。除此之外,程序员还可以通过 #pragma 语句来对算子执行的任务簇进行映射。通过合理的配置,这些密码算子的执行可以在硬件中并行执行。

```
VectorIR pk_poly0,pk_poly1,pk_poly2,pk_poly3;

#pragma comment(user,"pk_poly0:32")
#pragma comment(user,"CLUSTER:2")
pk_p01y0 = Hard_PRNG_Rej_Sample(&pk_5eed1,16,1,0,0,256,0,12,3329,6,12,0,34,0);

#pragma comment(user,"pk_poly1:32")
#pragma comment(user,"CLUSTER:2")
pk_p01y0 = Hard_PRNG_Rej_Sample(&pk_5eed1,16,1,0,0,256,0,12,3329,6,12,0,34,0);

#pragma comment(user,"pk_poly2:32")
#pragma comment(user,"CLUSTER:2")
pk_p01y0 = Hard_PRNG_Rej_Sample(&pk_5eed1,16,1,0,0,256,0,12,3329,6,12,0,34,0);

#pragma comment(user,"pk_poly3:32")
#pragma comment(user,"CLUSTER:2")
pk_p01y0 = Hard_PRNG_Rej_Sample(&pk_5eed1,16,1,0,0,256,0,12,3329,6,12,0,34,0);
```

我们提供了面向抗量子密码芯片的用户语言编写流程上的建议,编译器本身也提供了一系列辅助工具和功能。编译器不仅包含了辅助编程的高级语言库,以便开发者更容易地实现特定算法和操作,还包括自动填充和语法报错功能。

5.5.2 编译、任务调度

在 PQC 加速器的编译过程中,第一阶段是对用户代码进行编译。这一阶段的特点是为每条任务设定助记符,将算法汇编转换为原始的任务数据流图,为接下来的任务顺序优化提供了必要的输入。这种转换是至关重要的,因为它直接关系到如何最有效地安排任务执行顺序。

任务调度优化对提升整个加速器的运算效率至关重要。PKPU 加速器拥有 4 个计算簇、一个通信簇和 8 个多项式缓存组,每个缓存组支持一次读一次写操作。鉴于 PQC 加速器运算追求最大化的并行度,编译器的一个关键任务是提前准备数据,以便空闲的算子尽早开始工作。这不仅涉及不同计算簇间的并行度优化,还包括了避免存储器组读数据排队的地址分配工作。这个优化过程首先涉及读取原始任务-数据流图,分析其中的数据依赖关系,并据此构建控制数据流图(CDFG)和数据流图(DFG),CDFG 和 DFG 反映的是程序中多变量之间的控制、数据之间的相关关系。在这个基础上,对整体代码块进行全局调度优化,包括对循环块的无环和有环模调度。最后,对基本块进行列表调度优化,以生成具有良好的计算簇并行性的时间表。整个过程的最终生成一个优化后的任务级数据流图,其中每个任务都被赋予一个反映其在整体执行顺序中的优先级的标记。这样的标记不仅有助于硬件在执行时的调度和并行处理,还确保了整个计算过程的高效性和准确性。这些细节反映出编译器在处理复杂的抗量子密码算法时的精密和高效。

5.5.3 地址映射

地址映射主要是输入任务级数据流图以及调度顺序。这一阶段的目标是生成一个近似调度,其中包括与计算解耦的数据传输,以最大限度地减少芯片内两级存储之间以及芯片外的数据传输,并实现良好的并行性。与 CPU 寄存器的分配相比,PKPU 面临着几个新的问题。

(1) 存储上需要实现从点到线的转变:传统的编译器对寄存器进行点式分配,而 PQC 编译器需要扩展到存储器一段区域的分配。

(2) 考虑数据缓存 BUF 模块的冲突：在分配地址时，需要考虑缓存之间可能发生的冲突。

(3) 粗粒度任务并行执行的考虑：分配地址时需要充分考虑多行数据并行执行的可能性，这与传统寄存器分配的编译器有所不同。

(4) BUF 模块到 MEM 模块，MEM 到外界的任务生成：PQC 处理的数据量大，因此在存储空间有限的情况下(例如，64+128KB)，地址分配变得尤为重要。这涉及自动生成 MEM 与数据缓存之间、MEM 与外界之间的数据搬移任务，同时尽量避免不必要的搬移，让数据在数据缓存中尽可能多地存在并复用。

对包含寄存器、存储系统组以及组内物理地址的地址映射的主要思路包括以下几个步骤。

(1) 数据流图的分析与顺序优化：首先对数据流图进行分析，得到新的数据流图顺序(某种拓扑排序)。

(2) 构建算子冲突图和着色：在新的数据流图上分析并行算子，添加冲突边，构建算子冲突图，并对该图进行着色以分配数据块，避免读写冲突。

(3) 多地址树的构建和地址分配：构建多地址树，对多地址树中的每个节点按照逐块递归执行扩展区域 Ershov 算法，分配具体地址。如果节点的标号大于被分配块的剩余空间，自动生成对 MEM 或外界的搬移任务。

(4) 再次顺序优化：在完成地址分配后，由于地址依赖和新生成的搬移任务，需要重新进行一次顺序优化。

在抗量子密码加速器的编译过程中，数据缓存存储器组的分配是一个关键环节，因为它需要在提供足够地址空间以避免容量超界和保持高并行度之间找到平衡。采用启发式方案实现这种权衡，以更好地分配寄存器并优化整体性能。

(1) 针对并行算子数量的分配策略：当并行算子较少时，可以为单个算子分配更多的寄存器组，从而提供更广阔的地址空间。这有助于减少容量超界的情况，尽管可能会增加冲突的风险。

(2) 根据寄存器组有效区域的剩余容量进行权衡：在为每个节点分配寄存器组时，需要考虑该组有效区域的剩余容量。如果剩余容量充足，可以分配较少数量的组；如果不够，则需要权衡是否牺牲并行度，分配更多的组。这个决策过程中需要考虑牺牲并行算子带来的开销与额外的与 MEM 通信开销之间的取舍关系。

(3) 任务通路中寄存器的利用和任务的调度也是至关重要：计算时间表取决于寄存器中的值，这些值何时被放入寄存器以及替换哪个值。为了有效地防止运算停滞，调度器采用了一个简化的机器模型：它不考虑芯片上的数据移动，而是将所有功能单元视为直接连接到寄存器。这意味着每次调度一个任务时，如果任务的输入在寄存器中可用，那么就认为该任务已经准备就绪，并遵循就绪任务中的优先级。

最终这一过程会生成一个考虑了寄存器和 MEM 分配的任务数据流图，确保了整个系统的高效运行和数据处理的顺畅性。通过这样的设计，PKPU 加速器能够在处理大量数据的同时，保持较高的运算效率和并行度。

5.5.4 LLVM 实现

在构建完毕编译器的基本思路并实现了其基础框架与功能后，进一步的工作是将编译器移植到 LLVM 框架中。这一举措的目的是利用 LLVM 的高可扩展性和工程实践的规范性，也为未来的 PQC 密码加速器架构设计提供了一个直接可用的编译平台。

在 LLVM 框架下，可以借助 Intrinsic 功能、Pass 系统和 MLIR（Multi-level Intermediate Representation）的定制性完成算法汇编的前端优化工作，其中 MLIR 支持不同层次 IR 之间的转换，解决软件中多套代码的碎片化问题，减少构建特定领域编译器的开销。LLVM 中通过添加一系列 LLVM Pass，可以轻松地引入多种优化过程，如窥孔优化、表达式重联、公共子表达式消除和控制流图简化等，这些都是常见的代码清理功能。LLVM 官方提供的多种 Pass 适用于不同的场景，使得优化过程既灵活又高效。

此外，利用 MLIR 进行与硬件架构设计紧密耦合的后端算子优化也是至关重要的。通过构建特定的 dialect 和实现的函数接口，可以将算法深度整合到 LLVM 体系中。这些优化后的算法会被翻译成 LLVM IR，最终转换为机器语言。

总体而言，将编译器移植到 LLVM 并利用 MLIR，不仅提升了编译器的功能性和可扩展性，还使得编译器能够更好地适应不同的硬件架构和优化需求。

5.5.5 工作展望

1. 密码领域编程框架

AI 领域编程框架包含基础模块、算子库，如基于 LLVM 的 XLA，基于 XLA 的 Tensorflow，Tensorflow 为机器学习提供了编程结构与架构、一个端到端的学习平台，硬件方面搭配了 TPU、NPU、GPU 等。这样的思路可以拓展到密码领域，构建出一个密码领域的编译框架，节省各种自定义的编译器的工作，搭建一个通用的密码领域开源平台，如图 5-19 所示。目前密码方面的领域定制加速器研究是很缺乏的，这方面的研究工作亟须开展。

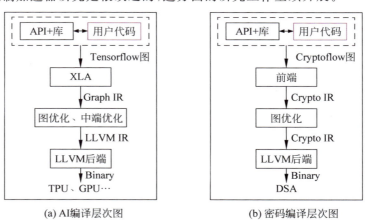

图 5-19　Tensorflow 和未来编程框架的对比

2. 统一的软硬件框架

编译器的搭建是一个烦琐、复杂、工程量大又跟随硬件结构改变的项目，采用不同的前端语言、硬件架构搭建不同的编译器，会产生很多不必要的工程、人力开销，LLVM 开源项目一定程度上解决了编译器开发过程中的代码重用问题，MLIR 为高级 IR 分析和转换提供基础框架，如图 5-20 所示。在密码领域，未来可以从应用的角度入手，基于 LLVM 和 MLIR，进一步提升编译器开发的代码复用率。

在硬件设计方面有类似的问题，一个芯片中有模块 A 和 B，如果 A 和 B 是为了完成不一样的功能，但是 A 和 B 中有大量重复类似的硬件资源，并且 A 和 B 不在同一控制框架下，那

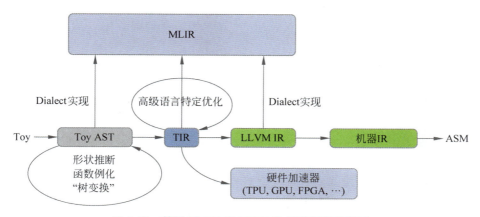

图 5-20　基于 LLVM 和 MLIR 的编译框架示意图

么就会产生面积资源浪费、硬件模块闲置的问题。

理论上，一个软硬件框架可以分为 4 层，如图 5-21 所示。基础算子和任务是底层，基于底层实现基础密码层。公钥密码（包括后量子密码 PQC）也是这一层的密码之一。使用基础密码层可以搭建更高级的密码层，如全同态加密（FHE）、零知识证明（ZKP）、多方安全计算（MPC）、区块链（Blockchain）。基于这些高级密码层可以构建功能更强大的应用层。

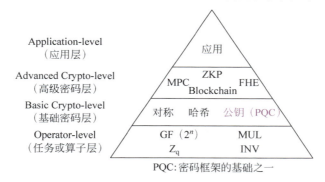

图 5-21　软硬件框架四层结构图

未来有可能提供一个可以实现这些功能的硬件，兼具灵活性与专用性，构造密码方向的处理单元（Cryptography Processing Unit）。未来的抗量子密码编译器架构如图 5-22 所示，有可能在软硬件两方面在层次与架构上进行更新。

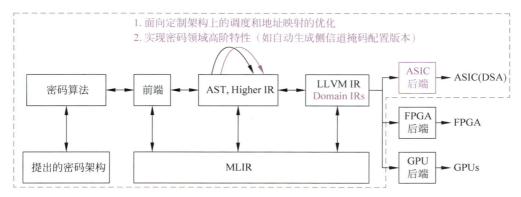

图 5-22　未来的抗量子密码编译器架构

5.6 本章总结

本章从通用编译技术的基础知识入手，首先概述了编译器的基本架构，使读者对编译器整体结构和工作原理有初步了解。随后，转向介绍高级且实用的开源编译框架——LLVM。在描述了整体架构后，特别强调了 LLVM IR 和后端的细节，这些都是理解现代编译器的关键部分。

进一步，本章探讨了密码领域的编译器情况，包括编译器在密码学和安全领域的作用和面临的挑战。具体介绍了 3 种典型的编译器模式，包括领域定制加速的自动化编译器、伽罗瓦域加速处理器的混合编译以及面向粗粒度 CGRA 的动态编译器。这些例子展示了密码编译器在不同应用场景下的多样性和复杂性。

本章的后半部分聚焦于作者团队设计和实现的可重构抗量子密码芯片及其配套的编译系统。首先，介绍了聚针对密码芯片架构的编译器设计挑战。然后从用户语言设置、编译与任务调度、地址映射以及 LLVM 实现的角度，详细介绍了该系统的设计。特别地，最后还提出了对未来密码领域编译工作的展望。

未来密码领域的发展可通过综合软件和硬件的协同工作来实现更大的突破。软件方面的工作主要涉及算法设计、编译技术的提升，以及架构模拟的优化；而硬件方面则着重于设计和实现能够充分支持密码算法的高效加速器。

在硬件发展方面，设计密码算法特性适配的加速芯片。这需要深入理解密码算法的内部结构、计算需求以及安全性要求，运用先进的硬件设计技术，提高芯片的计算效率和响应速度，同时确保安全性。在算法核心实现上，不仅要完成功能，还需要保证算法的安全性，特别是在抗量子计算的背景下。

在算法设计方面，工作的重点在于提供高效的工具和平台，以支持密码算法的快速发展和应用。这包括提供一个功能丰富的算子库和用户友好的编程 IDE，使密码算法的研究和开发工作更加便捷和高效。

在编译方面，工作的重点有以下几方面。

(1) 密码编译器的前端具备处理使用上述算子库构建的算法的能力，将其映射到相应算子。同时，它也能够直接处理算法的高级语言，有能力识别底层操作流的功能，并将其打包映射到相应的硬件(如 NTT、FFT、Sample)等。在这个阶段，算法设计人员可以利用高级语言设定限制条件，使编译器能够优化设计出算法的实现逻辑。前提是为编译器提供了常见的同类基本算法以及足够多的优化算法的思路和样例，例如，实现恒定时间操作和自动生成测信道掩码版本的算法。

(2) 在中端优化阶段，不仅要实现常规的死代码消除等优化，还考虑密码领域的数据敏感性——提供安全等级管理，例如，针对密码算法中消息和公钥之类安全级别不同的数据，需要不同处理手段。此外，提供优化 Pass 的管理，以满足前端的输入限制条件，避免过度优化。这些工作原本需要人工完成，但智能分析算法的应用可以实现全自动的管理，这是值得研究的工作。

(3) 对于后端，需要为每种硬件架构编写编译器后端的语言文件。这些文件可以描述硬件架构、管理后端优化功能并选择算法。考虑到 LLVM 开源框架后端代码的烦琐和复杂性，未来可以设计一个平台——只需输入硬件参数即可自动生成编译器后端代码，甚至能够直接利用RTL分析生成后端文件，这是一个值得研究的课题。在后端优化方面，有几个问题需要解决：①对不同硬件的差异性和共性进行归纳，为编译器后端提供基础架构，方便人工增补特定硬件架构的资源属性；②如何处理后端优化的灵活性与准确性，选择启发式算法并设定参数、优化目标的过程；③对可并行和不可并行、可优化和不可优化的部分进行划分与标记。

将这些软硬件方面的工作结合起来，能够创建一个完整的密码学研究和应用开发生态系统。这个系统不仅能够加速密码算法的研究和实现，还能够在硬件层面提供强大的支持。借鉴人工智能领域的软硬件协同发展经验，构建一个统一的密码领域编程框架和加速器平台，将为密码学的未来发展打开新的可能性，推动密码应用的创新和发展。这样的系统有望成为密码学领域研究和工业应用的重要推动力。

参考文献

[1] Anderson J M. Continuous Profiling：Where Have All the Cycles Gone？[J] ACM Trans. Comput. Syst.，1997，15(4)：357-390.

[2] Burke M，Torczon L. Interprocedural optimization：eliminating unnecessary recompilation[J]. ACM transactions on programming languages and systems，1993，15(3)：367-399.

[3] Andersen L O. Program analysis and specialization for the C programming language[R]. 1994.

[4] Smith M D. Overcoming the challenges to feedback-directed optimization (Keynote Talk)[J]. SIGPLAN notices，2000，35(7)：1-11.

[5] Ball T，Larus J. Efficient path profiling[C]//in Proceedings of the 29th Annual IEEE/ACM International Symposium on Microarchitecture. MICRO 29. 1996：IEEE Computer Society.

[6] Amme W. SafeTSA：A Type Safe and Referentially Secure Mobile-Code Representation Based on Static Single Assignment Form[J]. ACM SIGPLAN Notices，2001，36(5)：137-147.

[7] Srikant Y N，Shankar P. The compiler design handbook：optimizations and machine code generation[M]. Boca Raton，FL：CRC Press，2003.

[8] Cohn R S，et al. Optimizing alpha executables on windows nt with spike[J]. Digital Technical Journal，1997，9：3-20.

[9] Smith M D. Overcoming the Challenges to Feedback-Directed Optimization（Keynote Talk）[C]//in DYNAMO '00. 2000：New York，USA. 1-11.

[10] Hind M，Pioli A. Which Pointer Analysis Should I Use？[C]//SIGSOFT Softw. Eng. Notes，2000，25(5)：113-123.

[11] Hind M，Pioli A. Which Pointer Analysis Should I Use？[C]//in ISSTA '00. 2000：New York，NY，USA. 113-123.

[12] Chilimbi T M，B Davidson J R. Larus. Cache-Conscious Structure Definition[J]. PLDI，1999：13-24.

[13] G S，C D. Cryptoraptor：High throughput reconfigurable cryptographic processor[C]//in 2014 IEEE/ACM International Conference on Computer-Aided Design (ICCAD). 2014.

[14] Y C，et al. A programmable Galois Field processor for the Internet of Things[C]//in 2017 ACM/IEEE 44th Annual International Symposium on Computer Architecture (ISCA). 2017. New York，USA.

[15] Deng C，et al. A 60 Gb/s-Level Coarse-Grained Reconfigurable Cryptographic Processor With Less Than 1-W Power[J]. IEEE Transactions on Circuits and Systems Ⅱ：Express Briefs，2020，67(2)：375-379.

[16] Aragon N，et al. BIKE：BIKE_Spec[R]. US Department of Commerce，NIST，2022.

[17] Melchor C A，et al. Hamming Quasi-Cyclic（HQC）Fourth round version[R]. US Department of Commerce，NIST，2022.

[18] Daniel J. Bernstein, U. O. I. A., et al. Classic McEliece: conservative code-based cryptography: cryptosystem specication[R]. US Department of Commerce, NIST, 2022.

[19] Bai S, et al. CRYSTALS-Dilithium Algorithm Specifications and Supporting Documentation (Version 3.1)[R]. US Department of Commerce, NIST, 2021.

[20] Fouque P, et al. Falcon: Fast-Fourier Lattice-based Compact Signatures over NTRU Specification v1[R]. US Department of Commerce, NIST, 2020.

[21] Avanzi R, et al. CRYSTALS-Kyber Algorithm Specifications And Supporting Documentation (version 3.02)[R]. US Department of Commerce, NIST, 2021.

[22] Aumasson J, et al. SPHINCS+ Submission to the NIST post-quantum project, v.3[R]. US Department of Commerce, NIST, 2020.

[23] Lu X, et al. LAC-Round 2[R]. Data Assurance and Communications Security Center, CAS State Key Laboratory of Information Security, IIE, CAS Algorand Nanjing University of Aeronautics and Astronautics, 2019.

[24] Man X, et al. A General Pattern-Based Dynamic Compilation Framework for Coarse-Grained Reconfigurable Architectures[C]//Design Automation Conference, 2019.

第6章

芯片物理安全设计

"明枪易躲,暗箭难防。"

——元·无名氏《独角牛》

现代密码系统的安全目标并非追求信息论上的完美安全,因为实现理论上的完美安全,付出的代价通常是不可接受的。密码系统追求的是现实世界中的实际安全,即确保破解密码系统所需的时间和经济成本足够高,高于防护目标的价值,因此破解该系统便无利可图。然而,密码算法在设计阶段所预期的足够高的破解成本,却有可能在攻击者使用物理手段攻击密码设备时急剧降低,使密码系统无法达到预期的安全等级。例如,AES 算法成为加密标准已二十余年,数学上的全轮破解仍然无法实现,然而通过物理手段却可以在几分钟内恢复密码设备上运行的 AES 算法的密钥。类似地,抗量子密码算法虽然能够抵抗量子计算机的攻击,但是运行在物理设备上时仍然会受到物理攻击的威胁。为了确保物理世界中的密码系统达到足够的安全等级,必须采取充足的物理安全防护措施。

本章首先介绍并分析近年来针对抗量子密码芯片的物理攻击手段及其特点。在此基础上,介绍并讨论可行的物理安全防护方法以及抗量子密码芯片防护面临的设计挑战。在标准化及硬件评估阶段,算法实现的物理安全分析及定制化的防护方法是主要研究方向。随着标准的逐步确定,如何以最小开销实现更强的防护效果成为物理安全设计的核心主题。

6.1 抗量子密码芯片的物理安全威胁

密码设备面临多种多样的物理攻击手段,主要可分为两大类:侧信道攻击和故障注入攻击。在侧信道攻击中,攻击者通过被动监听物理信息获取敏感信息;而在故障注入攻击中,攻击者主动干扰设备的正常运行,以期使设备泄露敏感信息。本节首先探讨这两种攻击的基本原理以及常见的攻击方法,然后在接下来的章节分别介绍对抗量子密钥封装机制和抗量子数字签名的侧信道攻击和故障注入攻击威胁,同时分析各算法中可能受到攻击的环节以及攻击可能带来的破坏性后果。通过深入了解这些攻击手段,可以为物理防护设计提供指导和动力,以更好地保护密码设备的安全性。

6.1.1 侧信道攻击与故障注入攻击

密码学理论通常以抽象的方式考虑攻击者与密码系统之间的交互，即将密码算法视作黑盒，攻击者能够接触到的与秘密相关的信息被限定在预定义的接口，即系统的输入和输出。然而，在实际运行中，密码算法必须依托具体的物理设备，如图 6-1 所示。这些物理设备对攻击者而言不再是不可知的黑盒：攻击者可能通过被动监测设备的运行时间、功耗、电磁辐射等侧信道来获取有关密码算法内部运算和变量的信息，这种方法称为侧信道攻击；此外，攻击者还可以通过改变物理设备的供电电压、时钟信号等方式主动干扰设备的正常运行，通过使设备产生故障来进行攻击，这种方法称为故障注入攻击。接下来介绍常见的侧信道攻击和故障注入攻击。

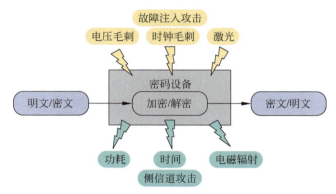

图 6-1　侧信道攻击与故障注入攻击示意图

计时攻击（timing attack）[1]是一种利用密码设备的运行时间信息进行攻击的方法，它是最为简单和容易执行的侧信道攻击之一，因此现代任何密码实现的一个基本安全要求就是能够抵御计时攻击[2]。未经过精心保护的密码设备可能由于性能优化、条件判断、分支等，某些操作的运行时间与敏感信息相关联。攻击者通过测量和收集密码设备处理各种输入的运行时间，并对这些信息进行统计分析，可以恢复部分或全部敏感信息。一个经典的例子是 1996 年 Paul Kocher 提出的针对 Diffie-Hellman 和 RSA 中模幂运算的计时攻击[1]，攻击者可以通过观察模幂运算的时间来判断对应密钥的位是否为 1，从而逐步还原整个密钥。

简单功耗攻击（simple power attack）[3]是利用设备在执行密码学运算时的功耗信息的一种侧信道攻击。这种攻击试图通过监测目标设备的电力消耗，分析不同操作时的功耗模式，从而推断出目标设备正在执行的操作或操作的某些敏感信息，如加密密钥。简单功耗攻击的实施过程包括对目标设备进行功耗测量，并通过功耗曲线的变化来识别特定操作的执行。攻击者可以通过分析功耗数据，识别出与不同操作相关的特征，从而获取目标设备执行的具体密码学运算的信息。

差分功耗攻击（differential power attack）[3,4]通过比较不同输入或执行条件下的功耗曲线，更为精确地推断出敏感信息。相较于简单功耗攻击，差分功耗攻击采用更系统的统计学方法，使攻击者能够从较小的功耗波动中提取敏感信息。攻击者通常会收集大量不同输入的功耗曲线，借助统计学方法来降低随机噪声的影响，进而识别出更微弱的功耗与操作或数据的关系。由于差分功耗攻击的高度精密性和有效性，未经防护的密码很容易受到毁灭性的影响。

电磁攻击（electromagnetic attack）[5]是一种利用密码设备在运算时产生的电磁辐射信息

进行侧信道攻击的技术。与功耗攻击相比,电磁辐射的测量采集更加灵活。通过使用较小的电磁探头,可以有效地采集芯片上特定区域的电磁信号,从而提高特定模块的信号占比。此外,借助电磁线圈甚至可以在数米之外[6]或隔着混凝土墙[7]采集目标设备的电磁信号,实现更加隐蔽的侧信道信息收集。除了信号采集方式的不同,电磁攻击与差分功耗攻击在数据处理方面十分相似。因此,研究人员可以运用相似的数据处理方法进行简单电磁攻击、相关电磁攻击等操作。

模板攻击(template attack)[8]是从信息论角度来讲最强大的侧信道攻击,如图6-2所示。为了攻击一个密码设备,攻击者需要能够控制另一个相同的副本密码设备,并在攻击之前进行一个比较耗时的模板建立阶段。在模板建立阶段,攻击者在副本密码设备上采集大量的功耗或电磁轨迹,并按照攻击点的值进行分类和建模。随后在实施攻击时,攻击者将采集的密码设备轨迹与模板进行匹配,匹配最优的模板对应攻击点的最优猜测值。模板攻击在建模阶段需要采集大量的功耗轨迹,而在攻击阶段往往只需要很少几条轨迹,极限情况下甚至仅需要一条轨迹,叫作单迹攻击(single-trace attack)[9,10]。在某些场景下,秘密信息只会被处理一次,因而与该秘密信息相关的侧信道信息轨迹也只有一条,此时的主要侧信道威胁就是单迹攻击。

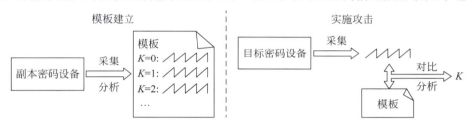

图 6-2　模板攻击示意图

软分析侧信道攻击(soft analytical side-channel attack)[11]在普通模板攻击的基础上,通过更复杂的计算从侧信道轨迹中获取更多信息。前面介绍的几种侧信道攻击,都是采取分而治之策略(divide and conquer),即利用和部分密钥相关的侧信道信息恢复部分密钥,再组合起来得到整个密钥。由于密码算法中的扩散操作,仅和部分密钥相关的变量很快就会相互影响,变得和整个密钥相关,因此分而治之策略能利用的侧信道信息仅占很小一部分。软分析侧信道攻击通过将密码描述为因子图,再采用置信传播算法解码,可以更加有效地利用侧信道信息。尤其是在单迹攻击中,侧信道信息本身就很少,此时软分析侧信道攻击能够挖掘更多信息的优势就更加明显。

故障注入攻击(fault-injection attack)[12,13]是一种主动的物理攻击技术。攻击者通过暂时改变密码设备的电源电压或时钟信号,或者通过向设备发射电磁脉冲或光脉冲等方式,使设备运行发生故障。这些故障可能导致某些操作被跳过或数据运算发生错误,进而导致设备产生错误的输出。故障注入攻击常用的输出错误类型包括:生成的公私钥对过于简单,私钥很容易被恢复;密文、签名等公开输出错误地包含秘密信息,可直接用于恢复密钥;无效签名错误通过了签名验证。

密码算法的具体实现方式可大致分为软件实现和硬件实现。在以上各种侧信道攻击介绍中,没有区分攻击的目标是软件实现还是硬件实现。对软件的攻击和对硬件的攻击存在一定的区别。一般来讲,硬件实现比软件实现的并行度高得多,所以单个中间变量对功耗的影响更大,信噪比更低。另外,由于密码算法的实现,软件实现通常出现较早,研究分析的人较多,所以对侧信道攻击的研究也是以软件为主;新出现的侧信道攻击方法也是在软件实现上实施的。对硬件实现的攻击更加困难,相关研究也较为匮乏。不过,很多针对软件实现的攻击,原理上是可以扩展到对应的硬件实现的攻击。本节不局限于讨论现有的对硬件实现的攻击,也讨论对软件实现的攻击,同时分析相关攻击扩展到硬件实现的可行性。

6.1.2 对密钥封装机制的侧信道攻击

抗量子密码算法中,密钥封装机制是一类很重要的公钥算法。通信双方想要使用对称密码进行安全通信前,首先要用密钥封装机制进行密钥交换,建立会话密钥和安全信道。密钥封装机制算法一般包括3部分:密钥生成、密钥封装、密钥解封装。使用密钥封装机制进行密钥交换的过程及其受到的侧信道攻击威胁如图6-3所示。Alice与Bob想要建立会话密钥,首先由Alice运行密钥生成算法,生成公私钥对,并将公钥发送给Bob,然后Bob利用密钥封装算法和公钥,生成会话密钥和密文,并将密文发送给Alice,最后Alice运行密钥解封装算法,利用私钥将密文解密,得到会话密钥。

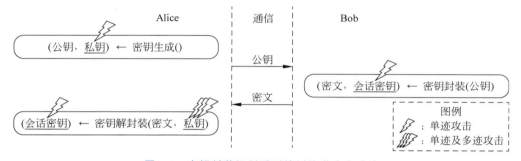

图 6-3 密钥封装机制受到的侧信道攻击威胁

依据Alice使用每对公私钥的次数,可以将密钥交换协议的工作方式分为两种:如果Alice每次密钥交换都生成一对新的公私钥,就叫临时密钥设置(ephemeral key setting);如果Alice使用一对公私钥进行多次会话密钥的交换,就叫静态密钥设置(static key setting)。两种工作方式所需要的安全性和面临的侧信道攻击威胁有很大的区别。在临时密钥设置下,密钥封装机制只需要满足"选择明文安全",此时破解私钥等价于破解明文,也就是破解会话密钥。另外,对于侧信道攻击者来说,每对公私钥和每个会话密钥的对应算法都只运行一次,因此攻击者能利用的侧信道轨迹也只有一条。而在静态密钥设置下,密钥封装机制需要满足"选择密文安全",此时破解私钥会导致多个会话密钥泄露。同时,侧信道攻击者可以获取多条使用同一私钥解封装的侧信道信息轨迹。下面将分别讨论在临时密钥设置下和静态密钥设置下抗量子密钥封装机制面临的侧信道攻击威胁。

对于临时密钥设置来说,每个私钥对应的算法只运行一次,所以只会受到单迹攻击的威胁。另外,由于破解私钥与破解明文的效果相同,所以密钥生成、密钥封装和密钥解封装均有可能受到侧信道攻击。

首先讨论临时密钥设置下对Kyber的密钥生成的侧信道攻击。此时攻击者能获取的侧信道轨迹只有一条,攻击的目标是恢复生成的私钥。由于软分析侧信道攻击能够从一条轨迹中获取更多的信息,因此成为最主要的威胁。已有的攻击研究可以按攻击的目标操作分为两类:以NTT为目标的[10,14]和以Keccak为目标的[9]。

在文献[10]中提到,对某一敏感变量进行NTT运算时,对应的一条能量或电磁轨迹就可以用来恢复该敏感变量。而在Kyber密钥生成算法中,私钥s以及错误变量e均会进行NTT

运算,攻破两者任意一个都会导致私钥恢复。此种攻击需要首先在副本密码设备上构建模板,再对实际设备进行测量攻击。如果攻击一个通用环上带错误学习公钥算法在 ARM Cortex-M4 上的软件实现,需要构建超过一百万个模板[10]。后续在文献[14]中对此实现进行了优化,当 NTT 的输入多项式的系数在一个小的取值范围内时,只需要构建几百个模板。该优化可以直接应用于 Kyber 密钥生成算法中,因为私钥 s 和错误变量 e 均是系数很小的多项式向量。虽然以上研究均是攻击的软件实现,但是在很多抗量子密码硬件加速器或硬件实现中,NTT 模块所使用的蝶形运算单元数量并不多,因此对应的 NTT 运算并行度较低,所以也十分可能受到此类攻击的威胁。

已有研究的另一个攻击目标是 Keccak,它是很多抗量子密码算法中使用的 SHA-3 哈希算法的基本模块。在 Kyber 密钥生成算法中,Keccak 用作伪随机数生成器,根据真随机数发生器生成的种子确定性地生成伪随机数,用于采样得到私钥 s 和错误变量 e。在文献[9]中对 Keccak 进行了单迹软分析侧信道攻击,发现可以恢复 Keccak 的输入变量。因此,攻击 Kyber 密钥生成中的 Keccak 可以恢复秘密种子,进而计算得到私钥。另外,Kyber 密钥生成中对同一个秘密种子运行了多次 Keccak,因此对应的波形可能可以进行处理用来降低噪声。文献[9]虽然是在仿真的功耗轨迹上实施攻击的,但是理论上可以扩展到软件实现和并行度低的硬件实现上。

下面讨论临时密钥设置下对 Kyber 的密钥封装算法的侧信道攻击。Kyber 密钥封装算法也会受到单迹软分析侧信道攻击的威胁,且主要的攻击目标也是 NTT 运算及 Keccak 运算。通过攻击 NTT,可以得到秘密变量 r,进而可以根据密文 v 和公钥 b 直接计算出明文 m。同时,秘密变量 r 的多项式系数也很小,因此适用文献[14]提及的优化方法。Keccak 在 Kyber 密钥封装算法中既用作伪随机函数生成明文,又用作伪随机数生成器由秘密种子生成秘密变量 r。因此,攻击作为伪随机函数的 Keccak 可恢复明文,攻击作为伪随机数生成器的 Keccak 可恢复秘密种子,从而得到变量 r,并计算出明文。

除此之外,在密钥封装算法的消息编码运算中,消息明文会被逐位地编码到多项式中,值为 0 的位被编码到 0,而值为 1 的位被编码到模数的一半。由于消息编码是逐位运算的,且位为 0 和 1 运算结果的汉明距离较大,也就意味着对应的功耗或电磁辐射差别较大,因此特别适合作为侧信道攻击的目标。文献[15]中首先对另一个基于环上带错误学习的密钥封装机制 NewHope 中的消息编码运算进行了攻击,其后的文献[16]和文献[17]将相同的攻击扩展到了更多的基于格的密钥封装机制算法,包括 Kyber 算法,文献[18]和文献[19]分别将攻击拓展到了使用一阶和高阶掩码防护的软件实现上。一般的模板攻击在建模阶段需要能完全控制的副本密码设备,而对消息编码的攻击,由于是对消息明文的运算建模,可以在没有副本密码设备但可以和被攻击设备通信的情况下完成建模。攻击者只需和被攻击设备使用自己的公私钥对进行多次密钥交换,这样根据设备发送的密文和自己的私钥就可以知道设备处理的消息明文,从而完成建模。此外,由于每位消息编码一般只持续一个时钟周期,此攻击需要较高的信噪比。另外,如果硬件实现中在同一周期进行多位的编码,该攻击是否能成功尚待研究。

下面讨论临时密钥设置下对 Kyber 密钥解封装算法的侧信道攻击。首先分析软分析侧信道攻击对密钥解封装算法中的 NTT 及 Keccak 的攻击。密钥解封装算法的过程大致包括解密和重加密两步。一个可能的攻击点是解密过程中,对密文 u 和私钥 s 在 NTT 域的积的逆 NTT 运算。由于攻击者已知密文 u,因此恢复两者的积便可恢复私钥 s。然而两者在 NTT 域的积可能分布在较大的范围,因此无法适用文献[14]中的优化。更可行的攻击点是在重加密过程中对秘密变量 r 的 NTT，与对密钥封装的攻击类似。唯一的区别在于，攻击者可以不通过副本密码设备建模，而通过向目标设备发送多次有效密文进行建模。攻击者可以利用公钥自行生成多个有效密文，因而对应的秘密变量 r 也是已知的。对 Keccak 的攻击类似密钥封装算法中的攻击，可以攻击用作伪随机函数生成预会话密钥 K_k 的 Keccak，也可攻击重加密中用作伪随机数生成器生成秘密变量 r 的 Keccak。类似地，攻击者也可以通过和目标设备通信，而不是用副本密码设备进行建模。

此外，类似密钥封装中的信息编码，密钥解封装中的信息解码操作也是逐位处理得到明文消息的。带有错误的消息多项式 m' 的每个多项式系数，被解码为明文消息 m 的对应一位。文献[20]首次对 Kyber 中的信息解码进行了单迹攻击，其后文献[18]对 Saber 中使用了掩码防护的软件实现进行了类似攻击，文献[19]和文献[20]将此攻击拓展到了高阶掩码防护实现。与其他对解封装的攻击类似，攻击者可以通过和目标设备通信进行建模。与对密钥封装中消息编码的攻击类似，由于每位的处理一般只持续一个时钟周期，成功的攻击需要较高的信噪比，且是否能扩展到并行处理的硬件实现尚待研究。

接下来讨论临时密钥设置下对 BIKE、Classic McEliece、HQC 等基于编码的密钥封装机制的侧信道攻击。

对 BIKE 在临时密钥设置下的侧信道攻击研究较少。文献[21]对软件实现的基于准循环中密度校验码的密码中，解密中用于计算伴随式的恒定时间乘法进行了单迹攻击，攻击了该恒定时间乘法软件实现[22]中的字旋转和位旋转操作，能够恢复私钥校验矩阵，进而恢复私钥和会话密钥。由于 BIKE 就是基于准循环中密度校验码，文献[21]声明该攻击可用于对 BIKE 的攻击。但由于该攻击与乘法的具体软件实现[22]关联较大，是否能应用于硬件实现尚待研究。此外，BIKE 算法中密钥生成、密钥封装、密钥解封装中均使用了 Keccak 算法处理秘密种子，因此可能受到针对 Keccak 的软分析侧信道攻击。

Classic McEliece 算法的公钥尺寸很大，且密钥生成的速度较慢，因此更加不适合用于每次会话都要密钥生成并传输公钥的临时密钥设置[23]。因此，对临时密钥设置下的 Classic McEliece 的侧信道攻击研究也比较少，目前仅有一项针对软件实现的密钥封装的单迹模板攻击[24]。该攻击的攻击目标为密钥封装中校验矩阵 H 和误差 e_m 的乘法，使用机器学习的随机森林算法进行建模来恢复中间变量的汉明重量，进而推算出误差 e_m 在整数域的伴随式（密文 s_1 是误差 e_m 在二元域的伴随式），随后利用信息集解码（Information Set Decoding）算法，解出明文误差 e_m。由于校验矩阵 H 尺寸较大且是随机的，所以一条功耗轨迹中就对应了大量的元素乘法的功耗轨迹，因此该攻击在建模阶段仅需两条曲线，一条用来训练，另一条用来测试。此外，Classic McEliece 算法中也使用了 Keccak 算法：在密钥生成中，Keccak 可用作伪随机数发生器，由种子生成随机数，并计算得到私钥；在密钥封装和解封装中，Keccak 可用作伪随机函数，由明文和密文生成会话密钥。因此，针对 Keccak 的软分析侧信道攻击也可用于对 Classic McEliece 进行攻击。

目前尚无对 HQC 在临时密钥设置下的侧信道攻击研究。由于 HQC 在密钥生成、密钥封装、密钥解封装中均使用了 Keccak 算法处理秘密种子，因此针对 Keccak 的软分析侧信道攻击可用于对 HQC 的攻击。

对于静态密钥设置来说，对密钥生成与密钥封装的攻击威胁与临时密钥设置下几乎没有区别，只有密钥解封装算法会重复使用同一个私钥对不同密文解密。因此下面主要讨论在静态密钥设置下对密钥解封装算法的侧信道攻击。

由于攻击者可以获得同一个私钥对应的多条密钥解封装的侧信道轨迹,所以相关能量攻击是该场景下一个简单又强力的攻击方法,它不需要副本密码设备,也不需要与目标设备通信。对于 Kyber 算法来说,由于相关能量攻击的攻击点最好只与部分密钥有关,且要与输入密文有关,所以密文 u 在进行 NTT 变换后与 NTT 域的密钥 s 进行的教科书式乘法是一个很合适的攻击点。文献[25]首先利用该攻击点对 ARM Cortex-M4 上的 Kyber 算法软件实现进行了相关能量攻击,仅需二百条解封装功耗轨迹就可恢复全部私钥;文献[26]中利用名为归一化类间方差(Normalized Inter-Class Variance,NICV)的泄露测试方法,确认了 Kyber 算法的参考软件实现中该攻击点处存在明显侧信道泄露;文献[27]中将对多项式乘法的相关能量攻击扩展到全部的基于格的密钥封装机制的软件实现上;文献[28]中 Kyber 算法的 FPGA 硬件实现的该攻击点进行了相关电磁攻击,需要十几万条电磁轨迹来恢复全部私钥。

由于静态密钥设置下解密机允许多次使用同一私钥进行解封装,所以需要多次调用解密机的侧信道辅助选择密文攻击(side channel assisted chosen ciphertext attack)成为该场景下一种可行的攻击。攻击者通过精心构造的密文,使得解封装过程中的某中间变量的值仅与部分密钥有关,之后再通过侧信道信息恢复该中间变量的值,从而得知对应的部分密钥的值。文献[29]中对 Kyber 算法进行了电磁侧信道辅助的选择密文攻击,通过构造密文,使解封装中解密得到的明文 m' 仅依赖私钥 s 中的一个系数,且只能为 0 或者 1。由于解密后的哈希运算输入只有公钥和明文 m',所以哈希处理的是明文为 0 还是 1 可以通过电磁侧信道区分出来,从而获得了私钥中一个系数的 1 位信息。重复以上操作就能恢复全部私钥。文献[30]将该攻击成功应用在除了 Classic McEliece 外所有的后量子密钥封装机制算法上。文献[31]和文献[32]对该攻击方法进行了改进,使得每次解密查询可以恢复多位密钥信息。文献[16]提出将单迹明文恢复攻击用于选择密文密钥恢复攻击,即通过构造密文,使解密后的明文每位都包含子密钥的独特信息,再对重加密中的编码过程进行单迹明文恢复攻击,这样通过一次解密查询可以获得更多密钥信息,仅需要 4 次查询就可以恢复 Kyber-512 算法参考软件实现的全部密钥。在文献[18]、[20]和[33]中,利用消息解码操作的侧信道泄露进行了类似的攻击。虽然以上工作均是对软件实现进行攻击,但在文献[29]使用的攻击方法中,只需在侧信道区分出明文为 0 还是 1 两种情况,因此即使在信噪比更差的硬件实现上也有望能够实施。此外,文献[34]中对 Kyber 算法的硬件实现进行了明文恢复攻击,由于使用的方法为侧信道辅助的选择密文攻击,因此仅适用于静态密钥设置下。该工作的攻击点是通过泄露测试选择的,具体对应的操作并不明确。

对于静态密钥设置的 BIKE 算法来说,GJS 攻击[35] 是一个重要的利用解密失败的经典密码攻击。BIKE 算法通过选择参数让解密失败概率很小,从而抵抗了该经典密码攻击。文献[36]利用 BIKE 第三轮版本解封装中的拒绝采样操作为非恒定时间的,将该操作的时间侧信道用于鉴别解码是否失败,进而实施了 GJS 攻击。这促使 BIKE 团队于第四轮修改拒绝采样为恒定时间的方式[37]。文献[30]利用 FO 变换中的伪随机函数或伪随机数生成器的侧信道信息来检查解密得到的明文与一个参考明文是否相同,从而实现了选择密文的完整密钥恢复攻击。

对于静态密钥设置的 Classic McEliece 算法,已经有众多工作研究了针对密钥解封装算法的明文恢复攻击,这些攻击的方法叫作基于反应的选择密文侧信道攻击。在 Classic McEliece 算法中,明文误差 e_m 包含固定数量 t 个错误,密文是误差对应的伴随式 s_m,解封装过程需要由伴随式 s_m 解码得到误差 e_m。为了恢复一个密文 s_m 对应的明文 e_m,攻击者构造

一个新的密文 s_{mi}，对应着翻转了误差 e_m 的第 i 个位置。若原来误差的第 i 个位置有错误，则翻转后该错误被取消，错误总数变为 $t-1$；若原来第 i 个位置无错误，则翻转后错误总数变成了 $t+1$。这两种情况可以通过解码过程的侧信道信息进行区分，攻击者就可以获知明文的第 i 位。重复多次以上过程，攻击者就能恢复完整明文。文献[38]和文献[39]对原始 McEliece 公钥加密算法进行了计时攻击。文献[40]对原始 McEliece 公钥加密算法进行了简单能量攻击。文献[41]将基于反应的攻击扩展到 Classic McEliece 算法上，使用电磁侧信道对 Classic McEliece 的参考硬件实现进行了攻击。原始的基于反应的攻击需要较多的选择密文以及调用解密机的次数，对应 NIST 参数集中为 3488~8192 次，这导致了该攻击的应用场景较为受限。文献[41]对此提出了优化，先使用少量的选择密文恢复部分误差，再利用信息集解码算法对剩余的误差进行恢复，可以用大约 2^{40} 的运算量代价将调用解密机次数降低约 90%。

在密钥解封装过程中，利用加性快速傅里叶变换对错误定位多项式求值的过程会持续较多周期，且只与错误定位多项式有关，文献[42]中提出的首个针对 Classic McEliece 的密钥恢复的选择密文侧信道攻击就利用了此过程。攻击者构造明文只有一个错误对应的密文，这样对应的错误定位多项式就是根为一个子密钥的一次多项式。通过神经网络对加性快速傅里叶变换过程的功耗建模，就可以恢复出该错误定位多项式，也就恢复了一个子密钥。重复以上过程直到恢复全部密钥，或恢复部分密钥后通过信息集解码算法恢复剩余密钥。由于对错误定位多项式求值的过程较长，侧信道提供的信息更加充足，所以该攻击既成功实施在 ARM Cortex-M4 的软件实现上，也成功实施在了 FPGA 的参考硬件实现上。

对静态密钥设置的 HQC 算法的侧信道攻击主要集中在选择密文侧信道攻击研究。文献[43]和文献[44]对 HQC 软件实现中非恒定时间的 BCH 解码器进行了时间攻击，两项工作均利用解码器运行时间与处理的错误数量之间的关系。文献[45]发现使用 FO 变换的算法，解封装中的比较步骤常常是非恒定时间的，可用于选择密文的时间攻击。该工作对 FrodoKEM 进行了实际攻击，并声明该漏洞可用于对 HQC 的攻击。文献[30]利用 FO 变换中的伪随机函数或伪随机数生成器的侧信道信息进行了选择密文攻击。文献[36]利用解封装中重加密的非恒定时间的拒绝采样，进行选择密文的时间攻击，该攻击也促使 HQC 团队在第四轮标准[46]中声明应使用恒定时间采样的对策[47]抵抗此攻击。

6.1.3 对密钥封装机制的故障注入攻击

密钥封装机制中的密钥生成、密钥封装、密钥解封装都有可能成为故障注入攻击的目标，如图 6-4 所示。其中，对密钥生成进行故障注入攻击，可能导致生成不满足安全要求的公私钥

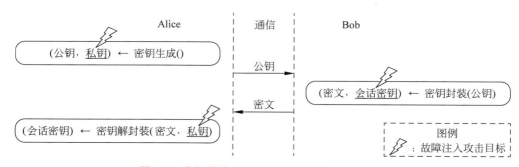

图 6-4　密钥封装机制受到的故障注入攻击威胁

对,从而导致私钥可被轻易恢复。尤其在每次密钥交换都要生成密钥的临时密钥设置下,这种攻击非常具有吸引力。对于密钥封装来说,故障注入攻击可能导致加密生成的密文不满足安全条件,从而让攻击者可以恢复明文并得到会话密钥。对于密钥解封装来说,临时密钥设置下的故障注入并不能够导致私钥或会话密钥的泄露,只可能造成有效密文的解密失败,从而可能用于 DoS 攻击;而在静态密钥设置下,攻击者对选择密文的解封装过程进行故障注入攻击,错误的解封装可能会导致静态私钥的泄露。

对 Kyber 算法密钥生成的故障注入攻击主要集中在两个目标操作:秘密采样以及 NTT。在 Kyber 密钥生成中,秘密采样操作使用两个种子分别采样得到私钥 s 和噪声 e,而这两个种子只有最后一字节不同。文献[48]通过故障注入,让秘密采样所用的这两个种子完全相同,从而导致采样生成的私钥 s 和噪声 e 完全相同。这导致最终生成的公钥形式为 A 和 $b = As + e = As + s = A(s+1)$,这样的公钥可以通过简单的高斯消去推导出私钥 s,从而让后续的密钥交换不再安全。同时要说明的是,这样产生的公私钥对虽然不安全,但格式却是有效的,因此在没有针对性抵抗措施的情况下,这种错误很难被发现。该工作通过电磁故障注入在 ARM Cortex-M4 的软件实现上进行了攻击实验,验证了此攻击的可行性。Kyber 密钥生成中的另一个可行的故障注入攻击目标为 NTT。文献[49]发现了 Kyber 算法的软件实现中的一个攻击点,可以导致 NTT 中使用的所有旋转因子都变成零,从而导致 NTT 的结果只有前两个系数不等于零。如果对密钥生成中私钥 s 的 NTT 进行攻击,会导致实际使用的私钥在 NTT 域的大部分系数为零,从而让攻击者可以通过简单地暴力搜索猜出私钥。另外,由于 Kyber 算法中规定密钥生成的输出私钥为 NTT 后的 s,因此这种攻击产生的不安全的公私钥对是格式有效的,并且用于密钥交换也可以正常工作,因此若没有针对性抵抗措施也不会被发现。

对 Kyber 算法密钥封装的故障注入攻击与对其密钥生成的攻击类似,也可以攻击秘密采样以及 NTT 两个操作。对密钥封装中秘密变量 r 和噪声 e_1 的采样操作进行攻击,让两者采样使用的种子相同,会导致通过生成的密文 u 能直接计算出秘密变量 r,进而计算出明文 m,从而破解会话密钥[48]。对密钥封装中秘密变量 r 的 NTT 操作进行攻击,让 NTT 使用的旋转因子为零,会导致 NTT 后秘密变量 r 可以通过暴力搜索猜得,从而计算出明文及会话密钥[49]。

对 Kyber 算法密钥解封装的故障注入攻击研究主要集中在静态密钥设置下,攻击的目标为破解长期使用的私钥。下面介绍 3 种不同类型的对 Kyber 密钥解封装的故障注入攻击方法。

第一种攻击[50]的目标是重加密后的密文比较操作,该操作是为了保证选择密文安全性,识别出非法密文,保证非法密文的解密结果不被使用。如果注入故障导致该密文比较被跳过或导致比较结果永远为正确,那么攻击者便可以进行选择密文攻击,特殊构造的密文可以使解封装输出的会话密钥中包含长期私钥的信息,从而导致私钥被破解。文献[50]对 Kyber 算法的软件实现进行了此攻击,需要 5908 次解封装查询就可以破解私钥。

第二种攻击[51]针对解密过程中的消息解码操作。该攻击通过注入故障使消息解码中的一步加法操作被跳过,跳过的结果可能导致解封装失败,称为故障有效,也可能不会导致解封装失败,称为故障无效。该故障是否有效与加密时向消息添加的噪声有关,并进一步与私钥的值有关。通过观察故障是否有效,攻击者可以建立一系列私钥系数的方程组,从而求解出私钥值。文献[51]对 Kyber 算法的软件实现进行了该故障攻击,对于 3 个安全等级分别需要 6000~

13000次故障注入来恢复完整私钥。该工作还发现使用掩码方案的解码器[52]并不能对此故障注入攻击产生任何防护效果。

第三种攻击[53]的密钥恢复方式与第二种攻击类似，但故障注入的方法不同。攻击者首先将正确的密文中的一个系数旋转四分之一，这有可能导致解密结果与原明文不同，也可能解密结果不变，解密结果是否变化与加密时向消息添加的噪声有关，并进一步与私钥的值有关。为了知道解密结果是否变化，攻击者向存储器注入故障，让存储的密文输入恢复成原正确的密文，这样如果重加密的结果也是正确密文，也就是解封装成功，就说明解密结果没有变化，否则若解封装失败，就说明解密结果发生了变化。接下来攻击者就可以利用与第二种攻击相同的方法，通过建立方程并求解恢复完整私钥。相比第二种攻击，此攻击故障注入的时间比较宽松，只需要在解密完成后到密文比较前完成注入就可以；但是此攻击需要将故障注入存储器中的特定位上，对故障注入的精准度要求较高。由于此攻击不涉及内部运算，因此掩码、洗牌、双重执行等抵抗措施对此攻击均无效。文献[54]对此攻击进行了扩展研究，一方面将攻击点扩展到二项采样、NTT、模约简、密文压缩等模块；另一方面将故障类型由翻转故障扩展到置零故障、置一故障、随机故障、任意位翻转、指令跳过等。

对于基于编码的密钥封装机制，在临时密钥设置下，对密钥生成和密钥封装的故障注入攻击研究较少。目前已有的一项研究[55]是针对密钥封装过程的明文恢复攻击，能够应用于基于伴随式解码问题的编码密码方案，如 Classic McEliece 和 BIKE。该攻击使用激光向软件实现的指令存储器注入错误，使密钥封装中计算伴随式的异或指令被替换为自然数的加法指令，这样会导致计算得到的伴随式不再是在模 2 的有限域中，而是在自然数域中，从而可以直接在多项式时间内被直接计算破解得到明文。该攻击方法也在文献[55]中被扩展到仅使用侧信道的明文恢复攻击。但是由于该攻击的故障注入基于软件实现的指令替换，因此可能并不能直接适用于对硬件实现的攻击。

对于基于编码的密钥封装机制，在静态密钥设置下的密钥解封装的故障注入攻击已有若干研究。文献[56]提出了一个对使用二项 Goppa 码的 Niederreiter 公钥加密系统的故障注入攻击框架，该攻击框架可以应用于 Classic McEliece 算法。该攻击向解码中的错误定位多项式注入错误，根据错误的解码结果就能建立有关私钥的多项式方程，并进一步用于求解私钥。但是该攻击恢复私钥需要较多的故障注入数量，且故障要精准注入特定系数上，且该工作并未进行实际的攻击实验。文献[50]对多个使用了 FO 变换的后量子密钥封装机制进行了故障注入攻击，通过跳过重加密后的密文比较操作，使得错误的密文解封装结果可以输出，从而实现选择密文攻击并恢复私钥。该工作对 HQC 实现了私钥恢复攻击，并可以导致 BIKE 泄露私钥信息。文献[57]中结合了上述两项工作[50,56]的方法，对 Classic McEliece 算法的密钥解封装算法进行选择密文的故障攻击，能够得到一个额外的静态私钥。该工作通过传输管级仿真，在两个 RISC-V 核的软件实现上进行了这种攻击实验。

6.1.4 对数字签名的侧信道攻击

抗量子密码算法中的另一类重要的公钥算法为数字签名算法。数字签名算法一般包括3部分：密钥生成、签名生成、签名验证。数字签名算法的工作方式及受到的侧信道攻击威胁如图 6-5 所示。Alice 想要向 Bob 发送一条签名的消息，首先需要由 Alice 运行密钥生成算法，生成公私钥对，并将公钥公开或发送给 Bob；然后 Alice 利用签名生成算法和私钥，生成消息对应的签名，并将消息和签名一同发送给 Bob；最后 Bob 运行签名验证算法，利用公钥验证收到消息对应的签名是否有效。对数字签名算法的常见攻击有两种类型,一种是破解私钥,破解后就能够生成任意消息对应的签名;另一种是直接伪造签名,伪造出一条消息对应的签名,并使其能够通过签名验证算法的验证。对于侧信道攻击者来说,由于 Bob 所运行的签名验证算法并不涉及任何秘密信息,因此通常不会将签名验证作为侧信道攻击的目标。因此本节下面主要讨论对各抗量子数字签名算法中密钥生成和签名生成的侧信道攻击。由于一对公私钥只对应密钥生成算法运行一次,因此密钥生成算法主要面临单迹的模板类攻击。而一对公私钥可能被用来对多条消息签名,即对应签名生成算法运行多次,因此签名生成算法除了面临模板类攻击,还可能面临非模板类攻击,如相关能量攻击等。

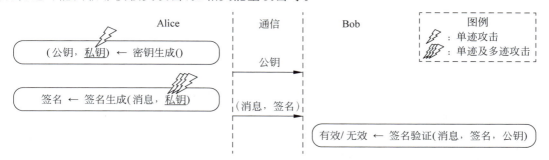

图 6-5 数字签名受到的侧信道攻击威胁

对于 Dilithium 密钥生成算法,可行的侧信道攻击目标主要有两个:NTT 和 Keccak。虽然 Dilithium 算法的私钥由较多部分组成,但只要掌握了 s_1 的值,就能伪造有效的签名[58],因此 s_1 是 Dilithium 算法私钥中的核心部分。与 Kyber 算法类似,软分析侧信道攻击可以用于对 s_1 的 NTT 过程。另外,由于 s_1 的每个系数只有 5 个或 9 个可能的值,文献[59]展示了仅仅使用直接的模板攻击,就能由 NTT 第一轮中 s_1 系数与旋转因子的乘法操作的泄露中直接恢复私钥。此外,Keccak 在 Dilithium 密钥生成算法中被用于生成伪随机数并采样得到 s_1,因此对 Keccak 的软分析侧信道攻击可用于恢复 s_1 的生成种子,进而恢复私钥。

对于 Dilithium 签名生成算法,模板类攻击仍然是一类可行的侧信道攻击,包括单迹的攻击和多迹的攻击。首先,签名生成算法中也对私钥 s_1 进行了 NTT 操作,因此可以作为软分析侧信道攻击的目标。另外,签名生成中的密钥 y 也可作为攻击目标,因为得知 y 后可直接计算得到私钥 s_1。因此,密钥 y 的 NTT 操作,以及用于生成 y 的 Keccak 运算,均可以作为软分析侧信道攻击的目标。文献[60]提出了一个攻击密钥 y 的模板类攻击方法,但与上述的直接攻击方法有些不同。攻击者使用机器学习的方法,在建模阶段训练出用于区分 y 的单个系数是否为 0 的区分器,之后在签名设备生成签名时,利用该区分器找到值为 0 的 y 的系数。当收集到足够多的存在系数为 0 的功耗轨迹后,就可以直接由对应的签名通过高斯消去求出私钥 s_1 的值。该工作对 ARM Cortex-M4 上的软件实现进行了攻击实验,完整的密钥恢复需要大约 75 万次签名。

除了以上介绍的模板类攻击,Dilithium 算法的签名生成还会受到相关能量攻击的威胁。相关能量攻击的主要攻击目标为私钥 s_1 与签名中 c 的乘法。文献[58]第一次提出对该操作的相关能量攻击风格的侧信道攻击,但是该工作攻击的目标为教科书式乘法,这与目前标准中的 NTT 加速的乘法不同,因此不再直接适用于现在的实现。文献[61]首次提出了适用于现行标准的相关能量攻击,其攻击目标为 s_1 和 c 在 NTT 域的逐点乘法操作,在 ARM Cortex-M4 的软件实现上的攻击实验中,仅需要 200 条能量轨迹就能恢复私钥。由于相关能量攻击对信噪比的要求更低,因此文献[62]成功将相同的攻击实现在 Artix-7 FPGA 上的硬件实现上,需要大约 7 万条功耗轨迹来恢复私钥。

对 Falcon 算法的侧信道攻击研究,主要集中在签名生成算法中的两个操作上:离散高斯采样操作和 FFT 域的乘法操作。第一个攻击目标指签名生成的陷门采样器中使用的离散高斯采样。该高斯采样需要支持不同的标准差,且标准差与秘密矩阵 B 的施密特范数相关。文献[63]对非恒定时间实现的该高斯采样操作进行了时间攻击,根据采样时间得知秘密矩阵的施密特范数后,进一步可以恢复完整密钥。为了抵御此类时间攻击,Falcon 的最新标准中明确要求了离散高斯采样对应的 SamplerZ 函数必须用等时的方式实现,参考实现方法来自文献[64]。除了时间攻击,该离散高斯采样操作还可能受到能量攻击。文献[65]通过对离散高斯采样操作的简单能量攻击,筛选出满足特定条件的部分签名,然后利用叫作平行六面体攻击的密码分析恢复完整密钥。针对该工作需要巨大计算量的缺点,文献[66]提出新的方法取代平行六面体攻击,降低了计算复杂度,并减少了需要的轨迹数量。另外,文献[66]还针对离散高斯采样的符号值进行简单能量攻击,也可以恢复完整密钥。另一个攻击目标是 FFT 域的乘法操作 $FFT(c_F)$ 乘 $FFT(f)$。由于其中消息的哈希值 c_F 是公开的,而私钥中的多项式 f 可以用来恢复完整私钥,所以此操作很适合进行相关能量攻击。然而,该乘法的操作数均是浮点数且位宽较宽(64 位),因此给攻击带来一定难度。文献[67]对该浮点乘法进行了相关电磁攻击,采用分治策略分别恢复浮点数的符号、指数、尾数部分。文献[65]对该攻击进行了 3 处改进,分别能降低计算复杂度、减少需要的轨迹数以及降低噪声。

"SPHINCS+"算法在计算过程中涉及的大量中间变量并不是秘密的,如 FORS 树的节点计算和 XMSS 树的节点计算。即使这些中间变量被公开,也不会影响算法的安全性。目前已有攻击研究的一个关键点是私钥中的种子。该种子用于通过哈希生成所有的"WOTS+"私钥和 FORS 私钥,因此破解种子即可伪造任意签名。与此同时,由于该种子在一次签名生成中被调用多次,这为相关能量攻击提供了可能性。在文献[68]中,对 XMSS 算法和"SPHINCS+"算法进行了相关能量攻击的分析,理论上该攻击可以扩展到"SPHINCS+"算法。此外,根据先前的故障注入攻击研究[69],破解"SPHINCS+"顶层树的任意一个"WOTS+"签名的私钥就可以导致伪造新的有效签名。因此,顶层树的"WOTS+"签名也可能受到单迹攻击的威胁。

6.1.5 对数字签名的故障注入攻击

数字签名涉及密钥生成、签名生成和签名验证 3 个关键步骤,而这 3 个步骤都可能受到故障注入攻击的威胁,如图 6-6 所示。首先,当设备采用自签名证书并为自己生成密钥时,攻击

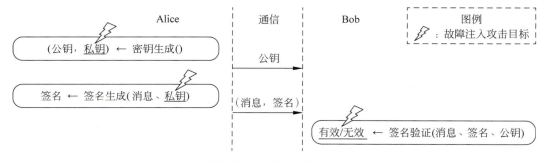

图 6-6 数字签名受到的故障注入攻击威胁

者向密钥生成的过程注入故障,可能导致生成的公私钥对不满足安全要求,从而容易被破解。其次,签名生成过程是故障注入攻击的主要目标,因为签名生成中使用长期私钥生成多个签名,既增加了故障注入攻击的成功机会,也在攻击成功后有更严重的后果。攻击者向签名过程中引入故障,使生成的签名中错误的包含了私钥的信息,从而导致私钥泄露。最后,签名验证过程也同样会受到故障注入攻击威胁,通过在验签过程中引入故障,攻击者可能迫使系统接受本应被拒绝的无效签名,从而绕过数字签名的安全性保障。

针对 Dilithium 算法的密钥生成、签名生成和签名验证全部步骤,已有多种故障注入攻击的研究[49,70]。在密钥生成中注入故障,可强制重用本应只使用一次的 NONCE 来生成私钥,从而导致生成的公私钥对安全性很弱。对签名生成阶段,多个运算操作都可被注入故障并导致私钥泄露:每次向私钥的一个系数注入少量故障,并收集对应签名,可在收集 1000~2000 条错误签名后恢复对应系数,不断重复此过程可恢复私钥 s_1 的全部系数;利用确定性版本中 NONCE 的确定性,获取同一条消息的正确签名和向挑战多项式 c 中注入故障的错误签名,可直接恢复私钥 s_1;通过向采样 NONCE 多项式 y 的过程注入故障,导致多项式 y 的采样提前终止,剩余未采样系数全部为零,可导致签名直接泄露私钥信息;通过向签名的最终加法步骤 $y+cs_1$ 注入故障,跳过整个加法或者单个系数的加法,可导致生成的签名泄露私钥 s_1,对于确定性版本可使用 1000~2000 条错误签名恢复私钥;通过向 NTT 运算中的旋转因子注入故障,导致运算得到的 NTT 域的挑战多项式 c 的系数全部为 0,从而输出的签名直接暴露了 NONCE 多项式 y,与相同消息的有效签名一起可以恢复私钥;类似地,向 y 的 NTT 运算注入故障使之全部为 0,可导致输出直接暴露私钥。对于签名验证阶段,向挑战多项式 c 的 NTT 过程注入故障,使其结果全部为 0,可导致任意伪造的签名通过验证;此外,还可直接向验证中最终的比较操作注入故障并跳过此步骤,导致任意签名成功通过验证。

对 Falcon 算法的故障注入攻击研究主要集中在签名生成中的陷门采样器上[71,72]。Falcon 签名生成中的采样算法可以视作一个递归的过程,攻击者通过注入故障使递归过程提前结束,会导致采样的结果中大量系数为 0,进而使生成的错误签名能够用来简单地恢复私钥。此外,攻击者通过注入故障直接使采样的输出结果中大量系数为 0,也可导致类似的错误签名用于恢复私钥。针对确定性版本的 Falcon,最近的文献[71]通过向陷门采样器的伪随机数生成器中注入故障,使设备对同一个消息生成不同的签名,从而可以利用格约简技术从单个消息的多个不同签名恢复私钥。

"SPHINCS+"对故障注入攻击极其脆弱,只要单个故障击中签名运算中的几乎任何位置都会对安全性产生灾难性影响。文献[73]首次提出了对"SPHINCS+"的故障攻击框架,并在文献[74]中得到实验验证。文献[69]对"SPHINCS+"面对这种攻击的表现和可能的对策进行了详细分析。"SPHINCS+"之所以对故障注入极其脆弱,是因为其中使用了一次性签名组件"WOTS+",这种签名只能用来对一条消息签名,多于一条就会不再安全。在正确运行的"SPHINCS+"中,可以保证每个"WOTS+"每次签名的消息都相同;然而故障可以导致"WOTS+"签名的消息变为错误的消息,从而可以让攻击者获得一个"WOTS+"的多个签名,进而导致整个算法安全性的坍塌。

"SPHINCS+"每次完整的签名需要数十万到数百万次哈希计算,即使不考虑侵入式的故障注入攻击者,设备自身可能出现的故障如过热、电压扰动、DRAM 存储错误等就可能破坏其安全性。此外,这种故障发生后产生的签名有很大一部分是可以通过公钥验证的,这意味着仅仅对生成的签名用公钥验证是无法区分出所有故障签名的。此外,文献[69]的分析还表明,缓存中间结果的抵御手段难以提供有效的防护能力。目前仅有的有效防护手段是冗余运算,即每次签名都运算至少两次,并比对运算结果,当运算结果不同时不向外输出运算结果。

6.2 抗量子密码芯片的物理安全防护设计

6.1节介绍了针对抗量子密码已经涌现出大量的侧信道攻击和故障注入攻击的研究。这些攻击研究表明,未经过有效防护的密码实现容易受到破坏。在可能受到这些物理攻击的场景中,不得不采取一系列需要一定代价的物理安全防护措施。物理安全防护设计的关键在于在确保足够安全性的前提下,尽可能降低面积和速度方面的额外代价。

本节分别介绍侧信道攻击和故障注入攻击的经典防护方法,总结并讨论对抗量子密码芯片进行防护所面临的特有的设计挑战。最后介绍基于动态重构的物理安全防护方法,并探讨该方法在面对这些防护设计挑战时具有的独特优势。

6.2.1 侧信道攻击经典防护方法

侧信道攻击利用设备运行时产生的侧信道信息与敏感信息的相关关系,因此防护方案的目标是打断或者削弱这一关系。如图6-7所示,根据打断或削弱相关关系的方式,可延伸出两大防护思路:掩码和隐藏。掩码方案试图切断运算中间结果与敏感信息的关联。这种方法通过将秘密值随机地划分为多份,并对每份进行独立运算,从而使得参与运算的变量与敏感信息的统计关系变得不相关。隐藏方案试图将敏感操作的侧信道信息隐藏在攻击者实际测量到的侧信道信息中,使得攻击者无法从测得的侧信道信息中分辨和获取特定操作的侧信道信息。这种方法通过在侧信道中引入干扰和噪声,增加攻击者分析的难度。

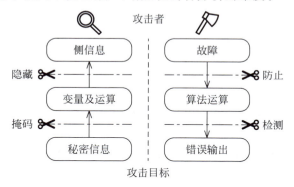

图6-7 侧信道攻击与故障注入攻击防护方法

掩码方案的理论安全性已经有了广泛且深入的研究,现有的理论和技术能够对一个掩码方案进行充分的分析,以确定其能够提供多高程度的安全性。然而,掩码方案在实际应用中可能面临设计难度大以及较大的时间、面积开销等挑战。而隐藏方案通常不具备成熟的安全性评估方法,因此难以准确预估其防护效果。单独使用隐藏方案作为防护对策时,存在较大的不确定性。尽管如此,隐藏方案的防护代价较小,因此可以作为掩码方案的补充防护方案,以在系统中提供额外的保护层。在实际应用中,选择掩码方案、隐藏方案或它们的结合通常取决于具体的应用需求和系统要求。结合使用这两种防护思路可以提供更为全面和强大的安全性,以应对多样化的攻击威胁。

本节除了介绍掩码方案的理论安全基础和安全性评估方法,还会介绍现有的掩码防护框架以及掩码组件及其可组合性问题。基于不同算数结构上掩码方案的转换算法,最后介绍隐藏方案的原理和方法。

1. 掩码方案的理论安全基础

掩码方案的核心思想在于将秘密随机分为多份共享值,使得攻击者需要获取全部共享值才能还原秘密。具体而言,每个共享值在电路中独立参与运算,使得每个侧信道信息的采样值仅依赖有限数量的共享值。这样一来,侧信道信息的均值(一阶统计矩)甚至低阶统计矩都与敏感信息统计不相关,迫使攻击者必须通过计算更高阶的统计矩来获取敏感信息[75]。在电路中引入足够水平的噪声时,利用高阶统计矩变得极为困难,其难度呈指数级增长。而掩码方案的实现代价仅随着共享值数量的(大约)二次方增长,因此在防范侧信道攻击方面,掩码为任何密码算法提供了理论上的安全防护原则。

具体而言,掩码方案的安全性建立在两个基本假设之上,即独立性和噪声[76]。独立性要求每个侧信道信息采样值只依赖有限数量的共享值,理想情况下只依赖一个共享值。噪声则表示共享值计算时产生的侧信道信息必须具有足够的噪声水平。在这两个基础假设得到满足的前提下,掩码方案的安全性获得了正式的安全证明。此外,研究表明在并行硬件实现中,多个共享值的侧信道信息的线性组合不会降低安全阶数,即与敏感信息相关的最低统计矩[75]。因此,为了确保具体的掩码方案实现的安全性,必须分别检查这两个假设是否成立。只有在这些条件得到充分满足的情况下,掩码方案才能提供有效的安全保障,抵御各种侧信道攻击。

2. 掩码方案的安全评估

安全的掩码方案实现必须同时满足独立性和噪声两个关键条件。噪声条件的实现与具体设备有关,其评估可以通过信息论的方法进行。在掩码方案的算法级设计阶段,通常主要关注独立性条件。为了验证独立性条件,开发了各种攻击者模型,它们既可用于手工安全评估,也可通过形式化验证工具进行评估。此外,基于仿真或实验的测试方法也被广泛用于评估安全阶数,也就是敏感信息相关的最低统计矩。

为了评估掩码方案的 t 阶侧信道安全,即确保侧信道信息的任意 t 阶统计矩与敏感信息无关,可以采用一种称为 t 阶探针模型(probing model)[77]的方法。在这个模型中,假设攻击者能够读取电路中任意 t 根线上的值,然后判断攻击者是否能够获取敏感信息。t 阶探针模型的基本思想是,侧信道信息是电路中参与运算的变量的带噪声函数。如果在攻击者已知任意 t 个无噪声变量值的情况下仍然无法获取敏感信息,那么可以得出侧信道信息的 t 阶统计矩与敏感信息无关。这个模型最早由 Ishai 等于 2003 年提出[77],并广泛用于掩码方案的安全性检查与证明。在软件实现中,探针模型表现出色,但在硬件实现中却面临一些困难。

在硬件实现中,探针模型面临的第一个困难是该模型仅允许攻击者探测单个变量的值。然而在并行的硬件实现中,通常多个变量会并行同时参与运算,这使得单个侧信道信息采样实际上是各变量运算的侧信道信息之和。Barthe 等的研究证明,运算的并行导致的侧信道信息线性组合不会使侧信道的安全阶数的下降[75]。

探针模型在硬件实现中遇到的第二个困难,也是致命性的困难,是由硬件电路中的毛刺(glitch)、翻转(transition)、耦合(coupling)等物理缺陷(physical default)引起的。这些物理缺陷可能导致探针模型的前提假设受到破坏。探针模型正常工作的前提假设是,侧信道信息是单个中间变量的函数或多个变量的线性组合函数。然而,硬件电路中的物理缺陷打破了这个假设,它们引入的侧信道信息可能包含中间变量的非线性组合成分,导致与敏感信息无关的侧信道信息最低统计矩下降。

为了在考虑物理缺陷的情况下评估安全阶数,Faust 等提出了鲁棒探针模型(robust probing model)[76]。在这个模型中,对于目标安全阶数为 t,攻击者可以将 t 根鲁棒探针放置在电路上。当考虑毛刺带来的影响时,攻击者能够获取鲁棒探针相连的组合逻辑中其依赖的全部输入信号,这种模型被称为毛刺鲁棒探针模型,如图 6-8 所示。因此,即使毛刺导致的侧信道信息中包含所有这些输入信号的非线性组合,攻击者从侧信道信息的 t 阶统计矩中获得的信息也不会超过 t 阶毛刺鲁棒探针模型中获得的信息。该模型被广泛应用于硬件掩码方案的安全性评估与证明中。

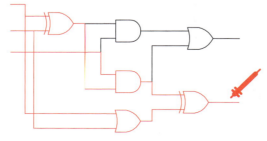

图 6-8　毛刺鲁棒探针模型示意图

存储单元的翻转引入的侧信道信息与其相邻两个周期存储的值有密切关系。为了考虑存储器翻转对侧信道安全的影响,Faust 等提出了翻转鲁棒探针模型[76],允许攻击者将鲁棒探针放置在存储单元上,以获取相邻两个周期存储的值。此外,Cassiers 等在 2021 年的研究工作[78]中指出,除了存储单元的翻转外,连线的翻转也应该被纳入鲁棒探针模型的考虑范围,甚至需要进一步考虑毛刺与连线翻转的组合效应。然而,连线翻转相比存储单元翻转对侧信道信息的影响较小,攻击者是否能够利用连线翻转尚未得到广泛认可,仍需要更多的攻击研究来确认。同时,考虑连线翻转会对硬件掩码设计带来较大的开销影响。截至目前,这一模型尚未在硬件掩码设计中得到广泛应用。

除此之外,硬件电路中相邻连线的耦合效应也可能导致侧信道安全阶数的下降。Faust 等提出的耦合鲁棒探针模型[76],将相邻连线的耦合效应纳入考量。然而,要在实际硬件电路设计中应用耦合鲁棒探针模型,需要使用到版图级布局布线的信息。因此,目前关于耦合的侧信道研究相对较少,掩码方案的设计和各验证工具较少考虑耦合效应的影响。未来耦合鲁棒探针模型可能被用于 EDA 设计的检查流程中。

利用这些模型可以对掩码方案进行手工安全分析,然而手工分析经常会出现疏漏,因此开发了多种自动化的软件工具和实验技术用于检查掩码方案的侧信道安全性。一些形式化验证工具,如 maskVerif、Rebecca、SILVER、VERICA 等,可以用于检查和证明各种攻击模型下的安全性。这些工具的证明是完备的,但在对较大规模的电路使用鲁棒探针模型验证时,计算量可能过大,因此一般只用于小型掩码组件的安全验证。对于较大规模的电路,可以考虑使用基于门级网表仿真的泄露检测工具,如 PROLEAD[79]。这类工具对仿真中的电路中间变量值进行统计独立测试,具有较高的运算效率。需要注意的是,这种方法可能存在一定概率的假阳性或假阴性的误报率。此外,实践中还常用基于实验的泄露测试技术,如测试向量泄露检测(Test Vector Leakage Assessment,TVLA)[80]。TVLA 能够对实际设备的侧信道信息进行泄露检测,但对实验设备和技术的要求较高,同时也具有一定的假阳性和假阴性的误报率。

3. 掩码方案的现有框架

掩码方案的核心思想是将秘密值随机拆分为多个共享值,并分别处理这些共享值。由于各共享值分布均匀且与秘密值独立,处理各共享值时产生的侧信道信息与秘密值无关。根据共享值拆分的不同方法,掩码方案可分为不同种类,其中常见的包括布尔掩码和算数掩码。具体而言,一个敏感变量 X 被随机拆分为 d 个共享值,满足

$$X = x_1 \diamond x_2 \diamond \cdots \diamond x_{d-1} \diamond x_d$$

其中，$\diamond$ 表示异或运算时的掩码方案称为布尔掩码，而表示模加运算时的掩码方案则称为算数掩码。

目标电路中的运算类型可划分为线性运算和非线性运算。以布尔掩码为例，异或和求反运算属于线性运算，而与和或运算则属于非线性运算。对于算数掩码而言，模加和数乘运算是线性运算，而异或和右移运算则是非线性运算。掩码方案必须确保其功能的正确性，即在各共享值上进行的运算结果应为原运算结果的正确共享值。对于线性运算而言，满足这一要求相对较为简单，只需要对各个共享值进行相应的线性运算即可。然而，由于非线性运算无法通过独立处理各共享值来获得正确的结果，因此需要特别设计来同时满足正确性和安全性的要求。

此外，在硬件掩码方案的设计中，还需防范由毛刺引起的信息泄露。这使得软件中的掩码方案无法直接应用于硬件掩码设计，而需要经过专门的设计处理。接下来，介绍几种现有的硬件掩码设计框架。

1) 门限实现

门限实现(Threshold Implementation，TI)是由 Nikova 等于 2006 年提出的[81]。该方案受到门限密码学和多方计算协议的启发，其基本思路是通过限制电路各部分中参与运算的共享值个数来避免秘密值的泄露。一个门限实现的一阶防护与门例子如图 6-9 所示。

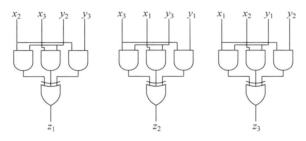

图 6-9 门限实现的一阶防护与门

为了使一个代数次数为 a 的布尔函数 $f(x,y,\cdots)$ 达到 t 阶安全，需要至少将每个输入变量拆分为 $at+1$ 个共享值，并将电路至少拆分为 $at+1$ 个独立的分函数 f_i。同时，输入共享值及各分函数需满足以下 3 个条件。

(1) 各分函数需要满足正确性(correctness)，即各分函数输出的异或和应等于原始输出：
$$\bigoplus_i f_i(\cdots) = f(x,y,\cdots)$$

(2) 各分函数需要满足非完整性(non-completeness)，即任意 t 个分函数需要至少和一个输入共享值独立。例如，对于一阶安全来说，各分函数应该具有以下形式：
$$z_1 = f_1(x_2, x_3, \cdots, x_n, y_2, y_3, \cdots, y_n, \cdots),$$
$$z_2 = f_2(x_1, x_3, \cdots, x_n, y_1, y_3, \cdots, y_n, \cdots),$$
$$\cdots$$
$$z_n = f_n(x_1, x_2, \cdots, x_{n-1}, y_1, y_2, \cdots, y_{n-1}, \cdots).$$

(3) 各输入变量的共享值需要满足均匀性(uniformity)，即各共享值在每种输入秘密值情况下的条件概率分布是均匀的：
$$\Pr(x_1, x_2, \cdots, x_n, y_1, y_2, \cdots, y_n, \cdots \mid X, Y, \cdots) = c$$

当满足以上 3 个条件时，电路被称为 d 阶门限实现。此外，由于后续电路的输入依赖前面电路的输出,为了确保后续电路的输入满足均匀性,前面电路应满足平衡性(balance),如果当电路的输入共享值满足均匀性时,输出共享值也满足均匀性,称该电路满足平衡性。

门限实现框架的安全性不受毛刺的影响,这归因于非完整性的特点。即使攻击者获得分函数运算过程中的全部信息,也无法重构输入秘密值。然而,令人遗憾的是,只有一阶门限实现能够安全地用于大型电路;尽管高阶门限实现本身具有高阶安全性,但与其他电路部分组合时不能保证整体电路的高阶安全。门限实现的特点在于所需的共享值数量较多,但通常需要的随机数数量较少。目前,门限实现在一阶侧信道安全的防护实现中被广泛使用。

2) 整合掩码方案

整合掩码方案(Consolidated Masking Scheme,CMS)是由 Reparaz 等于 2015 年提出的[82],该方案是通过对各种非线性函数掩码实现方法的综合总结而得出的。如图 6-10 所示,该方案的运算过程可以分为 4 层:非线性层 N、线性层 L、刷新层 R 以及压缩层 C。具体而言,非线性层 N 的任务是计算实现目标非线性运算所需的所有交叉项乘积;线性层 L 负责以安全的方式对部分交叉项进行异或运算,从而降低中间变量的数量;刷新层 R 通过引入新的随机数对中间结果进行刷新,以避免由高阶门限实现所带来的全局高阶安全性问题;压缩层 C 再次对中间结果进行异或运算,以减少输出中的共享值数量。此外,刷新层 R 后需要加入寄存器来阻断毛刺的传播。

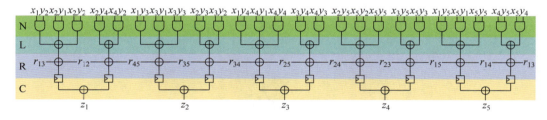

图 6-10 整合掩码方案的二阶防护与门

整合掩码方案为高阶掩码提供了一个安全的实现框架,引入随机数刷新机制可以解决全局高阶安全性的问题。值得注意的是,由于该方法对所有压缩前的中间变量都进行刷新,可能导致较高的随机数消耗需求。此外,对于代数次数为 a 的布尔函数,通用的 t 阶安全的整合掩码方案构造需要 $at+1$ 个共享值。在输入变量的共享值相互独立的情况下,通过巧妙的布局可以将所需的共享值数量降低至 $t+1$,但该方案并未给出通用的具体构造方法。

3) 面向域的掩码

对于 t 阶侧信道安全,理论上最少的共享值数量应为 $t+1$。然而,门限实现却要求至少 $at+1$ 个共享值,而整合掩码方案也仅给出了 $at+1$ 个共享值的通用构造。为了将共享值数量降至理论下限 $t+1$,Gross 等于 2016 年提出了面向域的掩码(Domain-Oriented Masking,DOM)构造框架[83],如图 6-11 和图 6-12 所示。

与门限实现和整合掩码方案中从各分函数的角度进行设计不同,面向域的掩码方案采用了从域的角度出发的设计方法。在这一方案中,每个共享值根据其编号被分配到一个域中,对于 t 阶安全的电路,就有 $t+1$ 个域。在进行非线性运算时,面向域的掩码方案分为 4 个阶段:与运算阶段、刷新阶段、寄存器阶段以及压缩阶段。在与运算阶段,该方案分别计算所需的全部交叉项乘积,包括相同域内的共享值乘积和跨域的共享值乘积。在刷新阶段,只有跨域的乘积使用随机数进行刷新。在寄存器阶段,各域内乘积和刷新后的跨域乘积被存入寄存器,以防止毛刺引起的泄露。最后,在压缩阶段,每个域内的乘积与几个刷新后的跨域乘积被压缩为一

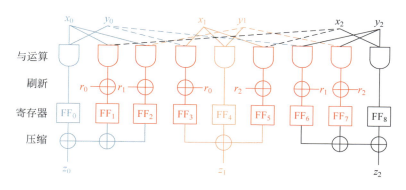

图 6-11 输入独立时的面向域的掩码二阶与门

个输出共享值。

上述构造方法要求各输入变量的共享值相互独立,该情况下面向域的掩码方案具有共享值数量少、门数量少等优点。而在各输入变量的共享值不独立的情况下,面向域的掩码方案也提出了复杂一些的构造方法,如图 6-12 所示。其思路是通过一个随机值 z 保护运算过程,将 $x \times y$ 拆分为 $x \times (y+z)$ 与 $x \times z$ 两部分分别求值后再压缩。相比于直接将一个输入变量的共享值刷新后再进行乘法的方法,该方法避免了额外的一级寄存器,使该乘法仍然只需要一级寄存器的延时。

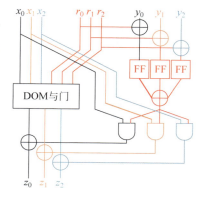

图 6-12 输入不独立时的面向域的掩码二阶与门

4. 掩码组件及可组合性

鉴于直接设计庞大的掩码电路并手工验证其安全性存在较高的设计难度和容易出错的问题,因此当前掩码方案设计的另一途径是构建可复用和可组合的掩码组件。通过设计满足一定可组合性质的掩码组件,能够直接替换未受防护的电路中的各个组件为具备防护功能的掩码组件。这种方法为自动生成大型电路的安全掩码方案提供了可能性。接下来,首先介绍目前掩码组件设计中常用的各种可组合性质,然后介绍目前已有的掩码组件设计。

1) 非干扰性

非干扰性(Non-Interference,NI)[84]是从概率信息传播的角度对探针安全性的另一种描述方式。其核心理念在于通过限制中间变量概率相关的输入共享值数量,以防止中间值与过多的共享值相关,从而防范秘密泄露。更加形式化地表述,对于一个掩码组件而言,如果其任意 t 个中间变量值的概率分布只与每个输入变量的最多 t 个共享值相关,那么称其为满足 t 阶非干扰性。因此,当共享值的个数大于 t 时,t 阶非干扰性组件的任意 t 个中间变量的联合分布必定与秘密值无关,进而满足 t 阶侧信道安全。需要注意的是,探针安全和非干扰性本身并不能保证可组合性。为了实现可组合性,研究者们在非干扰性的基础上提出了更为严格的约束模型。

2) 强非干扰性

强非干扰性(Strong Non-Interference,SNI)[84]是在非干扰性的基础上进一步要求组件的输出与输入无关,以通过切断输入输出之间的相关性来安全地组合大型电路。更为形式化地表述,对于一个掩码组件而言,如果其任意 t_1 个中间变量和任意 t_2 个输出变量($t_1+t_2 \leqslant t$)的联合概率分布只与每个输入变量的最多 t_1 个共享值相关,那么称其为满足 t 阶强非干扰性。强非干扰性通常被用于限制刷新门的行为,刷新门的功能是将一个变量的一组共享值重新随机划分为一组新的共享值,使得新的共享值与原有的共享值无关。

为了构造一个满足 t 阶非干扰性(即 t 阶侧信道安全)的大型电路,可以使用满足非干扰性的掩码组件和满足强非干扰性的刷新门来实现。具体而言,所有的组件都应当满足 t 阶非干扰性的条件。此外,任何变量最多只能被一个仅满足非干扰性的组件直接使用,若其他组件希望再次使用该变量,则需首先通过 t 阶强非干扰性的刷新门处理该变量后再使用。

3)探针隔离非干扰性

非干扰性和强非干扰性为构建大型掩码电路提供了一种可行的途径。然而,此构造方法存在一个显著缺陷,对线性函数的简单掩码防护安全但不满足强非干扰性的要求。因此在多个线性函数使用同一变量时,该构造方法必须引入刷新门,导致较大的随机数开销。然而这些刷新门只是该构造方法必须引入的,而不是安全性本身所需要的。为了克服这一问题,Cassiers 等提出了一种新的模型,即探针隔离非干扰性(Probe Isolating Non-Interference,PINI)模型[85]。

与前两种模型不同,探针隔离非干扰性的主要约束在于相关输入共享值的位置,而不是数量,如图 6-13 所示。简而言之,每个输入和输出变量的各个共享值都被编号,每个输出共享值仅与所有输入变量共享值中相同编号的共享值相关。每个中间变量仅与所有输入变量共享值中一个编号的共享值相关。更为形式化地表述,对于 t_1 个编号的集合 A 和 t_2 个中间变量,满足 $t_1+t_2 \leqslant t$,如果存在 t_2 个编号的集合 B,使得所有编号在 A 中的输出和这 t_2 个中间变量的联合概率分布,只与每个输入变量的所有共享值中编号在 A 和 B 中的共享值相关,那么称其为满足 t 阶探针隔离非干扰性。

图 6-13 非干扰性、强非干扰性、探针隔离非干扰性示意图

由于探针隔离非干扰性能够将组件输出与输入的相关性限制在相同的编号内部,因此,将多个探针隔离非干扰性的组件简单组合起来时仍能保持这一性质。这使得探测部分编号的攻击者无法获得其他编号相关的信息。因此,为了构建一个 t 阶探针安全的大型电路,我们可以轻松地将所有组件替换为 t 阶探针隔离非干扰性的掩码组件。

4)掩码组件

与门作为一个广泛使用的非线性基本门,是掩码组件的重要研究对象。以下将重点以实现 $c=a \wedge b$ 与门掩码组件为例,介绍 ISW 组件[77]、SNI 组件[84] 及 PINI 组件[85]。

ISW 与门组件是在探针模型下提出的早期经典方案,需要将输入输出分为 $2t+1$ 个共享值以提供 t 阶探测安全。首先,生成随机值 r_{ij}($0 \leqslant i < j \leqslant 2t+1$);其次,按照括号标识的优先级计算中间结果 $r_{ji}=(r_{ij} \oplus x_i y_j) \oplus x_j y_i$;最后,输出 $z_i = x_i y_i \oplus (\oplus_{j=i+1}^{t+1} r_{ij})$,一阶 ISW 与门掩码组件如图 6-14 所示。

在理想探测模型下 $t+1$ 个共享值的 ISW 与门掩码组件是 t 阶强非干扰性的,但是考虑到毛刺这一实际物理因素时,需要稍加修改重新组织中间结果。

首先,生成随机值
$$r_{ij}(0<i<j\leqslant t+1)$$
其次,生成中间值
$$u_{ij}=r_{ij}\oplus x_iy_j, u_{ji}=r_{ij}\oplus x_jy_i$$
最后,输出
$$z_i=x_iy_i\oplus(\oplus_{j=1,j\neq i}^{t+1}u_{ij})$$

在此基础上,面向硬件的强非干扰 ISW 掩码组件需要插入两级寄存器,如图 6-15 所示。

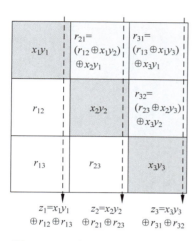

图 6-14　一阶 ISW 与门掩码组件

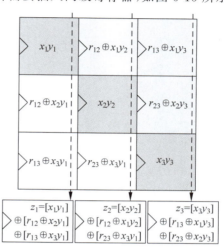

图 6-15　二阶强非干扰性 ISW 与门掩码组件

上述 ISW 与门和 SNI 与门不具有探针隔离非干扰性,但是在其基础上加以改进可以得到两种不同的具有探针隔离非干扰性的与门组件 PINI1 和 PINI2。

注意 ISW 与门中间值 z_{ij} 包含 a_ib_j,这使得该中间值与两个不同编号的共享值相关,不符合探针隔离非干扰性。为解决这一问题,PINI1 掩码组件在中间值计算过程中加冗余项进行掩码
$$u_{ij}=(\sim x_i)r_{ij}+x_i(r_{ij}+y_j)$$

由此对于 t 阶探针隔离非干扰性的 PINI1 掩码组件,首先生成随机值
$$r_{ij}(0<i<j\leqslant t+1)$$
其次,按照下式逐步生成中间值
$$s_{ij}=b_j+r_{ij}, p_{ij}^0=(\sim a_i)r_{ij}, p_{ij}^1=a_is_{ij}, u_{ij}=p_{ij}^0+p_{ij}^1$$
最后,输出
$$z_i=x_iy_i\oplus(\oplus_{j=1,j\neq i}^{t+1}u_{ij})$$

上述 PINI1 掩码组件未考虑实际硬件毛刺的影响。为了防止毛刺传播破坏探针隔离非干扰性,需要在中间值和输出计算过程中加入寄存器
$$u_{ij}=\mathrm{Reg}[(\sim x_i)r_{ij}]+\mathrm{Reg}[x_i\mathrm{Reg}[(r_{ij}+y_j)]]$$
$$z_i=\mathrm{Reg}[x_i\mathrm{Reg}[y_i]]\oplus(\oplus_{j=1,j\neq i}^{t+1}u_{ij})$$

抗毛刺的一阶 PINI 与门掩码组件 PINI1 如图 6-16 所示。

另一种探针隔离非干扰性与门掩码组件 PINI2 是应用强非干扰刷新组件和强非干扰与门构建的。如图 6-17 所示,其中一个输入通过强非干扰刷新组件后输入强非干扰与门。强非

干扰刷新组件的输出与输入无关,同样解决了中间值 u_{ij} 与两个不同编号的共享值相关的问题。

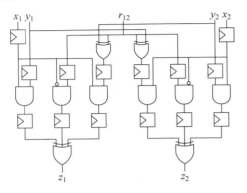

图 6-16　抗毛刺的一阶 PINI 与门掩码组件 PINI1

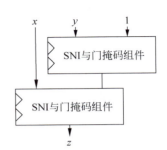

图 6-17　抗毛刺的一阶 PINI 与门掩码组件 PINI2

为应对毛刺带来的威胁,面向硬件实现的 PINI2 应采用含抗毛刺寄存器的强非干扰刷新组件和强非干扰与门掩码组件[86]。

5. 掩码方案的转换算法

根据掩码方案中拆分共享值时使用的运算类型可将掩码方案分类,当使用异或运算时称为布尔掩码,当使用模加运算时称为算术掩码。由于线性运算的掩码防护代价较低,因此根据待防护算法的不同运算类型采用相应的掩码类型,可以极大地提升掩码方案的效率。布尔掩码适用于异或和移位之类的布尔操作,而算术掩码适合用于防护加法和减法之类的操作。对于结合算数操作和掩码操作的密码算法,侧信道防护方案需要同时使用算术掩码和布尔掩码,更为重要的是需要考虑这两者之间的转换算法。掩码转换包括布尔算术掩码(Boolean to Arithmetic,B2A)转换和算术布尔掩码(Arithmetic to Boolean,A2B)转换的两个方向。本节将分别介绍面向一阶安全和高阶安全的 A2B 和 B2A 转换。

1) 一阶安全掩码转换

一阶安全掩码转换算法由 Goubin 于 2001 年首次提出,给出了基于布尔电路的 A2B 转换和 B2A 转换算法[87]。随着掩码转换的应用愈加广泛与重要性日益增加,密码学顶级会议 CHES 在掩码转换提出的二十年后将 CHES 2021 Test of Time Award 颁发给这一工作。对于任意位宽一阶 B2A 转换,已知 X 的两个布尔共享值 x' 和 r,假设 X 的一个算术共享值依旧为 R,现求另一个算术共享值 A。利用函数 $f_{x'}(R) = (x' \oplus R) - R$ 的仿射特性,在随机数 r_1 的掩蔽下,可以高效安全地求得

$$A = f_{x'}(R) = f_{x'}((r_1 \oplus R) \oplus r_1) = f_{x'}(r_1 \oplus R) \oplus (f_{x'}(r_1) \oplus x')$$

Goubin 的 B2A 转换算法对于任意位宽计算复杂度仅为 $O(1)$,至今依旧是最为高效的抗一阶侧信道攻击的 B2A 转换算法。对于 k 位变量一阶 A2B 转换,已知 X 的两个算术共享值 A 和 r,假设 X 的一个布尔共享值依旧为 R,欲求另一个布尔共享值

$$x' = A \oplus u_{k-1}$$

u_{k-1} 通过以下迭代公式求得:

$$\begin{cases} u_0 = 0 \\ u_{i+1} = 2(u_i \wedge (A \oplus R) \oplus (A \wedge R)) \end{cases}$$

基于布尔电路的一阶 A2B 转换算法,对于 k 位变量计算复杂度为 $O(k)$,转换效率低。基

于表的A2B转换算法大大改善了这一问题[88]。对于一阶转换,基于预计算表的A2B算法通常将算术掩码A和R分成n个位宽为k位的小段,k的值通常为4或8。令"$\|$"表示位串连接。对于$n\cdot k$位变量w,w_i表示w的第i个小段,满足$w = w_{n-1} \| \cdots \| w_1 \| w_0$。$r$和$\gamma$表示预计算表所使用的随机数,$C_i$表示第$i$段到第$i+1$段的进位。其转换过程如图6-18所示。首先选取一个k位的随机数r并将及复制n份后连接成一个$n\cdot k$位的数。然后将其与算术掩码进行算术运算,以此保护后续步骤中的秘密值。随后将运算中产生的进位C_i通过在随机数γ的掩码下加到高位,并通过布尔掩码查找表查找转换的中间结果,最后将保护秘密值的中间掩码值r移除得到最终的转换结果。

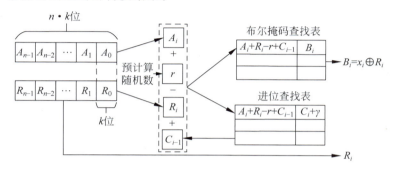

图6-18 基于预计算表的A2B算法原理图

文献[89]对该方法的内存消耗做出了进一步的降低,但在面对简单能量攻击时存在一定的安全缺陷。Deblaize不仅修复了文献[89]中的错误,而且对算法进行了进一步的优化以提升性能[90]。然而,2021年,Michiel Van Beirendonck等在Deblaize算法中发现了一个潜在缺陷[91],可能导致机密值泄露。为应对这一问题,提出了两个可行的安全算法:修复的Deblaize算法(deblaize fixed algorithm)和双表算法(dual-lookup algorithm)。

2) 高阶安全的掩码转换

高阶转换算法由Coron团队首次提出[92],假设敏感变量X有t个算术掩码共享值A_i使得

$$\sum_{i=1}^{t} A_i = x$$

A2B转换的目标是在$t-1$阶侧信道攻击不泄露x的情况下,获得x的t个布尔掩码共享值B_i使得

$$\bigoplus_{i=1}^{t} B_i = x$$

该方案基于安全的布尔电路加法,基本思想是首先将每个算术共享值通过刷新算法重新掩码为t个布尔共享值,然后通过应用$t-1$次安全加法求得所有算术共享值的和的布尔掩码。

在此基础上采用分而治之的策略可以提升该算法的效率,将t个算术共享值均分为两部分,递归地调用A2B转换算法。最后形成图6-19所示的多级安全加法器结构,第一级为2个布尔共享值的一阶安全加法,第2级拓展为4个布尔共享值进行安全加法求和,以此类推,最后一级为t个布尔共享值的$t-1$阶安全加法。对于位宽为k的变量,将其分为t个共享值,该方案将复杂度从$O(t^3 \cdot k)$降低为$O(t^2 \cdot k)$。

图6-19中安全加法器SecAdd从安全的行波进位加法器改进为安全的超前进位加法器,可以进一步将A2B转换的计算复杂度降低为$O(t^2 \cdot \log k)$。

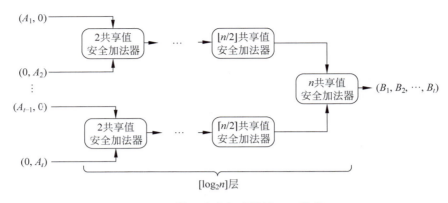

图 6-19　基于安全加法器的 A2B 转换

上述高阶掩码转换算法应用于侧信道硬件安全实现时存在延迟较大的问题。对于抗侧信道攻击的安全硬件实现，非线性函数的掩码实现需要插入寄存器，防止毛刺传播带来的潜在泄露。在传统的硬件电路设计中，插入寄存器可用于切断组合电路中的关键路径提升频率和整体性能。而对于掩码方案的硬件实现，这些为保证侧信道安全插入的多级寄存器位于关键路径上，将增大时钟周期延迟。有研究针对轻量级密码算法侧信道安全硬件实现的延迟问题展开讨论，提出了基于异步电路的掩码方案[93]、通用 S 盒低延迟掩码方案[94]和低延迟阈值实现[95]等。针对 A2B 转换，由于安全加法器的高代数度，仅仅实现 16 位宽的一阶安全加法器，完成一阶转换就需要 34 个时钟周期[96]。随着安全阶数和位宽的增加，高阶转换的多级安全加法器结构将进一步放大硬件掩码实现延迟问题。

图 6-19 所示的传统的基于进位传播加法器的 A2B 转换，对于 t 个共享值需要 $\lceil \log_2 t \rceil$ 层加法。对于 k 位变量，安全 RCA 计算最高位的进位需要 $k-1$ 级串行的进位计算，每级进位计算需要一级与门。以经典的硬件隐私电路与门[86]为参考，每级安全与门的硬件实现需要两级寄存器。对于 t 共享值 k 位变量，基于 RCA 的 A2B 转换需要 $2(k-1)\lceil \log_2 t \rceil$ 级寄存器。安全 KSA 的延迟性能要好于 RCA，对于 k 位变量计算最高位的进位需要 $\lceil \log_2(k-1) \rceil+1$ 级串行的进位计算，需要 $2(\lceil \log_2(k-1) \rceil+1)$ 个时钟周期。基于 KSA 的 A2B 转换需要 $2(\lceil \log_2(k-1) \rceil+1)\lceil \log_2 t \rceil$ 个时钟周期。

观察到高延迟的根源在于多级加法器的串行进位链，采用冗余数表示中间变量且使用布尔掩码防护的安全无进位加法器，提出基于进位保留加法器（Carry-Save Adder，CSA）的低延迟高阶掩码转换算法[97]。基于 CSA 的高阶转换算法结构如图 6-20 所示，分为两部分：C_t 将 t 个共享值算数掩码转换为敏感变量 X 的冗余数表示的 t 个共享值布尔掩码；一级安全进位

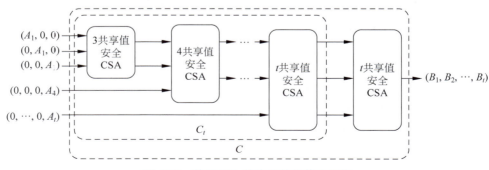

图 6-20　基于 CSA 的高阶转换算法结构

加法将 Carry-Sum 冗余数表示转换为正常二进制表示。

任意位宽安全 CSA 加法器仅需一级与门,消耗两个时钟周期。基于 CSA 的 A2B,总共需要$(t-2)$级安全 CSA 和一级安全 KSA,需要 $2(\lceil \log_2(k-1) \rceil + t - 1)$ 个时钟周期,相比基于进位传播加法器的方案在常用参数下时钟周期延迟有显著减少。

基于布尔电路的 B2A 转换可以基于 A2B 转换模块实现,基本思想是:对于 $t-1$ 阶安全首先生成 $t-1$ 个随机算术共享值,然后通过 A2B 转换计算它们和的补码并通过安全加法器加到输入的布尔掩码上,将这一结果解掩码得到算数掩码的最后一个共享值。生成的 $t-1$ 个随机算术共享值和这最后一个共享值一起组成 B2A 转换输出的算数掩码。

在基于安全布尔电路加法的设计思路之外,Coron 近年将基于表查找的转换算法推广到了高阶[98],但是该方案仅在特定应用下更为高效。对于硬件实现,基于安全布尔电路的高阶转换方案是更为广泛的选择,因为除了在通用场景下更为高效外,A2B 转换电路与其基本模块安全加法器还可以在 B2A 转换电路中复用。

6. 隐藏方案的原理和方法

隐藏技术通过破坏侧信道信息与中间操作结果之间的相关性来抵御侧信道攻击。相较于掩码方案,隐藏方案的设计相对简单,开销相对较低,但是该类技术没有完整的密码学安全证明,难以准确评估达成的防护效果。本节首先介绍时间维度的隐藏技术,然后介绍振幅维度的隐藏技术。

1) 时间维度的隐藏技术

在实施侧信道攻击时,往往需要首先在采集到的侧信道轨迹中定位目标操作,然后对目标操作的侧信道信息进行处理。如果不能定位目标操作的侧信道信息位置,则难以进行进一步的模板匹配、相关分析等操作。因此通过在算法执行过程中加入一定的随机性,使设备运算的顺序在时间维度上具有随机性,则可以使攻击者的攻击变得更加困难。常用的方法有插入伪操作和乱序操作。

(1) 插入伪操作技术主要通过在不同操作步骤之间插入随机次数的伪操作,从而使从设备获取的侧信道信息顺序具有一定的随机性。如图 6-21 所示,假设某算法包含 N 个操作,使用随机数发生器产生 $N+1$ 个随机数 $n_i(0 \leq i \leq N)$,用作不同操作之间添加伪操作的个数。需要注意的是,这些随机数之和最好保持为一个常数,使攻击者无法通过算法的执行时间推断插入伪操作的数量。此外,插入的伪操作最好与正常操作使用相同的操作类型和随机的输入,防止攻击者通过侧信道信息简单地识别出伪操作。

图 6-21　随机插入伪操作

(2) 乱序操作技术的基本思想是通过随机改变算法中某些可以改变执行顺序的步骤,以此在侧信道信息顺序中加入随机性。例如,在 AES 算法中,每轮中的 16 个 S 盒的执行顺序是可以任意改变的,因此可以使用洗牌算法随机打乱 16 个 S 盒的操作顺序,如图 6-22 所示。这样每个 S 盒运算的侧信道信息在整个侧信道信息轨迹中的位置将变得随机,从而增加了攻击者的攻击难度。在图 6-22 中,PRNG 或 TRNG 用于提供随机性,通过洗牌算法打乱每轮 S 盒的执行顺序。与随机插入伪操作相比,乱序操作不会引入大量额外操作,因此不会对数据的吞吐率造成很大的影响。然而,该方法只能应用于对应算法中可以改变执行顺序的特定操作。

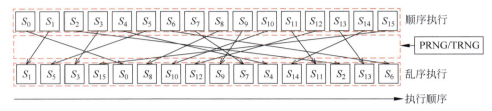

图 6-22 AES 中 S 盒的乱序操作

2) 振幅维度的隐藏技术

侧信道攻击利用侧信道信息中与敏感信息相关的部分,因此该部分在整个侧信道信息中所占的比例会极大影响侧信道攻击的难度。因此,一个直接且有效的防护方法就是降低设备侧信道信息的信噪比,从而加大攻击者从中提取目标信息的难度,迫使其采集更多的侧信道轨迹。为了降低设备的信噪比,可以采用的方法有两种:增加噪声和降低信号。

(1) 增加噪声。并行执行多个和当前操作不相关的操作是增加设备的噪声的一个常用方法。此时对于设备所执行算法的正确性来说,并行执行的每个步骤可能都是必要的。但是在攻击者进行攻击时,攻击者所选定的操作之外的其他并行操作便会成为噪声。例如,某些 AES 的硬件实现中对 16 个 S 盒的计算可以同时进行。当攻击者选定一个 S 盒进行攻击时,其余并行的 15 个 S 盒计算便会成为攻击中的噪声。另一个增加噪声的方法是使用噪声引擎。该引擎一般通过随机数发生器构造,并与一个由大电容构成的网络相连。对该网络的充放电会对电路的能量消耗产生较大的影响,会显著地增加电路中的噪声,从而增加攻击者攻击的难度。

(2) 降低信号。侧信道信息之所以会与敏感信息相关,是因为电路元器件在处理 0 和 1 时产生的侧信道信息不同。因此从源头上降低敏感信息相关信号的一个方式是,使电路元器件产生的侧信道信息与所处理数据的值无关,保持恒定。一种可能的电路结构是双轨预充电逻辑(dual-rail precharge logic),如图 6-23 所示。该元器件同时产生正反逻辑输出,因此它在不同输出时产生的侧信道信息差别更小。另一个降低信号的方法是滤波,将攻击者可获得的侧信道信息中与运算相关的信号滤除,从而使其难以获得有用的信息。例如,为了降低功耗信号,可以在运算电路和电源引脚之间插入一个滤波器,如开关电容、恒流源等;为了降低电磁信号,可以在运算电路外包裹一层金属屏蔽层。

近年来,机器学习等人工智能技术的发展,使得攻击者的攻击能力得到了极大的增强。机器学习技术已经被用于对密码设备进行侧信道攻击[99]。一些简单的隐藏技术已经不能满足所需的安全性。一个攻击者可以通过对能量迹进行训练,来识别出波形中哪些是有用的数据,从而使得部分隐藏技术失效。因此在设计算法防护时,可以考虑将多种防护措施混合使用来达到更好的防护效果。

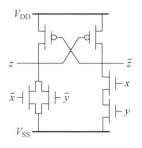

图 6-23 双轨预充电与门

6.2.2 故障注入攻击经典防护方法

故障注入攻击的关键是通过密码设备故障产生错误的输出,因此,其防护对策有两个基本思路,一个是防止密码设备产生故障;另一个是防止密码设备将错误结果输出。具体而言,故障注入攻击的防护对策可以分为防止故障的注入以及对已注入的故障的检测两类。防止故障注入主要通过一些物理手段使得攻击者无法对芯片进行侵入,从而阻止故障的注入。而故障的检测,主要对算法内部的计算结果进行检查,若发现结果错误则进行相应的输出,防止攻击者利用输出的错误结果。

本节首先介绍防止注入故障技术,随后介绍故障检测与纠错技术。

1. 防止注入故障技术

该技术的目的是阻止攻击者注入故障,可能的方式包括增大攻击者注入故障的难度或者检测设备运行环境是否异常等。前者可以在设备外添加外壳来使攻击者无法对设备进行物理访问,可以在电路外增加电磁屏蔽层防止电磁脉冲注入。后者可以使用传感器来完成对设备运行环境的检测。当攻击者对设备进行恶意侵入时,芯片的各种环境参数,例如芯片供电电压、温度以及光照强度等都可能发生改变。因此当传感器接收到参数异常时,便可以触发防御机制,如清除全部数据、使芯片停止工作或者熔毁芯片等。

2. 故障检测与纠错技术

故障检测与纠错技术是一种算法级的防御方法。它们均是基于冗余计算来确保电路的安全性。下面分别介绍故障检测技术与故障纠错技术。

1)故障检测技术

故障检测技术通过检测电路的输出是否异常来完成对故障注入攻击的防御。按照操作的不同方式,可以分为空间冗余、时间冗余与信息冗余[100]。

空间冗余是指通过复制电路中的运算模块,同时并行运算相同的数据两次,并比较这两次的计算结果,如果计算结果相同,则认为没有发生故障注入攻击。反之,则认为设备被攻击者恶意攻击。该方法的前提假设是攻击者一次只能向一个设备中注入故障,即相同的故障不会被同时注入两个设备中。该方法的代价也很明显,它至少会消耗两倍的电路资源。

时间冗余和空间冗余的基本原理相同,也是通过检测两次相同计算的结果是否相同来完成防御。不同之处在于,时间冗余采用折叠架构,它在同一个运算模块中重复相同的计算两次,再将计算的结果进行比较。与空间冗余技术相比,该方法虽然节省了电路资源但是却严重地影响了电路的运算速度(速度至少降低为原来的50%)。该技术所基于的假设同样是攻击者无法精确地将相同的故障注入两次运算中。

信息冗余使用错误检测码(Error Detecting Code,EDC)来检测故障[101]。其基本原理是,将设备运算的输入数据使用编码理论增加一些冗余信息,在运算结束后通过错误检测码对运算结果进行校验。如果运算结果通过了校验,则说明设备运行中未发生故障。该方法首先计算输入的检测位,然后预测后续步骤中正确结果所对应的检查位。定期生成实际计算结果的检查位并和预测的检查位进行比较,如果两个结果不匹配则表示检测到了错误。该方法比直接的重复计算有更低的开销,但是该方法的错误检测能力有限,检测出的错误数量有限。

除了上述 3 种方法外,不同的算法可以有不同的防御对策。例如在后量子密码算法 Kyber 的实现中,可以不用重复计算两遍相同的数据,而是对多项式的系数进行比较,同时增加循环计数器来检测每次比较是否完成,如果和预期的结果产生了差异则证明设备被攻击者注入了故障。又如在对 NTT 模块的错误注入攻击中,设计者可以增加一部分电路来检查旋转因子,如果检查不通过,则表明攻击者恶意攻击了该设备。攻击千变万化,这也导致了对应的防护措施也在不断变化,但是防护措施的本质都是相同的——检测故障的产生。

2)故障纠错技术

故障纠错技术基于故障检测技术,其目的是对检测到的故障进行修复。该技术同样基于冗余计算。相比于故障检测技术,该技术会进行多于两次的相同计算,并依据多数原则,选择正确的结果进行输出。故障纠错技术虽然会导致大量的电路资源消耗以及电路性能的大幅降低,但是其有更好的容错能力,能保证电路在发生恶意侵入时仍然输出正确的结果。该技术通常局限于小型模块中,如有限状态机。

6.2.3 抗量子密码的物理安全防护挑战

众多的攻击研究表明,未经防护的抗量子密码实现可被多种攻击方式简单地破解。因此在实际环境中部署抗量子密码设备时,必须考虑物理攻击的威胁以及适当的物理安全防护措施。然而,对抗量子密码进行物理安全防护具有多方面的挑战性,主要体现在以下 3 方面。

第一,物理安全防护的面积、性能开销大,可能带来较大的密码设备的能效损失。尤其对于运行在通用处理器上的软件实现,物理安全防护会导致巨大的能效损失,如对于 Dilithium 算法的侧信道一阶防护相比无防护实现需要 7 倍的运行时间。因此对速度、能效敏感的应用场景需要探索防护效率更高的硬件防护方法。

第二,抗量子密码具有与传统流行的对称密码、公钥密码不同的数学结构、算法操作类型,因此对抗量子密码的物理安全防护也遇到了很多新的问题。如在抗量子密码中广泛使用了 NIST 最新的哈希标准 SHA-3 算法,它的现有防护方案的效率仍然较低;基于格的密码交错使用模算数运算和布尔运算,它们的掩码防护需要多种模数的布尔算数掩码转换;还有很多新的操作类型,如多项式的系数比较和压缩、随机采样以及欧几里得除法等。这些新操作类型的防护方案仍然处于迭代发展的研究进程中。

第三,抗量子密码的物理安全防护给架构设计带来了较大的灵活性需求,具体体现在以下这些方面:相同的一个函数(如 SHA-3)在同一个算法的不同阶段具有不同的防护需求,有些运算涉及敏感信息需要侧信道防护,有些运算是故障敏感需要故障注入防护,有些运算则完全不需要防护;在选择物理安全防护方案的安全等级时,目前并没有固定的标准,仍然需要根据具体的场景选择不同的等级;物理安全防护的一个必要前提是充足的噪声水平,而不同的场景和安全需求对噪声水平的要求不尽相同,需要能够根据需求调节噪声水平的手段;最后,对各个算法的整体物理安全防护方案目前仍然没有标准和最优设计,因此为了保证安全性和提升能效,密码设备需要具有不断更新防护方案的能力。

6.2.4 基于动态重构的物理安全防护机制

在对 FPGA 和 ASIC 进行硬件侧信道防护实现时,计算所需要的随机性来源于电路外部伪/真随机数发生器等模块。相比之下,动态重构芯片在侧信道防护方面具有 3 个显著优点。首先,动态重构引入新的随机性,能够增加系统的不确定性,使得攻击者更难以准确获取侧信道信息。这种随机性的引入大大增加了采集特定步骤侧信道信息或将故障注入特定步骤的难度,有效地防护了精准攻击。其次,动态重构芯片具备可变换防护阶数的特性,使其能够根据不同的场景和威胁级别，灵活地改变防护安全等级或调节噪声水平，从而更好地适应不同的安全需求。最后，动态重构芯片支持可更新的防护方案，以确保对新型攻击手段的有效抵御使其在长期使用中能够保持高效的安全性能。

可重构密码芯片的硅后重构特性为侧信道防护方案提供了空间维度上的新随机性。除了在时间和振幅两个维度上引入掩码和隐藏技术外，还可以通过在不同的块运算单元（Block Computing Unit，BCU）中完成一个算法的不同步骤，构建时幅空混合动态重构侧信道防御机制。

图 6-24 为未防护计算序列与采用一阶安全的掩码与隐藏相结合的时幅空混合动态重构侧信道防御机制图。未防护的计算序列均在同一个 BCU 的相同 PE 内进行，易被精准攻击。采用动态重构防御机制后，两个掩码共享值进行运算的同时引入隐藏技术，在时间维度上引入空操作，在不影响掩码计算正确性的前提下，增加电路运行时的随机性，使得能量迹中有关有效运算的图形变得随机。在振幅维度上，引入伪操作作为电路运行时的噪声引擎，增加与有效运算无关的噪声，使得信噪比降低，使攻击者更难获取有效信息。在空间维度上，将共享值的计算、伪操作和空操作的计算序列随机地分配到片内不同 BCU 的不同 PE 内，从而构成了在时间、振幅和空间维度上掩码与隐藏相结合的动态重构防御机制。

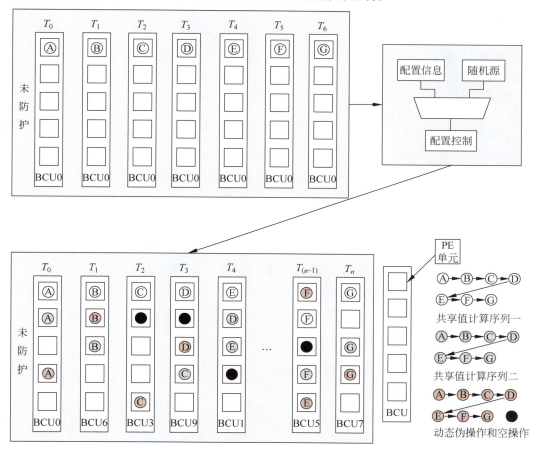

图 6-24　掩码与隐藏相结合的时幅空混合动态重构侧信道防御机制

在设计该侧信道防御机制时应特别注意，对于同一个计算步骤的不同掩码共享值的计算有可能被放置在同一 BCU 的同一 PE 内进行。这种情况要避免，因为同一 PE 的连续时钟周期数据的翻转相当于异或操作，这就去除了同一计算步骤使用的保护掩码，从而暴露真实的秘密数据，图 6-25 给出了一种可能出现的情形，这将泄露秘密值 x。

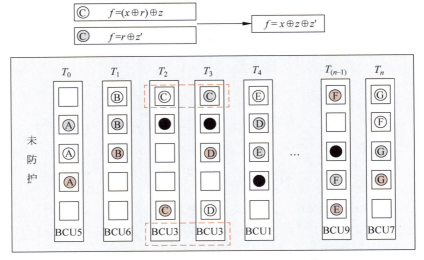

图 6-25　单个 PE 连续处理多个共享值示意图

基于动态重构的侧信道防护机制将掩码与隐藏技术结合在了一起，同时引入了空间动态随机特性，将隐藏技术从二维扩展至三维，极大地增加了攻击的难度。动态重构技术支持硬件功能重构以及硅后可更新，这使得多种防护技术可以以更大的随机性提供侧信道安全性，因此基于动态重构的侧信道防护机制是侧信道防护技术的一个可行的演进方向。

参考文献

[1] KOCHER P C. Timing Attacks on Implementations of Diffie-Hellman, RSA, DSS, and Other Systems[C]//CRYPTO, 1996: 104-113.

[2] NIST. Post-Quantum Cryptography Call for Proposals[EB/OL]. (2024-01-11)[2024-1-13]. https://csrc.nist.gov/Projects/post-quantum-cryptography/post-quantum-cryptography-standardization/Call-for-Proposals.

[3] KOCHER P C, JAFFE J, JUN B. Differential Power Analysis[C]//CRYPTO, 1999.

[4] BRIER E, CLAVIER C, OLIVIER F. Correlation Power Analysis with a Leakage Model[C]//Cryptographic Hardware and Embedded Systems, 2004.

[5] AGRAWAL D, ARCHAMBEAULT B, RAO J R, et al. The EM Side—Channel(s)[C]//Cryptographic Hardware and Embedded Systems, 2002.

[6] CAMURATI G, POEPLAU S, MUENCH M, et al. Screaming Channels: When Electromagnetic Side Channels Meet Radio Transceivers[C]//CCS, 2018.

[7] GENKIN D, PACHMANOV L, PIPMAN I, et al. ECDH Key-Extraction via Low-Bandwidth Electromagnetic Attacks on PCs[C]//Topics in Cryptology - CT-RSA, 2016.

[8] CHARI S, RAO J R, ROHATGI P. Template Attacks[C]//Cryptographic Hardware and Embedded Systems, 2002.

[9] KANNWISCHER M J, PESSL P, PRIMAS R. Single-Trace Attacks on Keccak[J]. IACR Transactions on Cryptographic Hardware and Embedded Systems, 2020, 2020(3): 243-268.

[10] PRIMAS R, PESSL P, MANGARD S. Single-Trace Side-Channel Attacks on Masked Lattice-Based Encryption[C]//Cryptographic Hardware and Embedded Systems, 2017.

[11] VEYRAT-CHARVILLON N, GÉRARD B, STANDAERT F. Soft Analytical Side-Channel Attacks [C]//ASIACRYPT, 2014.

[12] BIHAM E, SHAMIR A. Differential fault analysis of secret key cryptosystems[C]//CRYPTO, 1997.

[13] BONEH D, DEMILLO R A, LIPTON R J. On the Importance of Checking Cryptographic Protocols for Faults[C]//EUROCRYPT, 1997.

[14] PESSL P, PRIMAS R. More Practical Single-Trace Attacks on the Number Theoretic Transform[C]//LATINCRYPT, 2019.

[15] AMIET D, CURIGER A, LEUENBERGER L, et al. Defeating NewHope with a Single Trace[M]. Post-Quantum Cryptography, Cham: Springer International Publishing, 2020: 189-205.

[16] Z. X, O. P, S. S R, et al. Magnifying Side-Channel Leakage of Lattice-Based Cryptosystems With Chosen Ciphertexts: The Case Study of Kyber[J]. IEEE Transactions on Computers, 2022, 71(9): 2163-2176.

[17] B. Y S, J. K, J. L, et al. Single-Trace Attacks on Message Encoding in Lattice-Based KEMs[J]. IEEE Access, 2020, 8: 183175-183191.

[18] NGO K, DUBROVA E, GUO Q, et al. A Side-Channel Attack on a Masked IND-CCA Secure Saber KEM Implementation[J]. IACR Transactions on Cryptographic Hardware and Embedded Systems, 2021, 2021(4): 676-707.

[19] NGO K, WANG R, DUBROVA E, et al. Side-Channel Attacks on Lattice-Based KEMs Are Not Prevented by Higher-Order Masking[EB/OL]. (2022-07-14)[2024-1-13]. https://eprint.iacr.org/2022/919.

[20] P. R, S. B, S. S R, et al. On Exploiting Message Leakage in (Few) NIST PQC Candidates for Practical Message Recovery Attacks[J]. IEEE Transactions on Information Forensics and Security, 2022, 17: 684-699.

[21] SIM B, KWON J, CHOI K Y, et al. Novel Side-Channel Attacks on Quasi-Cyclic Code-Based Cryptography[J]. IACR Transactions on Cryptographic Hardware and Embedded Systems, 2019, 2019(4): 180-212.

[22] CHOU T. QcBits: Constant-Time Small-Key Code-Based Cryptography[C]//Cryptographic Hardware and Embedded Systems, 2016.

[23] ALAGIC G, APON D, COOPER D, et al. Status Report on the Third Round of the NIST Post-Quantum Cryptography Standardization Process[R]. Gaithersburg: National Institute of Standards and Technology, 2022.

[24] B. C, V. F D, P. L C, et al. Profiled Side-Channel Attack on Cryptosystems Based on the Binary Syndrome Decoding Problem[J]. IEEE Transactions on Information Forensics and Security, 2022, 17: 3407-3420.

[25] KARLOV A, de GUERTECHIN N L. Power analysis attack on Kyber[EB/OL]. (2021-09-28)[2024-1-13]. https://eprint.iacr.org/2021/1311.

[26] HAMOUDI M, BEL KORCHI A, GUILLEY S, et al. Side-Channel Analysis of CRYSTALS-Kyber and A Novel Low-Cost Countermeasure[C]//Security and Privacy, 2021.

[27] MUJDEI C, WOUTERS L, KARMAKAR A, et al. Side-Channel Analysis of Lattice-Based Post-Quantum Cryptography: Exploiting Polynomial Multiplication[J]. ACM Trans. Embed. Comput. Syst., 2022.

[28] R. C R, F. B, E. V, et al. Correlation Electromagnetic Analysis on an FPGA Implementation of CRYSTALS-Kyber[C]//18th Conference on Ph. D Research in Microelectronics and Electronics (PRIME), 2023.

[29] RAVI P, SINHA ROY S, CHATTOPADHYAY A, et al. Generic Side-channel attacks on CCA-secure

lattice-based PKE and KEMs[J]. IACR Transactions on Cryptographic Hardware and Embedded Systems,2020,2020(3):307-335.

[30] UENO R,XAGAWA K,TANAKA Y,et al. Curse of Re-encryption:A Generic Power/EM Analysis on Post-Quantum KEMs[J]. IACR Transactions on Cryptographic Hardware and Embedded Systems, 2021,2022(1):296-322.

[31] RAJENDRAN G,RAVI P,D ANVERS J,et al. Pushing the Limits of Generic Side-Channel Attacks on LWE-based KEMs - Parallel PC Oracle Attacks on Kyber KEM and Beyond[J]. IACR Transactions on Cryptographic Hardware and Embedded Systems,2023,2023(2):418-446.

[32] TANAKA Y,UENO R,XAGAWA K,et al. Multiple-Valued Plaintext-Checking Side-Channel Attacks on Post-Quantum KEMs[J]. IACR Transactions on Cryptographic Hardware and Embedded Systems, 2023,2023(3):473-503.

[33] NGO K,DUBROVA E,JOHANSSON T. Breaking Masked and Shuffled CCA Secure Saber KEM by Power Analysis[C]//ASHES,2021.

[34] Y. J,R. W,K. N,et al. A Side-Channel Attack on a Hardware Implementation of CRYSTALS-Kyber [C]//IEEE European Test Symposium (ETS),2023.

[35] GUO Q,JOHANSSON T,STANKOVSKI P. A Key Recovery Attack on MDPC with CCA Security Using Decoding Errors[C]//ASIACRYPT,2016.

[36] GUO Q,HLAUSCHEK C,JOHANSSON T,et al. Don't Reject This:Key-Recovery Timing Attacks Due to Rejection-Sampling in HQC and BIKE[J]. IACR Transactions on Cryptographic Hardware and Embedded Systems,2022,2022(3):223-263.

[37] DRUCKER N,GUERON S,KOSTIC D. To Reject or Not Reject: That Is the Question. The Case of BIKE Post Quantum KEM[C]//20th International Conference on Information Technology-New Generations,2023.

[38] STRENZKE F,TEWS E,MOLTER H G,et al. Side Channels in the McEliece PKC[C]//Post-Quantum Cryptography,2008.

[39] AVANZI R,HOERDER S,PAGE D,et al. Side-channel attacks on the McEliece and Niederreiter public-key cryptosystems[J]. Journal of Cryptographic Engineering,2011,1(4):271-281.

[40] HEYSE S,MORADI A,PAAR C. Practical Power Analysis Attacks on Software Implementations of McEliece[C]//Post-Quantum Cryptography,2010.

[41] LAHR N,NIEDERHAGEN R,PETRI R,et al. Side Channel Information Set Decoding Using Iterative Chunking[C]//ASIACRYPT,2020.

[42] GUO Q,JOHANSSON A,JOHANSSON T. A Key-Recovery Side-Channel Attack on Classic McEliece Implementations[J]. IACR Transactions on Cryptographic Hardware and Embedded Systems,2022, 2022(4):800-827.

[43] WAFO-TAPA G,BETTAIEB S,BIDOUX L,et al. A Practicable Timing Attack Against HQC and its Countermeasure[EB/OL]. (2019-09-23)[2024-1-13]. https://eprint.iacr.org/2019/909.

[44] PAIVA T B,TERADA R. A Timing Attack on the HQC Encryption Scheme[C]//Selected Areas in Cryptography,2019.

[45] GUO Q,JOHANSSON T,NILSSON A. A Key-Recovery Timing Attack on Post-quantum Primitives Using the Fujisaki-Okamoto Transformation and Its Application on FrodoKEM[C]//CRYPTO,2020.

[46] MELCHOR C A,ARAGON N,BETTAIEB S,et al. Hamming Quasi-Cyclic (HQC) Fourth round version[R]. Gaithersburg: National Institute of Standards and Technology,2022.

[47] SENDRIER N. Secure Sampling of Constant-Weight Words – Application to BIKE[EB/OL]. (2023-08-22)[2024-1-13]. https://eprint.iacr.org/2021/1631.

[48] RAVI P,ROY D B,BHASIN S,et al. Number "Not Used" Once-Practical Fault Attack on pqm4 Implementations of NIST Candidates [C]//Constructive Side-Channel Analysis and Secure

Design,2019.

[49] RAVI P,YANG B,BHASIN S,et al. Fiddling the Twiddle Constants - Fault Injection Analysis of the Number Theoretic Transform[J]. IACR Transactions on Cryptographic Hardware and Embedded Systems,2023,2023(2):447-481.

[50] XAGAWA K,ITO A,UENO R,et al. Fault-Injection Attacks Against NIST's Post-Quantum Cryptography Round 3 KEM Candidates[C]//ASIACRYPT,2021.

[51] PESSL P,PROKOP L. Fault Attacks on CCA-secure Lattice KEMs[J]. IACR Transactions on Cryptographic Hardware and Embedded Systems,2021,2021(2):37-60.

[52] ODER T,SCHNEIDER T,PÖPPELMANN T,et al. Practical CCA2-Secure and Masked Ring-LWE Implementation[EB/OL]. (2018-01-23)[2024-1-13]. https://eprint.iacr.org/2016/1109.

[53] HERMELINK J,PESSL P,PÖPPELMANN T. Fault-Enabled Chosen-Ciphertext Attacks on Kyber[C]//INDOCRYPT,2021.

[54] DELVAUX J. Roulette: A Diverse Family of Feasible Fault Attacks on Masked Kyber[EB/OL]. (2022-08-08)[2024-1-13]. https://eprint.iacr.org/2021/1622.

[55] CAYREL P,COLOMBIER B,DRĂGOI V,et al. Message-Recovery Laser Fault Injection Attack on the Classic McEliece Cryptosystem[C]//EUROCRYPT,2021.

[56] DANNER J,KREUZER M. A Fault Attack on the Niederreiter Cryptosystem using Binary Irreducible Goppa Codes[J]. Journal of Groups,Complexity,Cryptology,2020,12(1):1-2.

[57] PIRCHER S,GEIER J,DANNER J,et al. Key-Recovery Fault Injection Attack on the Classic McEliece KEM[C]//Code-Based Cryptography,2023.

[58] RAVI P,JHANWAR M P,HOWE J,et al. Side-channel Assisted Existential Forgery Attack on Dilithium - A NIST PQC candidate[EB/OL]. (2018-09-16)[2024-1-13]. https://eprint.iacr.org/2018/821.

[59] J. H,T. L,J. K,et al. Single-Trace Attack on NIST Round 3 Candidate Dilithium Using Machine Learning-Based Profiling[J]. IEEE Access,2021,9:166283-166292.

[60] MARZOUGUI S,ULITZSCH V,TIBOUCHI M,et al. Profiling Side-Channel Attacks on Dilithium:A Small Bit-Fiddling Leak Breaks It All[EB/OL]. (2022-02-09)[2024-1-13]. https://eprint.iacr.org/2022/106.

[61] Z. C,E. K,A. A,et al. An Efficient Non-Profiled Side-Channel Attack on the CRYSTALS-Dilithium Post-Quantum Signature[C]//. 2021 IEEE 39th International Conference on Computer Design (ICCD),2021:583-590.

[62] STEFFEN H,LAND G,KOGELHEIDE L,et al. Breaking and Protecting the Crystal:Side-Channel Analysis of Dilithium in Hardware[C]//Post-Quantum Cryptography,Cham:Springer Nature Switzerland,2023:688-711.

[63] FOUQUE P,KIRCHNER P,TIBOUCHI M,et al. Key Recovery from Gram–Schmidt Norm Leakage in Hash-and-Sign Signatures over NTRU Lattices[C]//EUROCRYPT 2020,Cham:Springer International Publishing,2020:34-63.

[64] HOWE J,PREST T,RICOSSET T,et al. Isochronous Gaussian Sampling:From Inception to Implementation[C]//Post-Quantum Cryptography,2020.

[65] GUERREAU M,MARTINELLI A,RICOSSET T,et al. The Hidden Parallelepiped Is Back Again:Power Analysis Attacks on Falcon[J]. IACR Transactions on Cryptographic Hardware and Embedded Systems,2022,2022(3):141-164.

[66] ZHANG S,LIN X,YU Y,et al. Improved Power Analysis Attacks on Falcon[C]//EUROCRYPT 2023,Cham:Springer Nature Switzerland,2023:565-595.

[67] E. K,A. A. FALCON Down:Breaking FALCON Post-Quantum Signature Scheme through Side-Channel Attacks[C]//58th ACM/IEEE Design Automation Conference (DAC),2021.

[68] KANNWISCHER M J, GENÊT A, BUTIN D, et al. Differential Power Analysis of XMSS and SPHINCS[C]//Constructive Side-Channel Analysis and Secure Design, Cham: Springer International Publishing, 2018: 168-188.

[69] GENÊT A. On Protecting SPHINCS+ Against Fault Attacks[J]. IACR Transactions on Cryptographic Hardware and Embedded Systems, 2023, 2023(2): 80-114.

[70] GROOT BRUINDERINK L, PESSL P. Differential Fault Attacks on Deterministic Lattice Signatures[J]. IACR Transactions on Cryptographic Hardware and Embedded Systems, 2018, 2018(3): 21-43.

[71] BAUER S, De SANTIS F. A Differential Fault Attack against Deterministic Falcon Signatures[EB/OL]. (2023-03-24)[2024-1-13]. https://eprint.iacr.org/2023/422.

[72] MCCARTHY S, HOWE J, SMYTH N, et al. BEARZ Attack Falcon: Implementation Attacks with Countermeasures on the FALCON signature scheme[EB/OL]. (2019-05-18)[2024-1-13]. https://eprint.iacr.org/2019/478.

[73] CASTELNOVI L, MARTINELLI A, PREST T. Grafting Trees: A Fault Attack Against the SPHINCS Framework[C]//Post-Quantum Cryptography, 2018.

[74] GENÊT A, KANNWISCHER M J, PELLETIER H, et al. Practical Fault Injection Attacks on SPHINCS[EB/OL]. (2018-10-15)[2024-1-13]. https://eprint.iacr.org/2018/674.

[75] BARTHE G, DUPRESSOIR F, FAUST S, et al. Parallel Implementations of Masking Schemes and the Bounded Moment Leakage Model[C]//EUROCRYPT, 2017.

[76] FAUST S, GROSSO V, MERINO DEL POZO S, et al. Composable Masking Schemes in the Presence of Physical Defaults & the Robust Probing Model[J]. IACR Transactions on Cryptographic Hardware and Embedded Systems, 2018, 2018(3): 89-120.

[77] ISHAI Y, SAHAI A, WAGNER D. Private Circuits: Securing Hardware against Probing Attacks[C]//CRYPTO, 2003.

[78] CASSIERS G, STANDAERT F. Provably Secure Hardware Masking in the Transition- and Glitch-Robust Probing Model: Better Safe than Sorry[J]. IACR Transactions on Cryptographic Hardware and Embedded Systems, 2021, 2021(2): 136-158.

[79] MÜLLER N, MORADI A. PROLEAD: A Probing-Based Hardware Leakage Detection Tool[J]. IACR Transactions on Cryptographic Hardware and Embedded Systems, 2022, 2022(4): 311-348.

[80] COOPER J, DEMULDER E, GOODWILL G, et al. Test vector leakage assessment (TVLA) methodology in practice[C]//International Cryptographic Module Conference, 2013.

[81] NIKOVA S, RECHBERGER C, RIJMEN V, et al. Threshold Implementations Against Side-Channel Attacks and Glitches[C]//Information and Communications Security: Springer, 2006: 529-545.

[82] REPARAZ O, BILGIN B, NIKOVA S, et al. Consolidating Masking Schemes[C]//CRYPTO, 2015.

[83] GROSS H, MANGARD S, KORAK T. Domain-Oriented Masking: Compact Masked Hardware Implementations with Arbitrary Protection Order[EB/OL]. (2016-11-15)[2024-1-13]. https://eprint.iacr.org/2016/486.

[84] BARTHE G, BELA I D S, DUPRESSOIR F C C O, et al. Strong Non-Interference and Type-Directed Higher-Order Masking[C]//CCS '16, 2016.

[85] G. C, F. X S. Trivially and Efficiently Composing Masked Gadgets With Probe Isolating Non-Interference[J]. IEEE Transactions on Information Forensics and Security, 2020, 15: 2542-2555.

[86] G. C, B. G, I. L, et al. Hardware Private Circuits: From Trivial Composition to Full Verification[J]. IEEE Transactions on Computers, 2021, 70(10): 1677-1690.

[87] GOUBIN L. A Sound Method for Switching between Boolean and Arithmetic Masking[C]//Cryptographic Hardware and Embedded Systems, 2001.

[88] CORON J, TCHULKINE A. A New Algorithm for Switching from Arithmetic to Boolean Masking[C]//Cryptographic Hardware and Embedded Systems, 2003.

[89] NEIBE O, PULKUS J. Switching Blindings with a View Towards IDEA[C]//Cryptographic Hardware and Embedded Systems, 2004.

[90] DEBRAIZE B. Efficient and Provably Secure Methods for Switching from Arithmetic to Boolean Masking[C]//Cryptographic Hardware and Embedded Systems, 2012.

[91] Van BEIRENDONCK M, D ANVERS J, VERBAUWHEDE I. Analysis and Comparison of Table-based Arithmetic to Boolean Masking[J]. IACR Transactions on Cryptographic Hardware and Embedded Systems, 2021, 2021(3): 275-297.

[92] CORON J, GROBSCHÄDL J, VADNALA P K. Secure Conversion between Boolean and Arithmetic Masking of Any Order[C]//Cryptographic Hardware and Embedded Systems, 2014: 188-205.

[93] MORADI A, SCHNEIDER T. Side-Channel Analysis Protection and Low-Latency in Action[C]//ASIACRYPT, 2016.

[94] GROSS H, IUSUPOV R, BLOEM R. Generic Low-Latency Masking in Hardware[J]. IACR Transactions on Cryptographic Hardware and Embedded Systems, 2018, 2018(2): 1-21.

[95] V. A, Z. Z, S. N. LLTI: Low-Latency Threshold Implementations[J]. IEEE Transactions on Information Forensics and Security, 2021, 16: 5108-5123.

[96] GIGERL B, PRIMAS R, MANGARD S. Formal Verification of Arithmetic Masking in Hardware and Software[C]//Applied Cryptography and Network Security, 2023.

[97] LIU J, ZHAO C, PENG S, et al. A Low-Latency High-Order Arithmetic to Boolean Masking Conversion[EB/OL]. (2024-01-12)[2024-1-13]. https://eprint.iacr.org/2024/045.

[98] CORON J, GÉRARD F, MONTOYA S, et al. High-order Table-based Conversion Algorithms and Masking Lattice-based Encryption[J]. IACR Transactions on Cryptographic Hardware and Embedded Systems, 2022, 2022(2): 1-40.

[99] A. A, L. B, S. Y. Side Channel Attack using Machine Learning[C]//Ninth International Conference on Software Defined Systems (SDS), 2022.

[100] PISCITELLI R, BHASIN S, REGAZZONI F. Fault Attacks, Injection Techniques and Tools for Simulation[M]//SKLAVOS N, CHAVES R, DI NATALE G, et al. Hardware Security and Trust: Design and Deployment of Integrated Circuits in a Threatened Environment. Cham: Springer International Publishing, 2017: 27-47.

[101] A. A. A. M, S. R, et al. Impeccable Circuits[J]. IEEE Transactions on Computers, 2020, 69(3): 361-376.

第 7 章

未来趋势展望

"应对未来最好的方式是直接创造未来。"
"The way to cope with the future is to create it."
——诺贝尔化学奖获得者伊利亚·普里高津(Ilya Prigogine)

当前,量子计算技术正不断以超乎预期的速度取得突破,因此,需要提前把握抗量子密码算法的演进趋势,并通过对抗量子密码芯片架构、电路与映射技术等方面持续深耕,才能支撑快速平稳的抗量子密码迁移工作。本章将分别从抗量子密码的算法演进趋势和芯片设计方面总结发展趋势,希望能够为相关方向研究与技术应用提供一些参考。

7.1 抗量子密码算法的演进和趋势

7.1.1 抗量子密码算法演进

首先抗量子密码算法本身的复杂性使得密码芯片在实现过程中,为了满足当前的应用需求,在计算与存储开销、数据访问带宽等问题上面临着一系列的挑战。因此,在数字集成电路领域的一些前沿技术,如解决访存带宽与功耗开销的存内/近存计算、降低计算复杂度的近似计算、采用新型光电集成技术的电路设计方法等,开始出现在抗量子攻击密码芯片领域。同时,为了进一步提高密码芯片物理安全能力,面向安全的设计方法学也被引入芯片设计流程中,从而在芯片设计之初就可以将安全因素考虑在内,提高芯片针对侧信道攻击的防护能力。本节将针对上述几种前沿技术依次进行阐述。

密码学的发展历程常常与攻击者能力的不断扩展密切相关,图 7-1 给出了攻击者能力边界的扩展。虽然这是一个连续的演进过程,但可以将其大致分为 3 个主要阶段。

在最初的阶段,设想的攻击者仅具备对算法进行数学攻击的能力,这包括对 DES、MD5 和 RSA 等传统密码算法的分析。这些算法设计的核心原则之一就是能够抵御当时已知的数学工具的分析能力。在这一阶段,密码学家主要关注算法的数学结构和理论弱点。

随着技术的进步和攻击方法的演化,进入了第二阶段。在这个阶段,侧信道攻击和错误注入攻击等新型攻击手段的出现,攻击者的能力边界扩展到了攻击密码算法实现的物理载体。例如,通过分析设备的电磁辐射、功耗或者执行时间等物理输出,攻击者能够提取出密钥信息

图 7-1 攻击者能力边界的扩展

或推断加密过程的细节。应对这些威胁的防护技术包括掩码和隐藏等方法,这些技术旨在减少敏感操作的物理可观察性,从而保护密钥信息不被泄露。

第三阶段标志着攻击者能力的又一次大幅跃进,这一次是由量子计算的崛起触发的。1994 年 Shor 算法和 1996 年 Grover 算法的提出,揭示了传统公钥加密系统和某些对称系统在面对量子计算机时的脆弱性。这些量子算法可以在理论上以前所未有的速度破解现有的加密算法,如 RSA 和 ECC。随着大公司推动量子计算机的研发和商业化,这种理论上的威胁正在逐渐变为实际的威胁。

在这个背景下,密码学界面临着一个紧迫的任务:在量子计算彻底成熟之前,必须开发和部署能抵抗量子攻击的抗量子密码学技术。这涉及从理论到实践的广泛工作,包括新算法的设计、安全性的验证、标准的制定以及在政府、行业和市场中的推广和采用。

业内一直有个关于量子计算的小笑话,讲的是一位计算机科学教授在课堂上预测距离量子计算的实现只有十年,笑点在于他们在过去五十年里一直这么说。尽管每次听到这个笑话时,未来的具体年数可能会有所不同,重点是量子计算一直在不远的地平线上冲我们微笑,但总是裹足不前。量子计算作为一种可用工具距离实用还有不短的路要走,在最乐观的估计下,还需要等待至少另一个十年。鉴于量子计算机发展的不确定性和潜在的巨大影响,加密社区也需要考虑由于存储成本大幅降低带来的"先存储,后攻击"的策略,即现在可能已有攻击者在记录使用 RSA 和 ECC 等加密的通信,待将来量子计算机足够强大时再尝试破解。因此,不仅要开发新的加密技术,还需要对现有的加密数据和通信进行抗量子加密升级,以确保长期的数据安全和隐私保护。

抗量子密码学的成功部署将是一个涉及多方面的复杂过程,需要克服技术、政策、经济和社会的多重挑战。这不仅是一个科技问题,也是一个全球性的战略问题,涉及国家安全、经济竞争力和社会信任等核心问题。

幸运的是,目前的量子计算机和算法尚未能够破解所有公钥加密系统,甚至无法攻破 Shor 算法出现前设计的所有算法。1978 年,就在公钥密码体系初创时期,McEliece 提出了一种基于编码的公钥密码算法[1]。尽管该系统面临着许多基于信息集解码(Information-Set Decoding,ISD)的攻击,但这些攻击并未对 McEliece 系统的安全构成实质性威胁。随后在 20 世纪 80 年代,Niederreiter 对 McEliece 系统进行了改进[2]。目前,基于编码的加密系统面临的主要问题是在高安全级别下密钥尺寸过大。为了解决这一问题,一些新的基于编码的公钥密码算法引入了特殊的结构来压缩公钥的大小,但这同时也引入了额外的安全风险。

由于更小的实现代价和更高效的计算模式,基于格的加密系统和签名系统现阶段都非常流行。NIST 决定重新命名基于格的抗量子竞赛优胜密钥封装算法 CRYSTALS-Kyber 为模数格的密钥封装机制(Module Lattice-based Key Encapsulation Mechanism,ML-KEM),重命名基于格的数字签名算法 CRYSTALS-Dilithium 为模数格的数字签名算法（Module Lattice-based Digital Signature Algorithm，ML-DSA）。但是流行和被选为标准并不代表基于格的密码系统就一定是安全的。早期的基于 cyclotomic 结构的扩展 Shor 算法能够破解一些基于格的公钥加密算法。2024 年清华大学的陈一镭在预印本网站 Eprint[3] 上发表文章提出了一种运行在量子计算机上的，能够在多项式时间解决格问题的算法。尽管该论文随后被学术同行确认在证明过程中存在一定问题，但是该文进一步丰富了量子计算机上解决格问题的工具库，增强了人们对格问题的认识。国际密码学会前主席 Bart Preneel 评论道[4]："被寄予厚望的格基密码学的基础，竟然是一定数值范围内没有足够多的互素数。"

多变量密码系统代表了一系列独特的公钥加密算法，这些算法在抗量子密码学领域中近年来尤为受到关注。这类密码体系的安全基础在于有限域上多元二次方程组的难解性。与 RSA、Diffie-Hellman 和 ECC 等传统公钥加密算法相比，多元二次方程系统的安全性并不容易直接与已知的、简单表达的数学难题等价证明，因此它们对应的量子攻击算法也较难发现，这使得它们被视为具备潜在的抗量子计算能力。最初的多变量密码算法于 1988 年提出[5]，但由于这些早期模型很快遭到破解，且许多后续变体未能达到安全标准，长时间内这类体系并未受到足够的重视。自 2000 年以来，随着对抗量子算法攻击的需求日益增长，多变量密码学的研究再次获得了学术界的关注。

基于哈希的签名系统是一种利用现有密码学原件构建能够抵抗量子计算机的公钥系统的方法。1979 年，Lamport 首次提出利用哈希函数构建一次性签名系统的概念[6]。由于哈希函数的设计原理，它们不受基于量子计算的 Shor 算法的影响，但其安全性会受到 Grover 算法的部分影响，后者可以加速对哈希函数的暴力搜索。基于哈希的签名系统的一个主要优势是其可建立在长期经过密码学界审核的哈希函数之上，这些哈希函数比全新设计的密码算法在安全性上更值得信赖。然而，这类系统也有其缺点。其一，公钥尺寸通常较大，可能导致在实际应用中存储和传输成本的增加。其二，与许多传统的公钥系统不同，基于哈希的签名系统的密钥不能重复使用，每对密钥只能用于签署一次消息。这一限制来自系统的设计，旨在通过限制密钥的使用次数增加系统的安全性。为了解决这些缺点，研究人员已经开发了多种策略，包括使用 Merkle 树等数据结构进行有效管理并减少所需公钥的数量，以及设计更高效的哈希函数和密钥管理方案减少系统的整体开销。尽管存在这些挑战，基于哈希的签名系统仍被视为一种有潜力抵抗未来量子攻击的可行方案，特别是在需要长期保护数据安全的应用场景中。NIST 决定重新命名基于哈希函数的抗量子竞赛优胜数字签名算法 "SPHINCS+" 为无状态哈希的数字签名算法（Stateless Hash-based Digital Signature Algorithm，SLH-DSA）。

NIST 目前还在考虑三种额外的算法：BIKE、经典的 McEliece 和 HQC，这些都是基于编码的密码学。原本流行的基于超奇异同源的 SIKE 也在这个列表中，但比利时研究人员发现存在经典破解方法[7]，他们能够使用英特尔至强处理器的计算机在 62 分钟内恢复出一个密钥。因此，NIST 意料之中地决定将 SIKE 排除在标准化之外。SIKE 的基础是超奇异同源问题，这似乎足以阻止围绕这一特定问题的进一步开发。NIST 同时发起了新的抗量子签名验签算法。

7.1.2　抗量子密码算法发展趋势

其实站在当下预测密码算法发展趋势是一件吃力不讨好的事情，因为密码算法的演进经常会有意料之外的事件发生，比如说 MD5 的破解加速了 SHA2 系列的推广和使用，Dual-EC DRBG 后门的植入和被发现[8]，超奇异同源算法 SIKE 的理论级的破解导致 NIST 将这一类算法从获胜名单中剔除。

同时，如果回望现有算法的演进趋势，往往是跟应用和产业的需求紧密结合的。基于这种思考，在此大胆预测下抗量子密码算法有如下两个演化趋势。

1. 轻量化的演进

现正处于信息通信技术革命的下一个关键节点，物联网（Internet on Things，IoT）与第五代（5G）移动通信技术的蓬勃发展标志着这一转变。据统计，全球已连接的物联网设备数量高达 210 亿台，预计到 2025 年，这一数字将飙升至超过 750 亿台。这一激增的数字不仅揭示了技术发展的速度，还凸显了即将面临的巨大挑战。众多挑战中，一个显著的问题是，大多数新接入网络的设备在资源上都相当有限。这些设备通常缺乏足够的处理能力、存储空间和能源供应，使它们难以支持传统的密集型运算。值得注意的是，目前广泛使用的加密标准主要是为桌面和服务器环境设计的，这些标准在资源充足的环境下运行效率高，安全性强。然而，当这些标准被应用到资源受限的设备上时，它们往往难以实施，甚至完全不可行。面对这种状况，急需重新思考和设计适用于物联网设备的抗量子密码算法。这些方法必须在保证安全性的同时，也能够适应设备的硬件限制，确保在全球范围内能够安全、有效地部署。

抗量子密码算法的轻量化的一个解决思路可以是一种签名端和验签端的极致不对等。针对通过路由系统给端设备分发密钥的应用，通常需要一个验签端计算较为简单的版本；而对于个人设备、RFID 标签或电子支付等系统，往往需要一个轻量级的签名端。同时轻量级的定义也在不断扩展，从早期仅仅是软硬件实现面积小，现在可以指功耗低、输入输出延时低、甚至可以指抗物理攻击的防护实现代价低。这些新出现的应用场景的特殊需求，给设计新型抗量子密码算法提出新的挑战。

2. 算法数学基础更新和安全强度加强

随着量子计算机的持续发展，适用于量子计算机的新算法也会不断涌现，类比传统公钥算法的演变，抗量子算法也会有两个趋势，一个是持续会有新的数学困难问题提出，它们不仅要能够抵抗层出不穷的应用在量子计算机上的算法，也需要能够抵抗不断累积的密码学分析工具和不会停下发展脚步的传统半导体计算机的计算能力，当然它们的实现也需要能够抵抗魔高一尺道高一丈的物理攻击方法。另一个趋势特点是，随着对现有算法的研究深入和攻击能力的增强，相关抗量子密码算法的安全级别会不断降低，同时保证一个秘密具有足够生命周期所需的安全强度也会不断增强，现有抗量子密码算法的相关参数也会不断得到调整，与此同时给实现应用带来持续的挑战。

7.1.3 抗量子密码的应用

NIST 于 2023 年 8 月确定了最终的抗量子密码标准算法后，全球各大企业在消费电子、终端计算、网络设备和高性能计算领域迅速跟进，推出了各自的解决方案。全球众多的企业对量子计算带来的安全威胁高度重视，并积极采取措施应对。

例如，Apple 公司在 2024 年 2 月宣布对其 iMessage 通信平台进行升级，增加抗量子密码支持，新的协议名为 PQ3[9]。自 2011 年推出以来，iMessage 经历了多次重大升级，最近一次是在 2019 年，将加密协议从 RSA 过渡到了 ECC。而此次升级中，新的协议采用了 ECC 和 Kyber 算法的混合加密协议，显著提高了面对量子计算机威胁时代的信息安全性。

HP 公司在 2024 年 3 月推出了支持抗量子密码的个人计算机，这些新型计算机集成了升级版的终点安全控制器芯片(ESC endpoint security controller),该芯片能够有效保护系统固件免受量子计算机的攻击[10]。思科公司与抗量子密码创业公司 QuSecure 合作,推出了支持抗量子密码协议的路由器[11]。

此外,Nvidia 在 2024 年 3 月推出了用于对抗量子计算进行加速的 SDK cuPQC,并在 Amazon AWS 云服务、Google Cloud 和 Microsoft Azure 等云平台上完成了测试[12]。根据 Nvidia 官方网站提供的数据,在单块 H100 GPU 上,针对 NIST 选出的 Kyber 算法,相比于主流 CPU 可实现 500 倍的加速。然而,H100 的峰值功耗达到了 700W,虽然在计算速度上具有显著优势,但在能量效率方面并不占优。

在嵌入式计算领域,英飞凌公司在 2017 年和 2022 年分别推出了支持抗量子密码的接触式智能卡和电子护照[13]。这些产品通过基于 Kyber 和 Dilithium 算法扩展的访问控制协议,实现了电子护照与海关检查终端的无接触数据传输,从而提供了抗量子攻击的数据传输和身份认证。日本的 Toppan 公司和日本国家信息通信技术研究所(National Institute of Information and Communications Technology,NICT)在 2022 年 10 月推出了支持抗量子密码的智能卡,并成功在 NICT 运营的全国信息系统中实现了抗量子攻击的医疗记录访问控制和认证[14]。与此同时,Google 公司在 2023 年开源了首个支持抗量子密码签名的安全密钥,采用了 ECC 和 Dilithium 混合的签名方案[15]。这一创新设计符合 FIDO2 协议要求,即设备需要在 10s 内完成相应操作。测试结果显示,采用不同安全等级的 Dilithium 算法都能够满足协议要求。然而,随着安全等级的提高,平均响应时间也有所增加。Google 公司的结论是,虽然 Dilithium 算法是可行的,但在用户体验方面仍显得稍慢。因此,为了提供更好的用户体验,Google 公司提出需要依赖硬件加速来优化性能。

在 2024 年巴塞罗那举办的世界移动通信大会(Mobile World Congress,MWC)上,AMD 公司(即原来的 Xilinx 公司,全球 FPGA 市场份额最大,被 AMD 公司收购)与 PQShield 公司合作,在其 Versal 高性能 FPGA 上实现了 Kyber 和 Dilithium 算法,用于 TLS 客户认证和 DTLS 密钥交换,满足防火墙与安全设备中的可扩展高性能计算需求[16]。除此之外,其他主流的 FPGA 厂商,包括 Lattice 公司和 Microsemi 公司,也都与不同的抗量子密码 IP 公司合作,实现了在各自主流 FPGA 产品中的产品验证。芬兰的 Xiphera 公司专门从事面向 FPGA 和 ASIC 的高安全、高效密码 IP 设计,其在 2023 年 10 月实现了在嵌入式 FPGA 上 Kyber 算法的 IP 产品研发[17]。

从上述国际企业在抗量子密码芯片产品研发方面的进展可以看出,全球范围内的硬件实现方案研发如火如荼,发展势头强劲。国际上的抗量子密码算法标准化进度和迁移规划显然比国内更加迅速。例如,美国国土安全部在 2021 年发布了抗量子迁移路线图,明确要求在 2030 年前后完成抗量子密码的切换过渡。美国国家安全局在 2022 年进一步推出了商用密码套件 2.0,在完成对分组密码增强和公钥密码替换的同时,提供了根据不同应用领域安全敏感性的抗量子密码迁移指引。这些政策推动了企业如 Apple、Google、HP 等公司密集推出抗量子密码产品。

7.2 抗量子密码芯片的发展趋势

随着国内外抗量子攻击密码算法标准化的逐渐收敛,从应用角度出发如何实现向抗量子密码基础设施的高效迁移成为当前需要考虑的重要因素。本节将分别从抗量子密码芯片的功能灵活性、能量效率和物理安全性三个维度展望研究趋势。从功能灵活性角度而言,抗量子攻击芯片不仅需要支持多样化的抗量子攻击密码算法,同时考虑到应用兼容性以及安全性,需要支持传统公钥密码算法。从提升芯片能量效率的角度出发,存内计算、近似计算等电路设计技术开始应用到抗量子攻击密码芯片的设计中,以提高抗量子攻击密码芯片的能量效率。从物理安全性角度出发,芯片实现的物理安全需要在芯片设计过程中前置,提前考虑侧信道安全的密码芯片设计实现。

7.2.1 可迁移抗量子密码芯片

正如在绪论声明的那样,本书主要针对抗量子计算攻击的公钥密码芯片设计技术展开讨论。但在密码系统从传统密码向抗量子密码迁移的过程中,公钥密码芯片不仅要支持抗量子密码算法,还需要对传统公钥密码算法保持兼容。这主要有两个原因,首先,抗量子密码的工程迁移不是非此即彼的直接替换,而是根据不同应用场景的迁移紧迫性和性能需求而逐渐推动的一个过渡性迁移。因此,抗量子攻击芯片需要具有兼容传统公钥密码算法的能力。其次,当前抗量子密码算法的抗量子安全性并非是绝对的,未来还会产生基于新的数学困难问题的算法标准,同样要求芯片具有前向兼容的能力。例如,基于超奇异同源的 SIKE 算法在 2022 年 7 月被 NIST 宣布进入第四轮候选算法不久,便迅速被破解[7]。Rainbow、GeMSS 以及 "SPHINCS+"等算法在采用函数时,也会受到伪造签名攻击的影响[18]。虽然指令驱动处理器可以实现对所有算法的灵活支持,但一方面其能量效率不足,另一方面从工程应用的角度而言,系统设计人员希望将密码相关的处理能够转移到专用的处理单元中,使 CPU 可以完成更多的应用调度工作。因此,能够支持传统密码算法(包括对称密码、哈希函数和传统公钥密码算法)和抗量子密码算法是未来十数年、甚至是二十年内密码芯片最核心的功能需求,一般将这类芯片称为可迁移抗量子密码芯片。

那么是否可以通过直接将已有传统密码芯片与专用抗量子密码芯片集成在一起实现可迁移抗量子密芯片呢?首先,从功能上而言,这样的做法可能具有最快的开发周期,但同样会存在很大的能量效率提升空间。其次,虽然传统公钥密码算法会被量子计算机破解,但对称密码的安全强度受到 Grover 算法的影响也会降低。因此,可迁移抗量子密码芯片需要支持密钥长度更大的对称密码算法。例如,美国 NSA 对其商用密码套件进行更新升级,发布了商业国家安全算法套件 CNSA 2.0,相比于 1.0 版本,主要变化如表 7-1 所示。

表 7-1 美国商业国家安全算法套件不同版本对比

	CNSA 1.0(2016 年发布)	CNSA 2.0(2022 年发布)
对称密码	AES-256	AES-256
密钥建立	RSA-3072、ECDH P-384、DH-3072	ML-KEM (Kyber) Level-V
通用数字签名	RSA-3072、ECDSA P-384	ML-DSA (Dilithium) Level-V
软件/固件签名	未指定	LMS、XMSS
哈希函数	SHA-384	SHA-384、SHA-512

目前,产业界的解决方案大多通过将传统公钥密码 IP 和抗量子密码 IP 集成在一起来提供可迁移的功能,如 Synopsys 公司、PQShield 公司、Rambus 公司。而在学术界,目前大多针对具有相似计算属性的算法或不同数学困难问题,开展兼容传统公钥密码算法和抗量子公钥密码算法的可配置硬件加速研究,但尚无法覆盖所有类型的算法。

作为一家提供 IP 授权服务的公司,Rambus 公司在 NIST 宣布标准草案后不久即推出了可支持 NIST 抗量子攻击密码算法(Kyber 和 Dilithium)的量子安全 IP 系列[19]。如表 7-2 所示，主要包括量子安全引擎(Quantum Safe Engine, QSE)和集成传统密码 IP 的可编程可信根(Root of Trust, RT)。这些 IP 可以在 ASIC、FPGA 和 SOC 的设计实现中被集成，可用于数据中心、人工智能/机器学习、国防以及其他高安全应用领域。

表 7-2 Rambus 的抗量子密码 IP 系列

IP 系列	IP 型号	功能详细特征
QSE 系列（仅支持抗量子密码算法）	QSE-IP-86	抗量子密码算法加速引擎
	QSE-IP-86-DPA	增加抗差分功耗攻击防护
RT 系列（支持传统公钥与抗量子密码算法）	RT-634	支持传统密码算法与抗量子密码算法
	RT-654	增加抗差分功耗攻击防护
	RT-664	增加抗故障注入攻击防护

如图 7-2 所示，QSE 支持 FIPS 203 ML-KEM (Kyber)和 FIPS 204 ML-DSA(Dilithium)标准草案，同时包括了 SHA-3、SHAKE-128 和 SHAKE-256 的硬件加速。此外，针对需要进行功耗攻击防护的应用场景，提供了抗功耗攻击的实现版本。在 RT 系列 IP 中，除了支持 Kyber 和 Dilithium 算法外，还支持已经标准化的 XMSS 和 LMS 签名算法。此设计缩短了产品研发周期，但未能充分挖掘在底层运算以及模块功能上的复用性，造成了不必要的资源和功耗损失。在设计过程中，针对 Kyber 和 Dilithium 算法中的计算流程，将二者划分为哈希模块、采样模块和支持多项式与向量计算的核心计算模块。同时进一步与已有的密码加速 IP 集成在一起，推出了支持传统密码算法和抗量子密码算法的可编程密码加速器。另外，在 Synopsys 公司推出的敏捷公钥密码加速器 IP 中，进一步将传统公钥密码与抗量子密码算法的计算进行分类，并提出了集成标量计算、向量计算、哈希功能及浮点计算的并行可扩展计算架构，实现了对传统公钥与主流抗量子密码算法的支持。由于 NIST 的第四轮候选算法评估尚未结束，因此并不支持编码算法。

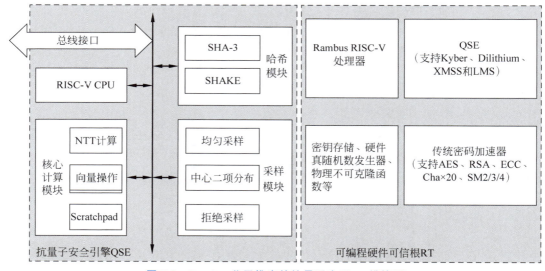

图 7-2 Rambus 公司推出的抗量子密码 IP 模块图

近期，国内的无锡沐创集成电路有限公司推出了国内首款可迁移高速抗量子公钥密码芯片 RSP S20P。S20P 芯片可以支持的算法如表 7-3 所示。基于可重构计算技术，可实现对分组密码算法、传统公钥算法和国内外主流抗量子密码算法的高效支持，满足面向国密安全、

5G/6G 应用、云端与网络安全的高速密码运算服务。可以看到,该芯片除了支持 NIST 选出来的标准算法以及第四轮的候选算法,还对我国密码算法竞赛的 2 个一等奖获奖算法 LAC 和 Aigis 提供支持。

表 7-3 S20P 芯片支持的算法列表

	国密算法	国际算法
传统密码算法	SM4	AES
	SM3	SHA256/384/512
	SM2	RSA-2048、ECC
抗量子密码算法	LAC、Aigis	Kyber、Dilithium、Falcon、"SPHINCS+"、HQC、BIKE、Classic MeEliece

目前,学术界对于可迁移密码芯片大多聚焦于从算法底层计算相似性出发如何实现对传统公钥与某种抗量子密码算法的支持。从支持所有密码算法的角度出发,在文献[20]中利用传统密码加速器中的大数乘法电路,通过 Kronecker 算法将基于格的密码中的多项式乘法转换成可支持的大数乘法操作,从而实现对基于格的抗量子密码算法的支持。另外,提出了灵活设计[21]。综上所述,针对可迁移抗量子密码芯片设计,仍需要解决的问题包括:①如何设计兼顾能效与灵活性的密码计算通路实现对传统公钥密码与抗量子密码算法的支持;②如何通过编译技术与芯片架构协同设计实现对动态演进算法的高效支持。

7.2.2 高能效抗量子密码芯片设计

相比于传统公钥密码算法,抗量子密码算法的多样性与动态演进特征使得抗量子密码芯片设计难度显著提升。为了实现与各种密码协议与应用的兼容性,研究并探索持续提升抗量子密码芯片能量效率将是抗量子密码芯片设计领域的长期方向之一。目前,存算一体、近似计算[22]等高能效电路设计技术已开始应用到抗量子密码芯片设计中。本节将对其中的代表性工作进行介绍。为了便于理解,本书中采用存算一体技术来统一指代近存计算、存内计算等一系列技术。

为了解决大量数据访问造成的计算瓶颈问题,本着"山不来就我,我来就山"的思路,存算一体技术通过将实现数据运算的功能单元在物理上贴近存储部件,甚至干脆嵌入或通过存储部件来实现计算功能,极大降低由数据访问造成的存储墙问题。在目前基于格的抗量子密码算法中,多项式乘法模块一直是算法中最为耗时的核心模块,表 7-4 给出了几种多项式乘法方案的比较。由于 NTT 计算过程中逐级数据依赖的复杂性造成比较高的数据搬移开销(包括比较长的物理走线以及面积开销)。而在存内计算架构中,这部分工作可以通过移位操作实现位线计算的数据对齐。

表 7-4 乘法实现对比

	MeNTT	BP-NTT	RM-NTT	CryptoPIM	X-Ploy	ModSRAM
目标算法	PQC	PQC	HE NTT	PQC	PQC	ECC
计算方法	直接	Montgomery	Montgomery	Montgomery/Barret	Barrett	直接
技术节点	65	45	28	45	45	65
单元类型	6T	6T	ReRAM	ReRAM	ReRAM	8T
阵列规模	4×162×256	4×256×256	64×4×128×128	512×512	16×128×128	64×256
频率/MHz	151	3.8k	400	909	400	420
位宽/位	14/16/32	2/4/8/16/32/64	14/16	16/32	16	256
面积/mm^2	0.36	0.063	—	0.152	0.27	0.053

杜克大学与德州农机大学的研究人员在 DAC 2024 提出了可统一支持传统公钥与基于格的密码算法的存内计算架构 ModSRAM[23]。在这项算法-硬件协同设计方案中,采用了基 4 型编码器和进位保存加法技术来降低大位宽模乘法器的计算复杂度。并根据算法需求对 SRAM 存内计算架构进行了定制优化,采用了位级的存内计算电路和简单的近存电路来提高架构吞吐率,同时还降低了数据通路的关键路径。

经过对比发现,目前的存算一体设计确实可以对抗量子密码算法中计算最密集的部分实现能量效率与计算性能的兼顾,但却无法实现密码算法完整加速,包括采样、哈希以及一些数据对齐操作。另外,存算一体技术的物理安全性研究仍然需要进一步研究。

除了存算一体技术以外,近似计算、光电集成、近阈值计算等技术也逐步开始引入高能效抗量子密码芯片设计领域。

7.2.3 面向物理安全的密码芯片设计

密码算法从理论上满足了机密性、完整性等安全性需求,而密码芯片的安全实现才是将"梦想照进现实"实现密码应用、避免受到反向工程攻击、侧信道攻击等威胁的保障[24]。目前,无论是传统密码芯片,还是抗量子密码芯片,物理安全研究面临的关键科学问题始终是如何以尽可能小的资源开销实现对尽可能多物理攻击手段的有效防护。与指令驱动的通用处理器相比,考虑到芯片实现过程中高昂的设计与制造成本,如何能够完成灵活、高效并具有高性价比的物理安全防护是未来一段时间内抗量子密码芯片领域尚待突破的核心方向之一。为了实现这一目标,目前有两种解决思路。

(1) 安全感知的密码芯片设计方法:即安全前移,将密码芯片的物理安全性作为芯片设计的一个核心技术指标,在芯片前端设计过程中针对侧信道安全防护进行定向设计与优化,从而提高物理安全防护能力。

(2) 硅后可重构的侧信道安全防护方法:即对于硅片实现的芯片,通过对芯片架构与电路工作模式的实时动态调整来改变芯片的侧信道信息特征,提高对抗物理攻击的能力。接下来将分别针对这两个方向的代表性工作进行介绍。

1. 安全感知的密码芯片设计方法

在传统的芯片设计流程中,性能(performance)、功耗(power)和面积(area)这 3 个技术指标决定了芯片架构与电路的最终设计方案。而在安全感知的密码芯片设计过程中,需要增加安全(security)这一维度。硅前的安全分析与增强可以在当前流片的芯片中提高物理安全性,而硅后定制芯片的安全分析则只能用于迭代版本的芯片来实现针对性的物理安全增强。如图 7-3 所示,在芯片设计过程中,可以进行侧信道安全评估并进行相应的优化主要发生在 RTL 设计、逻辑综合和布局布线这 3 个阶段,分别针对 RTL 代码、门级网表和物理后端设计

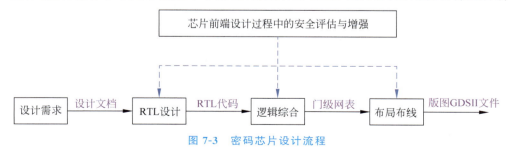

图 7-3 密码芯片设计流程

进行。无论在哪一环节,都会涉及安全模型构建、安全评估、安全防护组件生成等相关研究。

在 RTL 设计阶段,借助统计学分析模型,细粒度剖析信息泄露来源,极大地缩短了密码芯片硬件实现的评估周期,同时将安全增强措施后移至芯片布局布线或集成电路版图生成阶段,确保了所增加的安全增强措施能够在实际芯片中发挥作用。佛罗里达大学 Tehranipoor 教授团队长期开展面向硬件安全的研究,尤其针对有限状态机的安全设计,先后提出了 FSMx 和 FSMx-ultra[25]等。

针对密码芯片在综合过程中的时序约束环节,提出了通过在时钟树构建过程中引入额外噪声的方法,通过该技术能够在芯片综合以及时钟树构建过程中提高侧信道安全水平。

近年来,随着大语言模型在自然语言处理、程序综合等方面获得的成功,物理安全领域的研究人员正在利用生成式预训练模型来解决 SoC 安全设计过程中的高效方法研究[26]。

2. 硅后可重构的侧信道安全防护方法

针对电磁攻击防护,作者所在团队首先构建了 EM 泄漏模型,进一步探索版图设计流程中布局布线环节对电磁泄漏的影响并提供了相关数学证明,以证明安全驱动布局布线在提高电磁 SCA 鲁棒性方面的可行性。在此基础上,作者所在团队进一步开发了与当前主流设计流程相兼容的安全工具 CAD,即 CAD4EM-P[27]。该工具通过两项优化技术降低电磁侧信道信息泄露。

(1) 安全驱动的布局导航依赖数据的寄存器重新分配。

(2) 安全驱动的布线指导相关的线长调整。这样,杂乱的 EM 分布会导致信息相关性降低。

南方科技大学与新加坡国立大学的研究人员在 ISSCC 2022 提出了基于机器学习的硅后抗功耗攻击防护方法[28]。如图 7-4 所示,其基本设计思想是在密码计算核心中集成一个支持参数更新的功耗补偿模块,通过针对密码计算核心执行过程中中间信号的特征提取与功耗评估,生成对应的功耗补偿,从而使整个芯片的功耗行为与敏感信息之间产生强相关性。由于功耗补偿采用基于离线机器学习-模型参数动态加载更新的机制,从而实现硅后可重构的抗物理攻击增强。与定制防护方法不同,此实现的开销较小并且可以更新。而与可复用的信号衰减方法相比,该方法粒度更加精准,避免了比较的功耗开销。当然,这种方法还是遵循"先攻击、后防护"的传统思路,而且本身还引入了新的攻击点,即用来功耗补偿的模型参数。

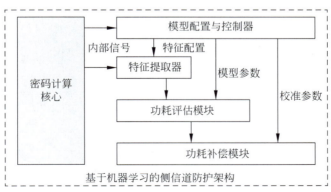

图 7-4 基于机器学习的硅后抗功耗攻击防护设计

另一种典型的解决方案是设计功能可重构的密码计算电路,根据应用对安全性要求的不同,实现在密码计算模式与侧信道防护模式间的切换实现在物理安全性与性能的折中。典型工作如 Intel 公司在 ISSCC 2022 上发表的工作。如图 7-5 所示，将其配置成侧信道防护模式或者工作模式，在侧信道防护模式下通过与密码计算通路的并行计算提高抗功耗攻击的防护能力；在工作模式下则与密码计算通路实现高性能的密码计算处理。

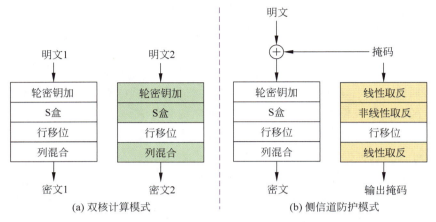

图 7-5　双核计算模式与侧信道防护模式对比

基于可重构计算技术，文献[29]提出了一种时空域随机重构的物理安全增强方法。利用可重构计算架构的动态局部重构特征与动态在线映射技术，在计算执行的阵列单元与调度空间内增加空间和时间随机性，从而实现提高抗侧信道攻击的能力。如图 7-6 所示，以 AES 算法为例，通过随机改变敏感点空间位置的轮级重定位方法、改变处理单元与寄存器之间相对关系的寄存器互换方法、改变执行时刻和混淆时间参数的关键路径自检测随机延时方法等，与未防护实现对比，将抗功耗攻击和故障注入攻击能力分别提升了 1 个和 2 个数量级。

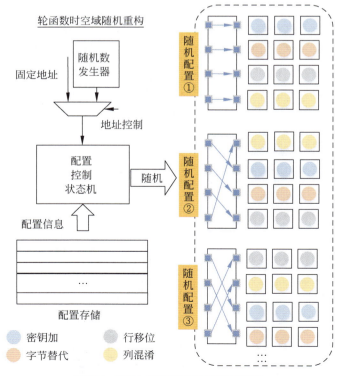

图 7-6　面向 AES 算法的时空域重构

目前,硅后可重构的物理安全防护方法均是针对传统分组密码算法。主要原因在针对分组密码算法的敏感通路分析较为成熟深入,同时密码计算与防护电路的可重构电路设计较为容易。对于抗量子密码芯片而言,针对不同类型算法的敏感通路分析仍在不断深入,同时不同的计算模式也为可重构电路设计提出了新的挑战。但我们相信,这种方案一定会成为未来抗量子密码芯片侧信道安全防护的潜在方案。

参考文献

[1] Mceliece R J. A public-key cryptosystem based on algebraic coding theory[R]. 1978.

[2] Niederreiter H. Knapsack-type cryptosystems and algebraic coding theory[J]. Prob. Contr. Inform. Theory,1986,15(2):157-166.

[3] Chen Y. Quantum algorithms for lattice problems[J]. Cryptology ePrint Archive,2024.

[4] Preneel B. World save because there are not enough primes[EB/OL]. [2024-06-01]. https://twitter.com/bpreneel1/status/1780139469988872315.

[5] Matsumoto T, Imai H. Public quadratic polynomial-tuples for efficient signature-verification and message-encryption[C]//Berlin, Heidelberg: Springer,1988: 419-453.

[6] Lamport L. Constructing digital signatures from a one way function[J]. 1979.

[7] Castryck W, Decru T. An efficient key recovery attack on SIDH[C]//Cham: Springer Nature Switzerland,2023: 423-447.

[8] Bernstein D J, Lange T, Niederhagen R. Dual EC: A standardized back door[M]//RYAN P Y A, NACCACHE D, QUISQUATER J. The New Codebreakers: Essays Dedicated to David Kahn on the Occasion of His 85th Birthday. Berlin, Heidelberg: Springer,2016: 256-281.

[9] Sear A S E A. iMessage with PQ3: The new state of the art in quantum-secure messaging at scale[EB/OL]. [2024-06-01]. https://security.apple.com/blog/imessage-pq3/.

[10] Pratt I. HP launches world's first business PCs to protect firmware against quantum computer hacks [EB/OL]. [2024-06-01]. https://www.hp.com/us-en/newsroom/blogs/2024/hp-launches-business-pc-to-protect-against-quantum-computer-hacks.html.

[11] QuSecure Unveils QuProtect Core Security: Quantum-Proof Encryption for Cisco Routers[EB/OL]. [2024-06-01]. https://quantumzeitgeist.com/qusecure-unveils-quprotect-core-security-quantum-proof-encryption-for-cisco-routers/.

[12] Stanwyck S. Make it so: Software speeds journey to post-quantum cryptography[EB/OL]. [2024-06-01]. https://blogs.nvidia.com/blog/cupqc-quantum-cryptography/.

[13] German Federal Printing Office, Fraunhofer and Infineon demonstrate for the first time electronic passport security for the quantum computer era[EB/OL]. [2024-06-01]. https://www.infineon.com/cms/en/about-infineon/press/press-releases/2022/INFXX202211-033.html.

[14] Toppan and NICT establish world's first technology for equipping smart card systems with post-quantum cryptography selected by NIST[EB/OL]. [2024-06-01]. https://www.nict.go.jp/en/press/2022/10/26-1.html.

[15] Ghinea D, Kaczmarczyck F, Pullman J, et al. Hybrid post-quantum signatures in hardware security keys [C]//Cham: Springer Nature Switzerland,2023: 480-499.

[16] Packman B. PQShield showcases high-performance PQC on AMD Versal at Mobile World Congress [EB/OL]. [2024-06-01]. https://pqshield.com/pqshield-showcases-high-performance-pqc-on-amd-versal-at-mobile-world-congress/.

[17] Brief P. Balanced post-quantum key encapsulation IP core[R]. 2023.

[18] Perlner R, Kelsey J, Cooper D. Breaking category five SPHINCS+ with SHA-256[C]//Cham: Springer

International Publishing,2022:501-522.

[19] Rambus. Quantum safe cryptography IP[EB/OL].[2024-06-01]. https://www.rambus.com/security/quantum-safe-cryptography/.

[20] Bos J W,Renes J,Van V C. Post-quantum cryptography with contemporary co-processors[Z]. Boston, MA: USENIX Association,20223683-3697.

[21] Kuo Y,Garcia-Herrero F,Ruano O,et al. Flexible and area-efficient Galois field Arithmetic Logic Unit for soft-core processors[J]. Computers and Electrical Engineering,2022,99:107759.

[22] Liu W,Gu C,O'neill M,et al. Security in approximate computing and approximate computing for security: Challenges and opportunities[J]. Proceedings of the IEEE,2020,108(12):2214-2231.

[23] Ku J,Zhang J,Shan H,et al. ModSRAM: Algorithm-hardware co-design for large number modular multiplication in SRAM[Z]. 2024.

[24] Canto A C,Kaur J,Kermani M M,et al. Algorithmic security is insufficient: A comprehensive survey on implementation attacks haunting post-quantum security[Z]. 2023.

[25] Kibria R,Farahmandi F,Tehranipoor M. FSMx-ultra: Finite state machine extraction from gate-level netlist for security assessment[J]. IEEE Transactions on Computer-Aided Design of Integrated Circuits and Systems,2023,42(11):3613-3627.

[26] Wang Z,Alrahis L,Mankali L,et al. LLMs and the future of chip design: Unveiling security risks and building trust[Z]. 2024.

[27] Ma H,He J,Liu Y,et al. CAD4EM-P: Security-driven placement tools for electromagnetic side channel protection[C]//Xi'an,P. R. China,2019:1-6.

[28] Fang Q,Lin L,Zhang H,et al. Voltage scaling-agnostic counteraction of side-channel neural net reverse engineering via machine learning compensation and multi-level shuffling[C]//2023 IEEE Symposium on VLSI Technology and Circuits. 2023:1-2.

[29] Deng C,Zhu M,Yang J,et al. An energy-efficient dynamically reconfigurable cryptographic engine with improved power/EM-side-channel-attack resistance[J]. Science China Information Sciences,2022, 65(4):149404.

[30] Pundir N,Park J,Farahmandi F,et al. Power side-channel leakage assessment framework at register-transfer level[J]. IEEE Transactions on Very Large Scale Integration (VLSI) Systems,2022,30(9): 1207-1218.

后　　记

刚刚完成《抗量子密码芯片——跨数学难题的动态重构架构设计》最后一次校对，正逢实验室窗外的紫荆花含苞待放，希望这部凝聚着团队近10年工作成果的著作，能在读者心中开出美丽的花朵。

近10年来，张能、朱益宏、李重阳、赵灿坤、陈相任、刘江雪、赵琪、孙骏文、赵航、彭硕航、欧阳屹、戴彤蔚、杨闻、胡昊天等同学在抗量子密码芯片领域开展了许多研究工作。他们中有些人已经毕业，各奔东西，有些人还在实验室继续读书。回过头看，与大家相处的日子依然历历在目。2015年，我下决心在抗量子密码芯片领域发力，刚好张能同学进入实验室攻读博士学位，并有志于投身密码芯片的研究，于是他成了团队在抗量子密码芯片方向的第一个博士生。开启新的研究方向本就不易，更何况当时抗量子密码算法百花齐放、数学困难问题多样，一面不断有新的算法出现，一面又不断有算法被攻破。张能同学用了一年半的时间做算法特性分析，才确定做基于格的抗量子密码算法的硬件架构设计。选定方向后又是近两年的埋头努力，他在密码硬件旗舰会议CHES发表了关于抗量子密码芯片的论文。后来他的博士毕业论文被评为中国密码学会优秀博士论文，也是该学会首篇芯片方向的优秀博士论文。随着NIST抗量子密码算法竞赛的持续推进，算法的种类渐渐清晰，朱益宏等同学开始做基于动态重构架构的抗量子密码芯片研究。为了最大限度地支持不同数学困难问题的抗量子密码算法，并兼顾芯片的能量效率，需要开展大量的算法特性分析和架构设计工作。为让验证芯片尽早流片，2021年春节，朱益宏和李重阳两位同学仍在实验室攻关。功夫不负有心人，2022年，我们设计的全球首款支持不同数学困难问题的抗量子密码芯片在集成电路设计旗舰会议ISSCC上发表，朱益宏同学还获得了2024年IEEE固态电路学会博士生成就奖。欧阳屹同学硕士毕业后，依然惦记着没做完的科研工作，毕业两年后还将研究工作收了尾，并被CHES 2025接收。正是同学们的不断努力，我们才攻克了一些技术难题，发表了几十篇学术论文，一定程度上推动了抗量子密码芯片的进步。

本书初稿撰写完成后，朱文平、朱益宏、杨博翰、赵灿坤、陈相任、赵琪、刘江雪、孙骏文、赵航、张燃等老师和同学又用两周时间集中闭关，对全书进行了仔细审校。虽然我们已经尽力，但因作者水平所限，本书中仍难免存在描述欠妥或严谨性不足之处，恳请业内同行批评指正，以臻完善。

刘雷波
2025年3月于清华园